安装工程质量问题案例分析与处理

李沛云　主编

中国建筑工业出版社

图书在版编目（CIP）数据

安装工程质量问题案例分析与处理/李沛云主编. —北京：中国建筑工业出版社，2011.9
ISBN 978-7-112-13364-2

Ⅰ. ①安… Ⅱ. ①李… Ⅲ. ①建筑安装工程-工程质量-案例-中国 Ⅳ. ①TU712

中国版本图书馆 CIP 数据核字（2011）第 129602 号

安装工程质量问题案例分析与处理

李沛云 主编

*

中国建筑工业出版社出版、发行（北京西郊百万庄）
各地新华书店、建筑书店经销
霸州市顺浩图文科技发展有限公司
北京同文印刷有限责任公司印刷

*

开本：850×1168 毫米 1/32 印张：11⅞ 字数：375 千字
2011 年 9 月第一版 2011 年 9 月第一次印刷
定价：**30.00** 元
ISBN 978-7-112-13364-2
(21110)

版权所有 翻印必究

如有印装质量问题，可寄本社退换
（邮政编码 100037）

本书收集了燃气、热力、空调、制冷等工业管道工程、中型锅炉、大型设备、焊接及电气安装调试工程中的质量、安全等技术问题（或事故），共112例。对其发生的原因、经过和产生的后果作了较详细的分析、阐述，同时还介绍了解决这些问题的具体技术方案，并对其做了恰当的评估，进而指出应该从中吸取的教训。

造成这些质量事故（或问题）的原因，各不相同，有的是工程设计方面的问题、有的是设备制造方面的问题、有的是材料方面的问题、有的是施工技术方面的问题、有的是安装调试方面的问题，也有的是运行管理方面的问题，……。对这些工程质量事故（或问题）的分析、处理，相信能够给关心工程质量的人士提供借鉴和帮助。

本书对从事相关专业的设计人员、施工技术人员、质量检验人员、工程监理人员和工程管理人员来说，是一本有价值的实用书和参考资料。

同时，可供大专院校相关专业的学员阅读，也可作为工厂、企业职工培训的补充教材。

* * *

责任编辑：胡明安
责任设计：陈　旭
责任校对：陈晶晶　关　健

前　言

很早，我们就与工程界结了不解之缘，在工程界有许多朋友，对他们的工作、生活很熟悉，常被他们的事迹所感动，常为他们的精神所折服。尤其，对那些长期在工程一线的朋友们，怀有深深的敬意。

因为是他们：

把设计人员翰墨留香的“精神产品”，转化成了真切实感的“物质产品”！

把深藏玄机的“纸上谈兵”，转化成了雄浑壮观的“客观现实”！

把无序的机器，变成了活生生的有机整体！

电线是神经，设备是脏器。

管道里流淌着的是：血液！

让它们为现代文明，创造一个又一个的奇迹！

并赋予它们高尚的品格：只作奉献，不求索取！

……

他们有过不少成功的喜悦，也有过刻骨铭心的苦恼和记忆。

因为他们也曾走过弯路，踩过荆棘！

闯过险滩，遇过难题！

因此，他们有着丰富的经历。

一个人，遇到的事情多了，用心去总结，那就是经验。直接经验，有时会是惨痛的教训。

把他们遇到的问题，原原本本地写出来，由衷地希望那些没有这方面经历的人们，吸取别人的经验教训，引为借鉴，得到启迪，不重蹈覆辙，不再走弯路。花很小的代价，把其变为自己的经验。

有些朋友希望得到别人的经验，希望我们把耳闻目睹的事，加以整理，集结成册，发表，说对工程界的朋友有用处。

假若，真如其言，书中某一见解，对读者有点滴用处的话，那将不胜欣慰。但我们首先应该对那些为解决问题，而付出了艰苦劳动和心血的朋友，表示诚挚的谢意。

我们对任何人，都无贬损之意。要把事实表述得清楚，又必然涉及有关责任人，为了避免不必要的麻烦，书中只保留了工程事实（或问题）的本来面目，对时间作了适当调整，而人名、地名和单位名，全用的是化名。

经过这番处理之后，万一还是与某某的称谓相若，这纯属偶合。请切勿对号入座，自寻烦恼。我们将对任何涉及人名、地名和单位名称的质询，恕不作答，祈予海涵。

本书由李沛云主编，史波、刘稳柱主审。编委由史波、刘稳柱、刘包荪、侯国发、秦伟民、陈实、李沛云组成。

因为水平有限，书中错误之处在所难免，请读者不吝笔墨指正，笔者不胜感激。书中的许多素材，源于湖北省工业建筑集团安装工程有限公司所刊出的《国内安装质量、技术情报简编》。

在此书的编写过程中，得到唐耀强先生的大力支持和帮助，在此致以衷心的感谢。

编　者

目　录

1 管道安装工程

1.1 热电偶套管为何被吹断

一、概述

某钢厂在原有的4台燃煤锅炉，3台汽轮发电机的基础上进行扩建，加装1台蒸发量为220t/h的锅炉，燃用焦炉煤气和高炉煤气；其额定蒸汽压力为10MPa，温度为530℃。锅炉生产的蒸汽，用来带动两台汽轮鼓风机，一台用于运行，一台备用。

原有的四台燃煤锅炉，采用双母管向三台汽轮发电机供汽，新装的燃气锅炉$\phi273\times25$mm的主蒸汽管，并入原有的双母管系统。为提高运行的安全可靠性，任何一台锅炉的主蒸汽管、任何一台汽轮机的送汽管，都可根据情况需要，与系统隔离。

因为焦炉煤气和高炉煤气都是钢厂的副产品，以前是白白排放掉的，现在加以回收利用，不仅每天可以减少21.6万～28.8万m^3的“废气”排放，投产后，每天还有100万～120万元的经济收益！

这是一个典型的节能环保工程，有关方面，希望早日见到它可观的经济效益和良好的社会效益。所以，特别重视，因此，工作进展得十分顺利。

锅炉、汽轮鼓风机及其他附属设备，都已通过联合试运行，如期进入试生产阶段。谁也没有想到，就在新锅炉主蒸汽和原有蒸汽母管并汽的过程中，新锅炉的主蒸汽管上，突然“嗖嗖”地向外喷射蒸汽，一时间，锅炉间白雾蒸腾！

人们一派惊愕，弄不清发生了什么重大事情，好在有经验的运行人员，对新锅炉采取了紧急停炉措施，并及时把它与蒸汽母管系统进行了有效的隔离！

等新锅炉主蒸汽管的喷漏基本平静下来以后，人们在检查中发现：

主蒸汽管喷漏的地方，就是装热电偶温度计的地方，管壁上留下了一个约 25mm 的大孔洞，但热电偶温度计不见了。原来是热电偶温度计连根折断、并不翼而飞了！

随后，工人在二十多米开外的地方，找到了断裂热电偶温度计的上半部，而热电偶温度计插入管膛内的部分及保护套管的下半部，毫无疑问是断裂在管膛内了，此时它被蒸汽吹到了什么地方呢？是在 1 号蒸汽母管内还是在 2 号蒸汽母管内，当时不能做出准确的判定。

热电偶温度计折断后的残损部件，留在管膛内，若不及时取出的话，它在蒸汽的吹动下，对阀门、流量计、汽轮机的滤网等，将造成的致命的撞击损害，甚至有可能引发人身安全或设备安全事故！

这是非常严重的事态，不把热电偶温度计的残留部分找出来，新装的锅炉及汽轮鼓风机的试生产，是不能进行下去的！所以尽快从管膛内找出热电偶温度计的残损部件，成了当务之急！

二、艰难的寻找

事情发生以后，新锅炉紧急停炉，汽轮鼓风机也停机了，它们与原有蒸汽系统全部作了有效的隔离。也就是断开新建系统，原系统还可继续运行。

为了寻找热电偶温度计留在蒸汽管管膛内的残损件，项目经理与主任工程师决定：把新锅炉主蒸汽管至蒸汽母管间，靠近新锅炉一侧的管道割断，先用射灯进行探照，继而采用摄像头进行查找，以期有所发现。

但是，由于主蒸汽管道有多个“Ⅱ”型补偿器和多处弯头，只能查十几米远的距离，再远些地方，灯光没法照到，残损件也就当然没有找到！

项目经理和项目主任工程师，却从多个“Ⅱ”型补偿器和多处弯头对灯光的阻隔作用中得到了启发。

根据并汽运行时，蒸汽流量不大的特点，结合现场情况分析，他们认为：热电偶温度计的残损件，应该还在新锅炉的主蒸汽管内，而没被吹送到蒸汽母管里去！

理由是，热电偶温度计及保护套管都是金属件，蒸汽难以将它吹过垂直布置的“Ⅱ”型补偿器，因为其臂高好几米，热电偶温度计残损件的密度大，而体积小，其形状应近乎长条形，蒸汽对它的卷吸力，较难把它悬浮起来，更不用说吹过垂直向上的管段了。

即便都是平面布置的管道，它在被吹送的过程中，遇到管道拐弯处的管壁，有可能因刚性碰撞而弹回，它在管膛内的运动状态，应该是被吹送过去一段，又被弹送回来一点，这样往复进行。

而到垂直向上的管段，就难以被吹上去了，所以，它应该还留在主蒸汽管内。

有了这个分析，他们决定：在主蒸汽管已经切开的地方，做一段临时吹扫管，通到室外，利用蒸汽母管的蒸汽，反向吹扫。并在临时吹扫管的放散口安装一个铁笼子，用来拦截被蒸汽吹扫而出的物件，当然最希望看到热电偶温度计的残损部件被吹出。

此方案得到工程试运行领导小组的批准后，立即实施。当操作人员缓缓打开隔断阀，进行反向吹扫时，仅用了几十秒的时间，就将热电偶温度计的残损部件吹出。

人们发现其残损件，竟是从根部的焊口处断裂的！它的保护套管，已被碰撞得遍体鳞伤！

热电偶温度计为什么会被吹断呢？是怎么吹断的，人们需探求其中的原因。

三、引发事故，事出有“因”

(1) 各行其“是”

根据火电工程典型设计标准图册，热电偶温度计典型设计安装图，把一个圆形管座焊在蒸汽管上，再将热电偶温度计及保护套管安装于其上，并穿过它插入蒸汽管内，插入深度为：半径+10mm。

具体到该主蒸汽管，其插入深度则为112mm!

安装单位在施工准备阶段，按工程设计图纸标定的热电偶温度计型号，定购了热电偶温度计。

并按典型设计标准图采购了相应的管座。

热电偶温度计生产厂家，供货时带来一些技术资料，但没有热电偶温度计的安装图。

安装工人准备进行安装时，发现三者有不一致的地方：

其一是，工程设计图纸中，热电偶温度计保护管是圆锥形保护套管，而实际到货的是三棱锥型保护管。

其二是，热电偶温度计插入管内的长度，工程设计图标的是200mm，按典型设计标准图则为112mm！而事后厂家寄来的安装图标明，只要插入管膛70mm！三者之间，莫衷一是。

其三是，热电偶温度计生产厂家，未提供热电偶温度计的安装管座实物，也未提供热电偶温度计安装图。致使厂家所供的热电偶温度计，因带棱锥型保护套管，而无法插入已采购来的标准插座内。

(2) 总包却"非"

因为该工程的总包单位就是该工程的设计院，施工安装单位多次向总包单位项目负责人反映情况，并主动建议：要么变更设计；要么提供与保护套管配套插座，或提供与典型设计的标准管座配套的热电偶温度计保护套管。

只有这样，才能使热电偶温度计、保护套管、管座牢固结合，顺利安装。可惜没有得到积极的回应。

安装单位又找过几次，在再无法推却的情况下，最后，总包单位以发工作联系单的形式明确：按工程图纸标注的插入长度200mm，直接将热电偶温度计焊接在ϕ273×25mm的主蒸汽母管上。

这样，热电偶温度计就没有安装保护套管插座，而且存在一条受力状态极差的角焊缝！主蒸汽管与热电偶温度计保护套管，两者壁厚相差悬殊，而且是两种不同材质的角向焊接！

施工单位照办了。

(3) 结果显然

主蒸汽管通汽时，热电偶的三棱锥形保护套管需承受着很大的推力，是一个接近均布荷载的力，它与套管迎着汽流的面积成正比，与蒸汽流速的平方成正比！

因为它插入主蒸汽管膛内有 200mm，构成一个悬臂，其根部的角焊缝，就承受了一个很大的弯矩！它与热电偶温度计插入管膛内的长度成正比。

保护套管较单薄，在之前采用的无障碍、大流量蒸汽吹扫时，很可能已经受到严重损伤。试生产时，在主蒸汽的持续作用下，最终断裂，是必然的。

在检查该工程同类型的其他热电偶温度计时，验证了这一点，这些套管都有不同程度的弯曲和损伤！

四、处理措施

(1) 把该工程，同类型的 4 个热电偶温度计全部更换下来，配上圆锥形套管和标准管座，重新安装。

(2) 变更原设计，把热电偶的插入深度，改为厂家提供的 70mm。

(3) 重新安装热电偶温度计焊接管座时，严防铁渣掉进管膛内部，不管发现铁渣与否，都要用强磁吸铁石进行吸附。

五、经验教训

(1) 生产管理人员，不应称技术能手，随意做决定。遇到设计与设备不匹配时，一定要请设计者确认，或更改设计，或更换设备，一定要以设计变更单为准，不可屈从行政命令。

(2) 施工技术人员，应提高业务素质，遇到设计或设备存在不当之处，要敢于发表自己的意见，坚持正确的观点，以避免不必要的损失。

1.2　管道通球清扫　皮球被卡难找

一、工程概述及发现问题的经过

某山区城市已有一个煤气厂，为解决西区人民的生活用气问题，决定沿市区公路敷设一条 ϕ377×8mm，全长 5km 的煤气干管，中间的支线管，暂时只预留短管接头。

虽说是沿市区的公路敷设，但管线的弯道较多，标高变化较大。因为地处交通要道，挖管道沟出来的土，既不能堆积过宽，影响车辆通行，也不准堆积的时间太长。施工场地狭小，条件较差，但工期要求却很紧，给施工带来诸多不便。

施工单位把整个 5km 管道，根据地形情况分成四个独立管段，分别进行安装、试压和清扫，最长的一段管线有 1.40km 长。为了不影响交通，在管道的压力试验合格后，立即进行了管道焊口防腐。防腐层尚未完全固化，就要求覆土回填，恢复路面；只留下对管膛进行清扫这一道较简单的工序了。

该施工单位采用清管球对管膛清扫的工艺，清管橡皮球的皮特别厚、耐磨，中心可注入高压水，以扩充清管球的直径，使其比被清扫管的内径大出 2%左右。他们事先安装好了收、发球的装置和空气压缩机、接好了压缩空气管，初时，清扫管膛的工作进行得很顺利，空压机在不断地向管内送气，清扫管内的气压基本上在一个稳定的范围内波动，这说明管膛内的清管球在不断地向前推进。大概过了 1.5h 左右，异常的情况发生了：

清扫管段始端的值班人员发现：被清扫管的管膛内气压在缓缓上升！

施工队长判断是清管球在某焊缝处或弯头处受阻，只要空压机继续送气，管内气压增大后，就会把清管球推过去的；所以他并没有太在意，一切仍然按原来的程序进行。

又过了 0.5h 左右，空气压缩机还向被清扫管内送气，始端管膛内的气压不再上升，而管段末端的收球装置内，有气流喷出！

这是一个异常的情况，施工队长一方面要求空压机继续送气，另一方面要求注意观察；可是情况依然如故。队长沉思良久之后，认为情况比较麻烦，这才下令暂停空压机送气，以寻求解决的办法。

在有关专业人员参加的会上，大家都认为清管球是被卡住在某个地方了，但到底卡在什么位置和如何把清管球找到并取出来，未取得一致的意见。他们尝试了几种办法，都未能达到目的。

先是用空压机继续向被清扫的管段送气，以期增大气压把清管球推出来，但因为漏气，气压不往上升，而未成功。继而，他们用另一台空压机从收球装置端往里送气，因同样的原因，没有结果。后来又分两次，分别从管道的两端发一个清管球，企图用后一个球把前一个球顶出来，结果是第二个球和第三个球都与第一个球一样被卡住了。至此，他们已无更好的办法，于是开始了漫长而艰难的寻找清管球的工作。

据事后了解，他们根据第一次空压机送气的时间，估计卡球的可能位置，前前后后共挖开已经回填和恢复的路面 6 处，与此同时割开已经通过试压和防腐的管道 6 处，才算把清管球给找到。

3 个球紧贴在一起，被一根直径为 *DN*50mm，长约 1600mm 的撬杠死死地卡在管膛里！在它们的前后不远处，煤气管道正好各有一个 30°的弯！如图 1.2-1。

等他们把管道恢复好，到最后做完清扫管道的工作，共耽误了一个多月的宝贵时间。

二、造成问题的原因分析

（1）在施工的过程中，有人在下班的时候，把一根 *DN*50、长约 1600mm 的撬杠塞进了管膛的较深处，以免被人发现拿走。没想到第二天上班却忘了把它掏出来，铸成此次事故！

（2）撬杠在管道的两个相距很近的弯头之间，顺着管道的轴线放着，第一个清管球推过来的时候，也推着撬杠走了一小段，

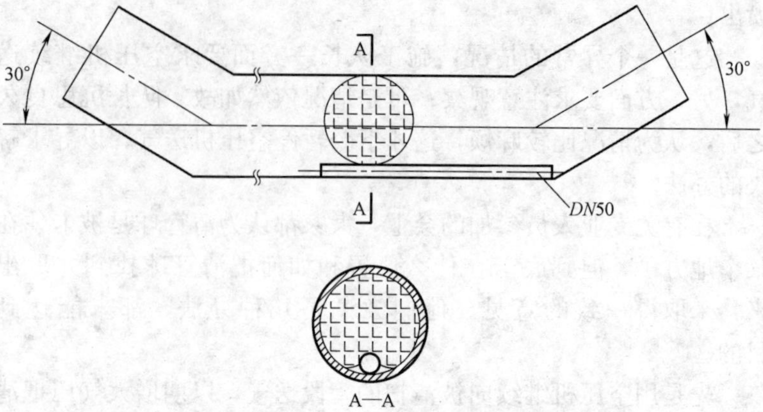

图 1.2-1　清管球位置

到了前一个弯头处，撬杠的一端顶住了弯头的壁，不能再往前走了，可后面的清管球还在推，因被撬杠的头部顶住，也不能轻易前进；因为空压机还在不停地向管内送气，使煤气管内的气压上升，把清管球推上了撬杠，形成骑虎之势，卡在那里。空压机再送气，又因为空气能在这根撬杠小管里通过，起到了泄压的作用，从收球装置一端放散出去了；所以空压机再送气，管内的压力也不上升，也就不可能推动清管球再向前移动了；从收球端送气的情况也是一样，这并不能把清管球退出来。后来发送的第二、第三个清管球，企图把第一个清管球顶出来，却落了个同样下场——被卡死了！其理由是一样的。

三、处理措施及应吸取的教训

（1）取出清管球后，恢复管道，重新做防腐、重新进行管道的气压试验和管膛清扫工作。

（2）施工单位必须加强施工管理，加强对施工过程的控制，并严格按基本建设的程序办事；不应该在管道施工未结束前恢复路面，为后来的寻找清管球带来不少的困难。

（3）应加强对施工人员的素质教育和提高他们的业务水平；清管球的位置，是可以通过计算来确定的，他们却采用了大致估计的办法，结果，做了许多无用工！

1.3 计算确定卡球位置

一、概述及发现问题的经过

在安装气体管道时，按照有关规范的规定，为保证管膛内的清洁，在管道压力试验合格以后，要用一定气量和流速的气体进行吹扫，一般用压缩空气进行吹扫。但是，对管径大于 DN200mm、管线较长的管道，尤其是外线管道，用压缩空气进行吹扫，如果没有庞大的设备或现成的气源，吹扫气体的流量、流速都难以达到要求，也就难以保证管膛的洁净度。所以，施工单位常采用压缩空气驱动一个特制的清管球，在管腔内进行清扫，一般清扫2～3 次就能取得较好的效果。所以用清管球清扫，是一个行之有效的办法。

但是许多单位反映，用清管球清扫管膛，由于存在各种难以预见的因素，有时清管球会被卡死在管膛内，既不能前进，也不能后退，这时只能把管子割开，把清管球取出来！

从何处割管，是一个关键。有的凭经验估算，确定清管球的位置，有的估摸着在管子上试钻孔，去寻找清管球的位置。总之，不能一次找准，十分麻烦，有时甚至特别头痛；人们希望能找到一个较简便、较准确的计算公式。

下面我们来进行这方面的探讨。

在进行具体问题的讨论之前，不妨假定：管道系统压力试验已经合格，管道本身毫不漏气。（见图 1.3-1）这样清管球在管膛内卡死时，只有两种可能：

其一，在卡球处，清管球与管内壁之间不严密，漏气。

其二，在卡球处，清管球与管内壁之间很严密，毫不漏气。

图中：x 为 A 管段之实际管长；

y 为 B 管段之实际管长；

L 为整个清扫管段之总长；

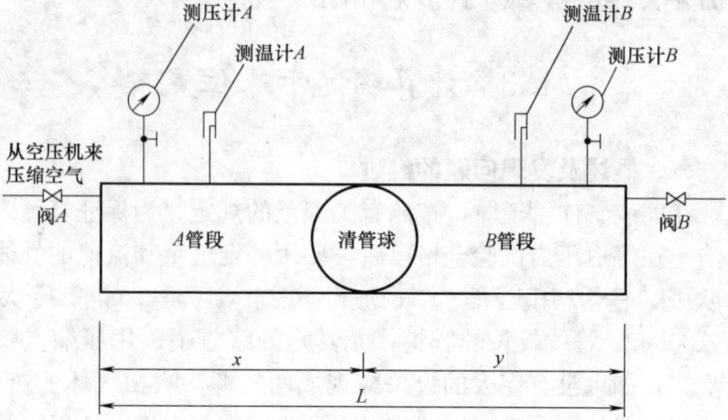

图 1.3-1　清管球示意图

即：$x+y=L$

若设：$y/x=n$

则：$x=L/(n+1)$

图中，管段 L 的两端假设已用堵板封堵；因为 L 的长为已知，只要能求出 n 的值，x 就可以求出，也就是说清管球卡死的位置，就能确定下来。

（1）先作清管卡死处，是否漏气的判定

通球清扫开始以后，清管球被压缩空气从发球装置推入管段 A，随着压缩空气的不断输入，迫使清管球慢慢向 B 管段的收球装置运动。在正常情况下，阀 A、阀 B 都是打开的，测压计 A 的指针呈跳跃状波动，而测压计 B 的指针在“0”位附近晃动。如果适当调小阀 B 的开度，可听到“丝丝”的排气声。

如果发现测压计 A 的指示上升，而在阀 B 处听不到“丝丝”的排气声；或者，发现测压计 A 的晃动较稳定，而在阀 B 处却有大量排气；这两种情况都说明清管球被卡住在管膛内了。此时应设法松动清管球，或者收回清管球，诸如：

1）在允许压力下，继续升压，增大对清管球的推力，把其推过被卡的地方；

2）发第二个清管球，把第一个清管球顶出被卡的地方；

3）把压缩空气的进口，从 A 改为 B，反向把清管球推出来。

假若上述措施都不见效，说明清管球已被卡死！这时应判定清管球在卡死地方，是否漏气，以便采用相应的处理措施。

此时将阀 A 关闭、阀 B 打开，记下 A 管段内一组测压计与测温计的读数：P_{A1}、T_{A1}；过一段适当的时间，再记下另一组读数 P_{A2}、T_{A2}；

根据查理定律，如果清管球被卡处不漏气，则有：

$$P_{A2}=P_{A1}\frac{T_{A2}}{T_{A1}} \qquad 若： \qquad P_{A2}<P_{A1}\frac{T_{A2}}{T_{A1}}$$

则说明在清管球被卡死处漏气。

（2）清管球卡死处漏气时，其位置的确定

若已经判定清管球在卡死处漏气的话，当 A 管段的空气温度降至环境温度时，关闭阀 A 和阀 B，记下 A、B 管段内的压力 P_{A1}、P_{B1} 和温度 T_1。隔一定时间后，再记录一次 A、B 管段内的压力 P_{A2}、P_{B2} 和温度 T_2。

根据理想气体状态方程，对 A 管段有：

$$P_{A1}V_A=\frac{M_{A1}}{\mu}RT_{A1} \qquad P_{A2}V_A=\frac{M_{A2}}{\mu}RT_{A2}$$

则：
$$M_{A1}=\mu P_{A1}\frac{V_A}{RT_{A1}} \qquad M_{A2}=\mu P_{A2}\frac{V_A}{RT_{A2}}$$

所以：
$$M_{A1}-M_{A2}=\left(\frac{P_{A1}}{T_{A1}}-\frac{P_{A2}}{T_{A2}}\right)\frac{\mu V_A}{R} \tag{1}$$

同理对 B 管段有：

$$M_{B1}=\mu P_{B1}\frac{V_B}{RT_{B1}} \qquad M_{B2}=\mu P_{B2}\frac{V_B}{RT_{B2}}$$

所以：
$$M_{B2}-M_{B1}=\left(\frac{P_{B2}}{T_{B2}}-\frac{P_{B1}}{T_{B1}}\right)\frac{\mu V_B}{R} \tag{2}$$

因为管道系统已经试压合格，本身不漏气，所以从 A 管段漏出的气体质量，应等于漏入 B 管段内的气体质量。

$$M_{A1}-M_{A2}=M_{B2}-M_{B1}$$

即：$$\left(\frac{P_{A1}}{T_{A1}}-\frac{P_{A2}}{T_{A2}}\right)\frac{\mu V_A}{R}=\left(\frac{P_{B2}}{T_{B2}}-\frac{P_{B1}}{T_{B1}}\right)\frac{\mu V_B}{R}$$

则：$$\frac{V_B}{V_A}=\frac{P_{A1}/T_{A1}-P_{A2}/T_{A2}}{P_{B2}/T_{B2}-P_{B1}/T_{B1}} \tag{3}$$

因为用清管球清扫管道，其管径是不变的，所以管道的容积比等于管道的长度比，即：

$$\frac{V_B}{V_A}=\frac{y}{x}=n \tag{4}$$

将式（4）代入式（3）得到：

$$n=\frac{P_{A1}/T_{A1}-P_{A2}/T_{A2}}{P_{B2}/T_{B2}-P_{B1}/T_{B1}}$$

至此，卡球的位置被确定。

（3）清管球卡死处不漏气时，卡球位置的确定

当已经判定清管球卡死处不漏气以后，打开阀 A，使 A 管段内的空气压力 P_{A1} 降至接近 B 管段内的空气压力 P_{B1}，并设此时 A、B 管段内的空气质量分别为 M_{A1} 和 M_{B1}。同时记录管段的空气温度，分别为 T_{A1}、T_{B1}。然后用同一台空压机分别向 A、B 管段内输入相同时间的气，也就是说，向 A、B 管段内输入质量相等的空气 m，关闭阀 A、B，并记录 A、B 管段内的空气压力 P_{A2}、P_{B2} 和温度 T_{A2}、T_{B2}。

此时，两管段内的空气质量分别为：

$M_{A2}=M_{A1}+m$　　　　即：$M_{A2}-M_{A1}=m$

$M_{B2}=M_{B1}+m$　　　　即：$M_{B2}-M_{B1}=m$

所以：

$$M_{A2}-M_{A1}=M_{B2}-M_{B1} \tag{5}$$

根据理想气体状态方程，对 A 管段有：

$$M_{A1}=\mu P_{A1}\frac{V_A}{RT_{A1}}\qquad M_{A2}=\mu P_{A2}\frac{V_A}{RT_{A2}}$$

则：$$M_{A2}-M_{A1}=\left(\frac{P_{A2}}{T_{A2}}-\frac{P_{A1}}{T_{A1}}\right)\frac{\mu V_A}{R} \tag{6}$$

对于 B 管段有：

$$M_{B1}=\mu P_{B1}\frac{V_B}{RT_{B1}} \qquad M_{B2}=\mu P_{B2}\frac{V_B}{RT_{B2}}$$

则：

$$M_{B2}-M_{B1}=\left(\frac{P_{B2}}{T_{B2}}-\frac{P_{B1}}{T_{B1}}\right)\frac{\mu V_B}{R} \tag{7}$$

由（5）、（6）、（7）三式得：

$$\left(\frac{P_{A2}}{T_{A2}}-\frac{P_{A1}}{T_{A1}}\right)\frac{\mu V_A}{R}=\left(\frac{P_{B2}}{T_{B2}}-\frac{P_{B1}}{T_{B1}}\right)\frac{\mu V_B}{R}$$

$$\frac{V_B}{V_A}=\frac{P_{A2}/T_{A2}-P_{A1}/T_{A1}}{P_{B2}/T_{B2}-P_{B1}/T_{B1}} \tag{8}$$

将（4）式入代（8）式得：

$$n=\frac{P_{A2}/T_{A2}-P_{A1}/T_{A1}}{P_{B2}/T_{B2}-P_{B1}/T_{B1}}$$

至此，卡球的位置被确定。

二、结束语

综上所述，在用清管球进行清扫管膛时，当清管球被卡死以后，不管卡球的地方漏气与否，清管球所处的位置，都可以通过计算来确定。两个计算公式的形式类似，且只与管段内的空气绝对压力和绝对温度有关。

为提高计算的准确度，在条件许可时，应尽量采用精度等级较高的、并经校验合格的测压、测温仪表。在采集数据时，可多采集几组，然后分别计算，进行相互间的比较与核对。

1.4 吹扫合格再施焊 送汽惹祸非一般

一、工程概况及发生问题的经过

某大型企业为满足生产需要，决定扩建热力厂，向鼓风机站供汽。鼓风机是该厂的关键设备，靠汽轮机推动，用蒸汽作动力。有两台汽轮鼓风机及两条蒸汽管道，都是这次扩建安装的，新安装的管道与原来的蒸汽管道并网，能相互切换，向各汽轮鼓风机送汽。

汽轮鼓风机和管道，由两个不同的安装单位进行施工。

所建蒸汽管道，材质为20号钢，双管并行，管径为$\phi 377\times 18$mm，它们将蒸汽先送入一根$\phi 480\times 25$mm的分配管，再在其上接出多根$\phi 273\times 9$mm的支管，向鼓风站的各汽轮鼓风机送汽。

与此同时，该企业应邻近的A厂之要求，要在两根管径为$\phi 377\times 18$mm的管道的适当位置，各预留一根支管，给该厂日后的扩建工程供汽用。因为工程设计没有这一内容，所以工程承包也不包括这一内容，故施工单位没有准备阀门。只答应预留了两根带封头的短管，留待其扩建工程开工时，再安装支管阀门。

新建管道先用原有管道送气，吹扫合格了，新建锅炉主蒸汽管，也各自独立吹扫合格后，才向新管道送汽。新管道的蒸汽吹扫，不管是蒸汽流量、冲管系数都符合要求，在各个吹扫口所装的靶板，经过监理工程师、业主的认真检验，并签字认可。

新安装的汽轮鼓风机，开始一段时间，用原管道送汽驱动，运行平稳，一切技术指标，经过检测、验收合格。

运行半月后，切换为新建管道送汽驱动，刚开始时，操作人员隐约听到轻微的异常声响，没几天就发现汽轮鼓风机的振动较以前大，又过了一段时间，其振动越来越明显。

把汽轮鼓风机安装单位找来，他们感到困惑不解，最后决定停机，对内部进行检查。把该台汽轮鼓风机打开一看，人们不禁为之一惊：汽轮机原来锃亮的叶片，竟然出现了一层灰黑色的膜！颗粒细密而坚硬，擦之，碜碜有声，有的叶片上，被轰击的印痕，清晰可见！

事实看来比较清楚，振动不是鼓风机安装的原因，而是由于叶片上附着层不均匀，造成偏心所致。这一层坚硬、细密的灰黑色颗粒，是一些氧化铁粉末，可以肯定是从新管道里被蒸汽带来的，说明新管道的吹扫没有达到要求，他们毫不客气，把管道安装单位找来，要求他们来处理！否则追究他们的经济责任。

安装单位再三强调：管道的蒸汽吹扫方案，是经过共同讨论后批准的，管道的吹扫效果是经过各方共同检验的，证明管道已经达到了规范规定的质量标准，所以这些轰击在汽轮鼓风机叶片的铁屑粉末，不是新安装管道内的，故不能由他们负责。

意见不一，相持不下。会后，双方都积极寻找对自己有利的证据，终于找到了大家认可的答案。

二、造成该质量问题的原因

（1）新管道经过吹扫，由各方认定合格后，在新建管道尚未送汽运行之时，邻厂购进了合适的阀门，要求将支管的阀门装上，施工单位以管道已经吹扫干净，未答应，要他们自己处理。

上述两个阀门到货后，施工单位不配合安装，结果A厂对鼓风站领导做工作后，同意由A厂自己安装。

A厂的工人，将预留短管的封头，用氧-炔焰割下，用手工电弧焊把一段旧管子焊上后，再安装上新阀门。两根支管和两个阀门，都是如此办理的。

在割除封头时，生成的氧化铁屑、铁渣落入了已经较为清洁的管膛；手工电弧焊焊上旧管子和新阀门时，焊缝处又生成了不少的氧化皮。正式送汽时，被蒸汽加热，管内的氧化铁屑剥落了下来。

这些铁屑、铁渣被蒸汽吸卷着轰到了汽轮鼓风机的叶片上，形成了细密的、坚硬的一层附着物，颗粒大的，把叶片击出了斑痕！

（2）鼓风站领导，同意由A厂自己安装阀门的做法，明显违反了《工业金属管道工程施工及验收规范》（GB 50235—97）中，8.1.10条关于“管道吹洗合格并复位后，不得再进行影响管内清洁的其他作业。”的规定。

（3）由于吹扫新管道时，用的是原管网的蒸汽，而当时原管网还需承担繁重的生产任务，不能频繁调配蒸汽，故决定停一台设备，用一天的时间连续不断地向新管供汽管进行吹扫，靶板经检验确实合格了，人们也认为管膛内的清洁度达到了要求。其实不然。为什么呢？

因为连续吹扫，尽管冲管系数达到了要求，但中间没有冷却，管膛内的氧化皮屑，没能在热胀冷缩中脱落，所以不能认定对该管道的吹扫是真正合格的！汽轮鼓风机叶片上细密坚硬的铁屑粉末，一部分应该来自于此。

《工业金属管道工程施工及验收规范》（GB 50235—97）的 8.4.4 条规定："蒸汽吹扫应按加热-冷却-再加热的顺序循环进行，吹扫时宜采取每次吹扫一根，轮流吹扫的方法。"目的就在于此。

三、处理措施

问题找到后，对新安装的管道，包括预留的支管，严格按《工业金属管道工程施工及验收规范》（GB 50235—97）中要求，重新进行蒸汽吹扫。

一直吹了二十几次，才真正达标准。

四、应该吸取的教训

施工验收规范是技术法规，不执行是一定会吃苦头的。吹扫时管道一定要有一个充分冷却的过程，这是不应随意更改的，吹扫合格的管道上，不允许再进行气割和焊接作业，这是常识，有意无意地违反，是行不通的。

1.5　煤气管道不吹扫　过滤装置被堵塞

一、工程概况及发现问题的经过

某市新建一栋高级宾馆，总的建筑面积有 20000m^2，其采暖和供热用的燃气锅炉及燃烧器是进口产品。该项目的安装工程，通过招标，某个具有一级总承包资质的单位，中标，并与建设单位签订了施工合同。此前，某监理公司也与建设单位签订了工程施工监理合同。

施工前期工作，比较顺利，可就是燃气管道施工的开工手续，迟迟办不下来，按照施工单位在别的地方，办同样手续的经验，早该办妥了，可在此处，费了九牛二虎之力，还是办不下来，到底是哪儿出了岔儿，他们没有悟出来。

有个聪明人，猜中了其中的奥妙，经他点拨，安装总包单位知难而退，同意建设单位，另行发包煤气管道工程。

这消息不胫而走，一个小B施工队，很快就找上门来洽谈业务。这回建设单位邀请了燃气办的金主任，一块对B施工队的资质、业绩进行审核。

没想到，对路啦，工作岂止是非常顺利呀，3级取费还让利2%哩！合同一拍即合，皆大欢喜。因为B施工队是经过联合考核的，所以煤气管道施工的开工手续，没费什么周折，就办下来了。

正式施工开始了，谁料监理公司的监理工程师，一点不通融。B施工队的胡经理，曾多次邀他们出去坐坐，联络联络感情，就是不去。在施工中，他们简直有点跟B施工队“过不去”，发现点事，揪住不放。

第一次，他们把管子一对，管口两端的铁锈和油污也不收拾收拾，就开始焊接；被监理工程师老严看到了，及时进行了制止。

问他们为什么不打管道坡口，回答说：

“管道煤气的压力低，我们干多了，没事。”

监理工程师老严对此进行了尖锐的批评，并指出，煤气可燃、有毒、与空气混合达到一定比例，还有爆炸的危险，施工哪能马马虎虎！严令他们返工、重焊；否则，就下停工令。

第二次，抽查电焊工的合格证，只有一名焊工带了有效证件；其他的人说证件放在家，没带来。监理工程师老严态度十分坚决，要他们回家去取，结果，谁也没取来。于是，老严下了停工通知单，并警告说：“哪个人，如无证施焊，将被清出场！不准在此施工。”

这一招真灵，B施工队，一连两天都只有一个焊工在此干活。第三天后，才陆陆续续地多了几名新面孔的焊工，而且都持有有效合格证件。

事后才知道，胡经理未料到老严会有这一手，无可奈何，只得聘来几名焊工，应付局面。据说多花了不少钱，心疼啊！不管怎样，管道的焊口，经射线照相检验，质量都合格了！

一天，B施工队的班长，拿来一份管道吹扫合格的施工记录表格，请监理工程师老严签字，老严说，“我没亲自看到你们进行吹扫，更没有去验证吹扫的效果，我不能签！”

那位班长说：“吹扫是星期天进行的，你不在，建设单位马工程师在现场监督实施的，难道你还不相信他吗?”监理老严说，“谁验证了你们的吹扫结果，你可以找谁签，但我不签。”态度非常坚决。

那位班长没法，去找马工程师，居然给签字了。下面的工作就是准备通燃气，调试燃烧器。

在通燃气进行试运行的过程中，开始还好，没多久就经常出麻烦；要么点不着火，要么就是点着了，过一会，火就自动熄灭了。

为这件事折腾了一段时间，人们怀疑燃烧器可能有问题，因为是进口设备，不能随便拆开，于是把燃烧器不能正常工作的情况，反映给了销售代理商，人家很快就派人来进行服务。

来调试燃烧器的是位工程师，听了听介绍，又到现场看了一遍，说了几句客气话，表示可以进行调试了。

只见他把这个按钮按一按，那个阀门开一开，火倒是点着了，可是没多大一会，又熄灭了，一连几次都如此，那位专家有些焦躁不安，不断地摆弄着，最终还是放弃了努力，只见他两手一摊，撂下两句叫人挂不住脸的话：这哪里具备点火试运行的条件呢？你们这儿谁负责燃烧工艺呀？这次点火不成功，不是燃烧设备的问题，而是你们施工的原因。

冰凉的几句话，把人们的兴致打扫得干干净净，但还是强装笑脸，向人家请教，到底是为什么，下面是他的分析：

首先，把火点着了，但燃气压力不够，达不到要求值，察看过滤器前的压力值，很好，过滤器后就不行了。说明过滤器基本被堵，燃气喷枪工作不太正常，所以一会儿就熄火了。你们这里难道没有懂燃气燃烧工艺的？管道内不吹扫干净，怎能投入运行呢？

工人们七手八脚，忙了个不亦乐乎，拆下过滤器一看，滤网都塞住了！从里面清理出来不少的焊渣、铁锈、尘土等杂物。燃烧器前的管道内，铁锈、尘土也清晰可见，喷枪就是被这些东西堵塞了。

人们面面相觑，不得不佩服人家料事如神！建设单位的马工程师气得说不出话来，监理工程师老严，只摇了摇头，一声没哼。

二、处理措施

（1）对煤气管道重新进行吹扫，直到用靶板检验合格为止。拆下燃烧器滤网，对其进行清洗，达标后，才可投入点火试运行。

（2）因管道系统吹扫不合格，导致锅炉点火不成功，并要进行返工，此事影响极坏！其间所发生的一切费用，全由 B 施工队胡经理负责。

（3）对严监理工程师进行表彰；对胡经理进行批评，并不准 B 施工队再进行燃气管道的施工。

三、造成问题的原因

（1）燃气办金主任与 B 施工队的胡经理，私交甚厚，煤气工程，让胡施工，这是权力！人们不至于怀疑，中间就有钱权交易吧。

（2）B 施工队的胡经理，关心的是把工程搞到手，关心的是把钱搞到手。在他看来，什么资质呀，技术实力呀，并不重要，只要煤气办认可就行。所以不以工程质量为念，从焊接施工开始，到过滤器、喷枪堵塞为止，一直在糊弄。

四、应吸取的教训

（1）谨防监督部门的权力走私，产生钱、权交易。所以，加大对权力的监督，刻不容缓。

（2）现实生活中，像严工程师这样的人太少了，胡经理那样的人又太多了，如何加强监督，使已建立的机制真正有效，是全社会应共同关心的问题。齐抓共管，蔚成风气，匹夫有责呀！

1.6　疏水被关死　设备遭损坏

一、概述及发生事故的经过

某事业单位的生活基地，有自备锅炉房和热交换站，两者相距 150m，从锅炉房引出一根管径为 $DN150$ 的管道，输送压力为 0.6MPa 的蒸汽至热交换站分汽缸，然后分配到不同的换热器，换热后的热水分别作为采暖、洗浴和生活热水。此工程已经正常运行了两年。

那是个大年初一的上午，本来在家高高兴兴过节的职工，突然发现生活热水停了，接着暖气也不热了，人们纷纷向行政管理处质疑："大过节的怎能不供暖气和热水呢？不是出了什么问题吧？"

分管后勤的领导和专业人员迅速赶到了现场，一看便惊呆了：

热交换站的墙面到处在淌水，地面到处在流水，房顶被捅了一个大洞，水泥地面被砸了一个大坑，机器设备在无声地躺着，水平蒸汽管上的那个阀门也裂开了。

冬天的节假日，锅炉房和换热站的人员照例不能全休息，必须留有值班的；值班表在节前早已排定，小马被排在大年初一的早 6 点到 12 点值班，其实他有点不大愿意，但又没好意思提出来跟别人换班。

他私下里寻思，大年 30 日晚，看春节联欢晚会的演出，睡得会很晚，要去赶 6 点的班，早上 5 点多肯定是起不来的，于是他采取了一个瞒天过海的办法：请了一个未回家过节的民工顶班！因为换热站一直运行正常，只要他照看着，到 10 点左右自己再去，是不会有大问题的；与上一班的同事说好后，事情就这样定了下来。

该民工提前到达，早 6 点准时接了班，他很负责，生怕在自己顶班的几小时里出什么问题，于是到处巡视，他终于发现分汽缸下部的一个阀门"没有关好"，其后的小管子在"突鸣、突鸣"

向外冒汽，这不是浪费嘛！他顺手就把这个阀门关好了。他觉得干了一件好事，等着向小马汇报。

过了好大一会他发现管道里面有“咕噜，咕噜”的响声，随着时间的推移响声越来越大，又过了一会，竟发展成为“吭一咚”，“吭一咚”的大响声，可他又不知道是什么原因，他本想去请教锅炉房的值班人员，一看表，9 点 20 了，他就没去，他想小马很快就要来了，还是等他来处理好了。谁料想还没过 10min，突然“轰一隆”一声巨响，不知是什么冲上了房顶“嗵”的一声之后，又狠狠地砸在地上，又是一声大响，接下来就什么也看不见了，只听到“吱吱”的喷汽声和“哗哗”的淌水声，只觉得交换站内热雾蒸腾，满地都是烫脚的热水！

该民工何时见过这等阵势，简直被吓死了。他什么也不顾，喊着、叫着，疯了似的朝锅炉房冲去。在那里值班的人员，听到了那声巨响，又听到了那民工的喊叫声，见他疯了似的狂奔，知道一定是出了事，赶紧关闭阀门切断了汽源，并迅速跑向一片迷雾的换热站，拔下电闸切断电源，才避免了一场可能发生的更大的事故。

二、引发事故的原因

该案例的原因比较简单，从小马私雇民工顶岗播下祸根始，到该民工关掉分汽缸下的疏水阀前的隔断阀止，事故的成因已具备。在交换器不断用汽的情况下，蒸汽管内不断地产生冷凝水，汇集到了标高较低的分汽缸里，并越集越多，使蒸汽的流通截面越来越小，以至发生严重的汽水撞击事故，把水平蒸汽管上阀门的阀盖和手轮掀上了房顶，捅了一个不小的窟窿，落下来把地面砸了一个大坑、与此同时一个热交换器封头的垫片也被冲开了；使蒸汽和热水激喷而出，产生二次汽化的蒸汽和热水，使换热站内迷漫着热雾和流淌着烫人的热水。

这是一起严重地违反操作规程的责任事故。

三、对事故的处理及应该吸取的教训

(1) 对已损坏的阀门及交换器的垫片立即更换。

（2）对事故责任人小马作出记大过处分。

（3）应加强对职工进行敬业精神的教育，加强法律意识和责任感的教育。

1.7 补偿器尚未安好　管支柱全面加固

一、工程概述及发生问题的经过

某动力厂的生产热力外网由 DN900～DN600 管道组成，用高管柱架空敷设，总长 1800 多米，管道全用外压式轴向不锈钢波纹补偿器进行热位移补偿；这些补偿器因为管径大，波纹管里面的导管又大又长，所以很重，一个 DN900 的不锈钢波纹补偿器，总长近 3.8m、净重就有 3t 左右。

对设计单位和安装单位而言，以前也曾干过不锈钢波纹补偿器的管道工程，应该说有一定经验，可是，设计、施工这么大波纹补偿器的管道工程，还是第一次。

设计单位根据有关技术资料和他们自己的经验把管道施工图设计出来以后，建设单位以此为依据，逐个标明了不锈钢波纹补偿器的型号和补偿量，就与制造厂家签订了供货合同。

管道的钢筋混凝土支柱施工、管道的安装，是由同一个单位的土建和安装专业队伍分别承担的，他们在图纸会审时，提出两个问题：

第一个问题是：以前施工过的管道，管径较现在的小，是低支架敷设，管道轴线的标高，比现在施工的管道低得多，可管道的钢筋混凝土支架配筋却基本相同，提请有关方面考虑。

第二个问题是：这次选的外压式轴向不锈钢波纹补偿器，与通用型不锈钢波纹补偿器相比，重了许多，以 DN900 的为例，最靠近波纹补偿器的固定支柱，与第一个导向支柱之间的距离为 15m，大于有关技术资料推荐的不大于 $14D$ 的规定，提请有关方面注意。

两个问题都得到了肯定的答复：钢筋混凝土柱子和管道照图

施工！

土建工程进展很快，安装 $DN900$ 以下的管道也没有暴露出来什么问题，到安装 $DN900$ 的不锈钢波纹补偿器时遇到了麻烦：管道与波纹补偿器对口时发现两者不仅是不同轴，而且错边量太大，要做到管口壁齐平的话，就得抬高波纹补偿器，使其承受一定的额外应力，这又是不允许的。

首先他们怀疑土建施工的管柱标高不准确，查阅安装对管柱的验收记录：无误；又用水准仪复测管柱的标高：是正确的，再测量待“碰头”的管道标高也是正确的；在排除了施工的原因后，他们只好请设计单位来人，商量解决的办法。

设计者到现场后，又对上述怀疑进行了复核、复测，证实无误。此外，他在波纹补偿器前端详良久，表情似乎有点异常，最后他明确表示：这不是施工方面的原因，到底什么原因，等他回去查对有关资料后，将尽快给以答复。

第二天下午，他与他的组长一起来到现场，在开会时他说：经查核，波纹补偿器与管道不同轴和对口的错边量太大，不是最大的问题，难办的是，有部分的钢筋混凝土管柱得加固！这是什么原因造成呢？

是他在施工图会审时，没听施工单位的忠告造成的，如果当时回去，就进行核对的话，是可以避免的，现在造成了这么大的损失，还是施工单位再次提出来了以后，才引起重视，经过核算，最终发现：钢筋混凝土柱子的断面不够，所配钢筋也少了，所以很后悔。

二、处理措施及实施效果

（1）由设计单位对要进行修改的地方重新出图，其内容是：把紧邻固定支柱的第一个导向支柱改成“T”型管柱，即沿管道的轴线方向加一横梁，梁顶标高与原来相同，以减少波纹补偿器在两支点间的跨度，确保其少于 $14D$；其次是把需要加固的管柱，沿柱子的四条棱（包括管柱基础），各加一根∟$75\times75\times6$ 的角钢，并将它们用抱箍焊成一个整体，以提高管柱抵抗外力的能力。

（2）由施工单位实施后，虽然不甚美观，但还是达到了使用要求。

三、出现问题的原因及应吸取的教训

（1）造成此次事故的原因，主要是设计者的粗心，他打开样本，选型和查找有关数据时，随手写来，造成了张冠李戴、阴差阳错的可笑事情。工艺设计者给土建设计者提供的管道推力，是一个错误的数据，小了！

（2）设计者必须认真设计，负责校核、审核的同志也不能走过场，流于形式。在对一些工程上的问题进行交流时，不能自以为是，要向书本学习，也要向有实践经验的人学习。

（3）施工人员，应该把实践经验与理论学习紧密结合起来，对一些认准的事情，要能坚持原则，不能老停留在只按图施工的水平上。

1.8　热伸长处理不好　仪表管挤成一堆

一、工程概述及发现问题的经过

北方某集中供热厂有 9 台 SHL20-1.25 型的蒸汽锅炉，每台锅炉的中心线相距 6m；各台锅炉的主蒸汽管把蒸汽送到一根 $\phi560\times15$mm 蒸汽母管里，再经锅炉房一端的热力分配站把其分送到各换热站去；蒸汽母管沿厂房的纵向敷设，标高为 9.50m，总长约 60m，至热分配站后用一个 90°的弯向下行，与主分汽缸的进汽阀相连接；蒸汽母管采用自然补偿。为切换的方便，每台锅炉的主蒸汽管与蒸汽母管之间都有隔断阀。

该锅炉房 9 台锅炉采用集中控制，成排的仪表管垂直于蒸汽母管，并紧贴蒸汽母管末端（自由端）的堵板引入控制室。

该锅炉房是一次建成的，9 台锅炉安装结束后，相继进行满负荷连续 72h 试运行；首先运行的是处在蒸汽母管末端的那一台锅炉。在 72h 计时运行不久发现：

本来相互平行的仪表管，被蒸汽母管挤到了一起，变得歪七扭八的了。

每台锅炉的主蒸汽管都不同程度地被推偏了。从现场的情况看，每一根主蒸汽管都承受着很大的温度应力，尤其是锅炉的主蒸汽阀，还承受着极大的扭矩。

发现这个问题后，及时与建设单位、设计单位取得联系，共商对策。

二、产生问题的原因

该蒸汽母管共 60m 长，没有设热补偿器，输送 1.25MPa 饱和蒸汽，介质温度为 194℃；蒸汽母管的热伸长（在扣减环境温度的影响后）约有 120mm 左右。因为母管进热力分配站向下有一个 90°的弯，又与分汽缸相连，所以相对固定，比管道末端的自由状态，抵抗外力的能力强得多；所以在受热时，母管的伸长主要是向母管的末端发展，因而把紧贴其堵板的仪表管挤过去了近 120mm，挤成了一堆，与此同时，各台锅炉的主蒸汽管，又承受着母管因热伸长对其产生的推力，故被不同程度地推歪了，因此，其主蒸汽阀承受着巨大的扭矩。

三、采取措施及应吸取的教训

经设计单位重新核算后采取了一个不得已的办法：

（1）每台锅炉的主蒸汽管水平段的标高提高 2.0m，增加其柔性，减少其阀门承受的扭矩。蒸汽母管与主蒸汽管正交处进行补强。

（2）工程设计人员，必须仔细进行计算，不可以马马虎虎，否则造成损失是难以挽回的；施工单位应在正式施工之前尽可能多地发现一些会造成重大影响的问题，这就必须加强图纸会审，以减少不必要的劳动和造成无谓的浪费！

1.9 生搬硬套设计 似懂非懂施工

一、工程概述及发现问题的经过

某联片供热电厂，以对附近工业区供热为主，东西两个工业区的热负荷基本相等，用汽压力也相同。根据总设计的设想，东西两区的输汽管道，都敷设 ϕ377×8mm 无缝钢管，输送压力为 1.2MPa 的蒸汽。

第一期向东区供热的管道，已先期建成，早就投入了运行。东线管道为高支架敷设，采用钢管摵制的“Π”型补偿器，整个工程是由具有相应资质的设计、施工单位来完成的。

因为第二期工程的锅炉即将上马，厂里决定提前把西线管道建好；锅炉一经投运，就可以对外送汽。因西线管道途经街道和居民区，地形狭长，拐弯又多，管道全长 550m，除照东线采用钢筋混凝土支柱外，需选用占地少的不锈钢波纹补偿器，这种补偿器，在当时用得还不是很普遍。

为了节省投资，因为东线、西线两条管道基本相似，厂里决定这条管线的设计、施工都由自己干：设计由技术科负责，可以充分利用东线现有的图纸资料，施工由维修科组织其所属的施工队负责，并提前作了好各方面的准备。

因东线管道的图纸资料齐全，技术科负责管道设计的人员，为适应地形和满足安装工艺要求，对管道的支柱间距略加调整，总体上基本是套用东线的设计图，钢筋混凝土支柱及其杯形基础则是按相应的型号全套搬用的。施工图设计很快完成并通过了厂里的审批。

因为厂里很重视，事先作了充分的物资准备，施工比较顺利，很快就到了水压试验阶段。维修科长任现场指挥，技术科长任现场技术总负责，沿线设有多名巡线员。他们把 550m 管道一次进行水压试验，从市政自来水干管道取水灌水，排尽空气后，用电动试压泵缓缓加压；并规定从灌满水开始，每升压 0.3MPa 就停泵进行一次全线检查。

在前一个压力阶段基本正常，当压力升到 0.6MPa 作全线检查的时候，有巡线员报告：

在管道末端及管道平面拐弯处的固定支柱，有时能听到细微的、断续的“嘎，嘎”声；管道的少数导向支架、滑动支架的滑托板发生了位移。

现场指挥当即决定，对沿线每一个支柱的柱身和柱顶的滑动托板都必须进行认真的检查，并做出详细的记录，同时延长停泵的时间，是否继续升压，视检查情况而定。

经过一个多小时的检查，既未发现新的情况，也没有发现原有问题有继续发展的情况；总指挥和技术总负责人经过商量决定继续升压。当压力升到 0.9MPa 的时候，有几位巡视员相继报告了较为严重的问题：

其一是：在管道末端和管道平面拐弯处的固定支柱有的出现了裂纹，最多的一根柱子上有 3 条裂纹。

其二是：部分滑托有明显的滑移，移动方向与管道正常工作时，热移动的方向相反。此外有部分不锈钢波纹补偿器被拉伸了，有 6 个拉伸量较大。

现场指挥知道出了严重问题，果断决定：先停泵，然后缓缓降压，暂时停止水压试验，再逐一进行仔细检查，最后的统计结果是：

钢筋混凝土支柱共有 10 根出现了裂纹，换言之，有 10 根管柱被推断了；有 6 个不锈钢波纹补偿器，产生了塑性变形，也就是说被拉坏了。

二、产生问题的原因

(1) 负责维修的施工队对不锈钢波纹补偿器的性能不了解，误以为随不锈钢波纹补偿器带来的限位螺杆是为了搬运过程中不至损坏补偿器而增设的、起保护作用的螺杆，所以在安装就位后，把每个螺杆都卸掉了。这是推断钢筋混凝土管柱、拉坏不锈钢波纹补偿器的一个直接原因。

(2) 东、西线管道虽然都是 $\phi377\times8$mm、输送 1.2MPa 的蒸汽，但它们采用的补偿器是不同的，一是用钢管揻制的“Π”型补偿器，一个是用不锈钢波纹补偿器，两者的力学性质有着很大的差别。

(3) 最突出的一点是：前者有一定的刚度，在受了足够的外力后才产生变形；而后者几乎是“柔性”的，在轴向受到一点拉力或压力，就会被拉伸或压缩，当外力超过一定的范围后，就产生塑性变形，有的甚至被损坏。整个西线管道的设计是套用的东线的设计，管柱及其基础则是搬用东线的现成图纸，设计者并未作具体的受力分析和设计计算，这就种下了祸根。也就是说在水压试验时不出问题，在正式投产后，也会出事故。

三、综上所述得出的结论

水压试验一开始，巨大的水压就企图推动管道伸长，（这里实际上是把波纹补偿器拉长）只是因为管子的滑托底板与管柱顶板之间的摩擦力、固定支柱的抗力，而未能明显地表露出来。

当压力升到 0.6MPa 时，各重载式固定支柱的弹性变形将近达到了极限，所以能听到“嘎嘎”声，并发现滑托板有了位移。

当压力继续上升，在到达 0.9MPa 之前，重载式钢筋混凝土固定支柱开始出现裂纹，这时它已被推断，所以管道的滑动托板有了明显的位移，不锈钢波纹补偿器被拉伸了很多，有的产生了塑性变形，泄压后，恢复不了原状，只能报废。

这种不负责任的设计和自以为是的施工，共同作用的结果是：推断 10 根钢筋混凝土管柱，损坏 6 个不锈钢波纹补偿器。

四、处理措施及实施效果

（1）对已损坏的管柱和波纹补偿器一律报废。

（2）委托具有相应设计资质的设计单位重新进行设计，对不符合“压力管道安全技术监察规定”的坚决推倒重来；对原设计中合理的部分还应保留，以免造成不必要的浪费。

（3）委托具有相应资质的施工队伍，根据新设计的图纸，进行消残补缺，以期达到有关施工及验收规范的要求。

（4）经过一段时间的努力，终于使西线管道通过验收，顺利送汽。

五、经济损失及应吸取的教训

（1）本案例的直接经济损失十多万元。

（2）设计、施工都应不折不扣地执行国家有关许可证制度、招标、投标制度和工程开工的报建审批制度，不留死角。

（3）科学的问题是老实的问题，不作设计计算，搬用、套用工程图，祸患无穷，必须坚决杜绝。

1.10 支架设置不当 管道全线坍塌

一、概述及发现问题的经过

某县级机械厂的工作制度为白天生产，晚上不上班；为满足生产的要求，需要从一墙之隔的外厂锅炉房引一根 ϕ89×4.5mm 蒸汽管至本厂生产车间，蒸汽压力为 0.5MPa；管道总长 180m，沿其他车间的外墙敷设，管道支架用∟55×55mm 的等边角钢制作，栽在墙体上；是由本厂管道维修工人负责安装施工的。

用汽不到半个月发现：墙体负荷不起，支架全松了，有的都快要掉下来了。

于是决定改进，用断面为 150mm×150mm 的钢筋混凝土柱做支架，管柱采用杯型基础，柱顶预埋了钢板；由原班人马进行施工，很快就完成了任务。

再次开始送汽，又是用汽不到半个月，管道支柱不是倒伏了，就是倾斜了，有的管柱还出了裂纹，管道本身也成了歪七扭八的样子，显然是不能送汽了。

没办法只好去请内行来解决“难题”，到底问题出在哪里呢？

二、产生问题的原因

（1）整条管线没有设置一个热力补偿器；

（2）每个支架都被焊固，全是固定支架；

因为上述两原因，热位移没法吸收，白天送汽晚上停汽，在热胀冷缩的作用下，产生巨大的温度应力，这样一推一拉，经过半个多月，就把支架拉成了上述的那个样子。

三、采取的处理措施

找有资质的人进行设计和施工，在重新安装时增设了补偿器，并适当装设固定支架，问题得到了解决。

四、应吸取的教训

必须尊重科学，不能蛮干，更不能自以为是，不懂装懂。

1.11　不设固定支柱，送汽管道“跳舞”

一、工程概况及发生问题的经过

某厂要从生产区敷设一条管径为 DN150mm 的管道，输送 0.6MPa 的蒸汽到 450m 外的生活区换热站。因为该管线工程量少，厂里同意该管线的设计、施工都由厂生活服务公司负责组织实施。据事后了解，实际上是服务公司的钱经理总承包，只是：

（1）管线的设计是委托给某电气技术员业余做的，全部图纸都是铅笔图再复印的，没有一张蓝图。

（2）管线沿厂区公路布置，采用钢筋混凝土高管架，杯形基础；用钢管搣制的“Π”型补偿器；为减少几个高管架，张力凹着向下布置，水平臂的标高，低于管线的标高。

（3）施工则由服务公司水、电维修班胡班长组织一帮人承包，“肥水不落外人田嘛”！

因为承包能调动人们的积极性，又是自己干自己的工程，所以设计、施工进展非常快，水压试验一次成功，很快就可进行试送汽了。

送汽的那天是个星期天，承包组的人都到齐了，胡班长作了明确的分工，有人指挥、有人巡线、有人联络、还有人去准备庆贺成功的筵席。

一切就绪后，胡班长下达送汽的指令，锅炉房的汽源阀被慢慢打开，当阀门打开后，蒸汽比洪水还要迅猛，沿着管线向换热站奔去！一开始，巡线员就听到管内有断续的“吭—咚”，“吭—咚”之声，接着就发出“咚—嗡”，“咚—嗡”的声响，并且越来越大，管道开始剧烈地抖动起来，随着“轰—隆”、“轰—隆”的几声巨响，部分管段的保温材料被振落，管线在平面拐弯处的一段管子，竟然窜下了管架，悬在半空之中！电工出身的胡班长已吓得不知所措。

路上的行人，胆小的赶紧跑得远远的，胆大的站在不远处想看个究竟。这时不知谁在大声地喊叫："还不关汽！还不关汽！要出大事啦！要出大事啦"！

有人不要命地向锅炉房奔去，口里在大声喊"快关阀！快关阀！"，锅炉房的值班员迅速关闭阀门，切断汽源，过了一会，管子才安静下来。

二、造成事故的原因

(1) 该工程的设计内容至少涉及管道与土建两个专业，却由一个电气技术员去完成，没有具体的审核、审批手续，图纸也不正规；从图上看，没有设疏水阀，固定支柱的标识模糊，致使施工时，一个固定支柱也没有设。

(2) 以上、下水和照明电器维修班为骨干的队伍，是不能胜任该工程的施工的！

(3) 水压试验后，在管道两端的主放水阀是放水了，但"Π"型补偿器向下凹处的水却没有放出来，致使管内积水较多。

(4) 在送汽前没有暖管，通汽时的冷凝水，使管内的积水愈来愈多，它与急速流动的蒸汽发生剧烈的"汽、水撞击"。

(5) 又因为没设固定支柱，致使管道不断抖动，振落部分保温层，在管道平面拐弯处有部分管段窜下了管架，悬在半空之中。

三、处理措施及应吸取的教训

(1) 请具有相应资质的设计、施工单位，对已有的图纸和已实施的工程进行审核和完善。

(2) 有关主管领导应加强法纪意识，并加强对员工进行职业道德的教育。

1.12 不注重环保 就得交学费

某市，一个经济技术开发区和规模较大的居民小区，两相紧邻。

居民小区，因为规划设施齐全，价格较合理，房子卖得挺火，已有80％以上的房主已经入住了。

经济技术开发区的厂房也正在施工中，等待热电联产的供热厂与外网并网后，为其供电、送汽。

此时，供热厂的3台75t/h的锅炉、两台12MW汽轮发电机组和室外供热管网，还正在紧张施工，无论如何要保证居民冬季取暖、春节前为开发区的工厂供电和提供生产用汽。

承担该供热厂施工的安装单位，在投标时，对环保方面的承诺是：白天施工噪声不高于65dB，晚间不高于55dB；生产废水经过处理，达到国家规定的水质标准后，再排放。此前一直做得较好，环保监测部门和当地居民都没有任何不良反应。到设备进入试运行阶段，情况却发生了逆转！

一、噪声污染

(1) 安全阀调试

首先是3台锅炉在进行满负荷72h连续试运行前，对安全阀进行调试。为确保锅炉的安全运行，当蒸汽超过设定值时，锅筒和过热器联箱上的安全阀能自动开启泄压。为达到安全阀准确起跳和回座的目的，对各个安全阀要进行多次实验。3台锅炉的安全阀，调整起来费时、费劲，相当麻烦。

安全阀每次起跳，迅速排出大量的蒸汽，汽流速度一般在20m/s以上，产生刺耳的啸叫声，一直在空中回荡，要等到安全阀回座后才能停止。刚开始，人们以为是偶然现象，克制着、容忍着。

因为一个安全阀要起跳排汽多次才能调整好，多个安全阀的调整次数就可想而知了。这种间歇的突然排汽，产生的巨大啸叫声，扰得人们心神不宁！那些家有老人、婴幼儿和学生的居民不断向环保部门投诉，引起了环境监督单位的关注。

环境监测队G队长来到供热厂，了解产生噪声污染的原因，安装单位项目经理S，向其介绍了事情的经过，并带领G队长实地考察了现场。他看到每一个安全阀的排汽管上都装有消声器，没多说什么，只要求他们采取措施，不能这样扰民，语气较平和。

再次对安全阀调试时，G队长又出现在工地附近，手里拿着噪声仪，并记录着有关数据。

他到锅炉间看到，每一个安全阀排汽管上都装了消声器，因消声效果不好，他随后来到工地办公室，与监理、甲方和施工方交换意见。

说安全阀排汽，噪声超标，居民反应强烈，要求你们整改，就要整改到位，虽然装了消声器，可能是选择的型号有误，没解决问题，噪声还是超标。

项目经理S与甲方都申诉：安全阀调试产生噪声是暂时的，再说，安全阀的排汽管上已经装了消声器，噪声超标应该也不多，请求高抬贵手。

G说，那不行，现在市民的环保意识增强了，问题若不处理，他们反映到市里，我也跟着倒霉。明显是不容商量的语气。

皮球踢到了设计单位，设计者又出了个修改方案：在每个安全阀的排汽管上，再增装一个消声器，两相串联，虽不美观，但还顶事。

安装后，再调试安全阀时，好多了。

可能是G队长测的噪声读数，降下来了，安全阀调试总算平安过关。

（2）主蒸汽管道吹扫

到主蒸汽管道需吹扫时，项目经理S的心开始打鼓了。因为主蒸汽管道的管径为 D350mm，他压根就没准备消声器。但他的手里有一张牌：规范没有这方面的规定！

《电力建设施工及验收规范》（锅炉机组篇）DL/T 5047-95 的 10.5.7 条：“为了降低噪声污染，670t/h 及以上锅炉和管道蒸汽吹扫时，宜在排汽管处装消声器”。

他认为锅炉容量大于或等于 600t/h，它和它的蒸汽管道吹扫时，才宜装消声器，其他的锅炉和它的管道，是可不装消声器的。这里的锅炉只有75t/h，蒸汽管管径只有D350mm，当然可以不装消声器。

项目经理S抱着这种侥幸的心理，开始了主蒸汽管的吹扫，由此又惹了麻烦！

管道吹扫是要装靶板的，每吹扫一次，都要检验靶板上污物的颗粒数和粒径，以达到规范规定标准为合格。管膛内若较干净，则可能少吹几次，否则，得吹多次，甚至几十次才合格。

当吹过两靶以后，没有什么动静，S以为可以侥幸过关了。

谁知第三靶刚吹响，G队长手里拿着噪声仪，气喘吁吁向工地跑过来，挥着手，高声喝道："停下！停下！"

项目经理S只得笑脸相迎，企图向他解释，人家根本不给说话的机会，直吼着"先停下来再说！先停下来再说！"

吹扫工作无可奈何地停了下来，G队长的情绪也逐渐平静下来。回到现场办公室，项目经理S，拿出早就准备好的《电力建设施工验收规范》，指着上面的具体条文，小心翼翼地与G队长商量着。

G队长认真看过以后，十分坚定地说："那不行！必须整改，不管你们用什么招，只要噪声不超标就行。这是第三次了！还不整改到位，难道非要下达文字通知？到时，别怪我不留情面！

第一次、第二次可以原谅，但得当一回事了，第三次，还这样那说不过去嘛！……今天我还不罚款，不是你们不够罚的条件！"

为什么呢？

其一，你们执行的是《规范》，它也承认有噪声污染！虽说是现行规范，但这是十几年前制订的，这一条，已不适应今天大力加强环保的社会环境了。

其二，你们执行的《规范》，是个行业标准，而我执行的是国家环境保护法，你们说，《规范》和"法"到底应该谁服从谁？

其三，如果你们认为按环保法太严格，做不到，投标时为什么要承诺呢？

此时的G，态度严肃，S被问得无言以对。

在这个节骨眼上，甲方也像凑热闹似的，下达了一张联系单，说：蒸汽管道的吹扫，必须安装消声器，否则后果自负！

受到两面夹攻的项目经理S，已无退路，只得答应：安装消声器后，再进行蒸汽管道的吹扫。

（3）自制消声器

蒸汽管道的吹扫停了下来，S忙着联系消声器厂家，多方打探，得到的答复基本一致：这么大的消声器，每个价格在7万元左右，还都没有现货。从加工至运到现场交货，一般需在20天左右。这么长的时间，项目经理S根本等不起。

常言道：置之死地而后生，S在走投无路时，项目组的设备工程师A，提出可以自己努力解决。

经过一个通宵的加班，自制消声器的设计图纸画出来。S组织突击赶制小组，连轴转，在第三天的下午制作完成。

自制的消声器，连夜被安装在吹扫管道上，以接受实践的检验。

在准备再次点炉，对蒸汽管道吹扫之日，G早就到了现场，手里还拿着他那个噪声测量仪，大有拭目以待的意思，而S则惴惴不安，生怕再出乱子。

当调试人员按下电动阀门的按键时，往常迅猛冲出的蒸汽，到达消声器时，像是驯服了许多，显然失去了平时威势。它只是缓缓地喷出，发出浑厚的呼呼声，蒸汽在空中形成一团一团巨大的白雾，慢慢升腾着、扩散着。

S提到嗓子眼的心总算放心了，G也露出了久违的笑容，并友善地责备：你们有能力嘛！为何不早作准备呢？被动，还挨打，真不合算！

一场被罚的阴霾，随着升腾的白雾，似乎烟消云散。

二、废水污染

过了几天，G队长又来了，一直从食堂的泔水排放、厕所粪便流向，到化学水处理车间的酸、碱中和池，都看了个遍。S在后面跟随，不时作些讲解，G也适时点头回应。

来到汽轮机间，他们闻到一股淡淡的酸味，G问是什么味，要去看看。

S回答，正在进行汽轮机油管道的酸洗，酸液需加热，味大，工人都戴着口罩施工，不去了吧。显然带有婉拒的意思。

G队长未理会S的话，径直朝酸洗现场走去。他看到工人们正在就地排放一种灰暗的土红色液体，有较强的刺激性气味。他意识到：这就是废酸溶液！

顿时，G被激怒了，冲着S大吼：停下！停下！你们怎么能这样干呢？简直是胡来！

工人们都被镇住了，管道酸洗的收尾工作也被迫停止。有关人员，再次被叫到现场办公室，听候G板着面孔的数落与训导：

管道要酸洗，送到专业厂去呀，多好啊，你们不干！要自己酸洗，也可以，那把废酸液排放到中和池去呀！就近在咫尺，你们不干，非要就地排放污染环境不可！这到底是什么道理？

是不懂吗，不是！你们在投标书里，白纸黑字写得很清楚。是故意吗，我又不愿做这个结论。到底是为什么，你们自己最清楚。

被酸污染的土壤，得中和恢复！你们环保意识太差，不交点学费，是不会真懂的！

会后，项目经理S，带上财务会计，悻悻地跟在G的后面，向环保执法大队走去……。

三、应吸取的教训

噪声污染也好，废酸液的排放也好，对施工现场而言，仅是举手之劳，就可以处理好的事，皆因环保意识不强，被忽视了。

环境保护，在这方面我们的差距太大，要跟上，是每一个人的事，绝不能只停留在口头上。

全球都在注重环保，施工，跟不上时代前进的步伐，肯定要挨打！挨罚！

1.13 无缝钢管衬塑的蜕变

一、事出有因

某安装单位，接到一个化学水处理车间的设备安装业务，其中有一批输送酸液、碱液的管道需要内防腐，采用的是管内壁衬塑处理。

项目经理S的朋友向他推荐了一个可信赖的供货商P，说与他合作，绝对吃不了亏。常言道："人在江湖行走，靠的是朋友"，相互认识，相信不会有问题。

于是，对供货商P的资质就没进行那么严格审查，只把资质证书复印件拿来看看就可以了。决定委托与朋友有多年业务往来的供货商P，对化学车间的管道预制加工并衬塑。

以前安装队总是自己把管道安装好后，拆下来，再把管子、管件送去衬塑，衬好后，再进行二次安装。

这次，一是因为工期紧，为节约二次安装的时间；二是因碍于情面，为照顾新朋友的生意，把管道预制加工的业务也给了供货商P，只等着把衬好塑的管子、管件送来，验收合格后安装就成。省时、省力，价格合算，轻轻松松赚差价。

因是第一次交往，还比较慎重。在签订采购合同时，除预付30％的货款外，还原则上约定了各自的义务。另外还由技术人员与之签了一个技术协议，作为合同附件。并悉数提供衬塑管道的加工图，明确约定：

化水车间各种规格的衬塑管子、管件，必须按设计图纸材料表规定，采用无缝钢管和相应的管件，所有材料必须附有合格证和材质证明书。

在规定交货日期，送达工地时，若验收合格，付清余款。

在两相愉悦的情况下，静待合作成功。

二、露馅

合同签订后，过一段时间，项目经理S用电话催进度，每次答复都是快了，所以令人很放心。到约定的交货之日下午，P如期而至，与S一见面，没寒暄几句，就生拉硬拽，一定要邀S出去聚一聚。说衬塑管子和管件一会就可送到，可安排别人卸车，等我们回来，就把结算手续办了。因很忙，得抓紧时间。

傍晚，送货的车到了，S和P也回来了。经S热情挽留，P勉强答应明天上午验收，合格后，进行结算。

第二天上午，在现场验收时，技术人员一个个都很认真，并不断地交头接耳！

(1) 管子、管件材质问题

衬塑管（管件）厂商P，供货时，带来的是产品合格证和质量证明书复印件：

管子采用的是国标，《热轧输送液体用无缝钢管（管件）》GB/T 8163—1999，牌号为20号钢，并附有钢材的成分表。（元素含量）

法兰材料采用的是Q235钢，虽然没有列出标准号。但附有钢材的成分表（元素含量），不过，法兰的压力规格标的是1.0kg！这可能是笔误吧！

但运到现场的管子、管件，与产品合格证和材质证明书一对照，根本就不是一回事！

从管子、管件的棱线可以清楚看出，一部分管子用的是有缝的焊接钢管！还有一小部分管子好一点，但也不是真正的无缝钢管！

管子弯头，是用有缝钢管加热煨制的，背面居然有裂纹，法兰不是采用的标准件！厚度不够，一般薄了2mm左右！

这显然与合同要求不符，项目经理S急了，要工程技术人员与供货商P一同进行检验，把其存在的质量问题登记清楚，并让P签字；问题严重的部位照相取证，便与供货商P洽谈违约的问题。

(2) 管子、管件的加工质量问题

一大部分管子外观不合格，有棱有角，有砂眼；个别的有裂纹，有一根管子有一个宽约 1.5mm，长约 200mm 裂缝！还有一小部分，管壁薄，显得分量轻。

管子与法兰的焊接质量普遍较差，法兰平面与管轴线的垂直度不符标准的居多。所有法兰的内口都未施焊，其外侧的焊口，基本上也只焊一遍，就算成型了。焊缝存在咬肉、欠焊、砂眼、气孔、夹渣等缺陷者的比例，竟达 85%以上！

最不可接受的是，有几个法兰的焊缝，居然有一段根本连一遍也没焊，漏焊最长的竟有 30mm 左右，而管子身上却赫然贴着“检验合格”标志。

有的法兰密封面水线外侧，有小孔洞，最深的一个，用细钢丝可斜插进去 50～60mm 长。

（3）衬塑层质量问题

从法兰端可以看出：所衬塑料与钢材结合不紧密！两者之间的缝隙清晰可见，衬塑层与法兰相互脱开者，占 40%之多，最大的张开有 2mm 以上。法兰端面衬塑层，一边厚一边薄，致使密封面倾斜，斜度一般在 5°～10°之间，端部密封面不平整者，占 90%左右。

管子内壁与衬塑层结合不好，在管子外轻轻敲击，到处可闻“空鼓声”！

上述管子、管件的质量问题，都是与供货商 P 共同检查记录的。重大缺陷都附有照片。供货商 P 至此无话可说，只得在检验记录上签字。

在事后与供货商 P 交谈时，他对擅自变更管子材质，供认不讳。他认为他对化学水处理还比较了解，其压力本来就不高。所以他对承受压力一般的管子，就用有缝管代替了；对压力稍高的管子是用“无缝化”钢管代替的。从安全角度讲，是不会有问题的。

好一个不会有问题的！

三、处理意见

（1）对这批存在严重质量问题的管子、管件，全部就地退货！供货商P如数退还预付款。

(2) 为确保9月28日能制出合格水，另找衬塑厂商，重新加工衬塑管道。

(3) 至于重新加工衬塑管，因此而延误工期带来的损失，由供货商P承担，具体多少，另行洽商。

四、结果与教训

(1) 供货商或许是第一次碰到这样“不够交情的朋友”，也许是真正意识到了问题的严重性，一溜烟跑了！

不要说退还那30%的已付款和洽谈带来损失的赔偿问题了，就连送来的那些衬塑管子、管件也不要了！从此在人间蒸发，再也联系不上了。

真应验了一句俗话：“吃朋友的饭，穿朋友的衣，吃朋友的亏！”

(2) 这次事件，给施工单位带来的损失，远不止这30%的预付款和延误工期所带来的索赔，而是在商务活动中，如何严格遵守商务规则的教训！

货物的蜕变，总在人的蜕变之后。所以，择友，当慎重啊！

1.14 朝令夕改非善举 顾此失彼乃下策

一、工程概述及发生问题的经过

某山城一个企业，要建一个石油贮备库，罐区在临近铁道的山坳里，其贮罐如下：500m^3的煤油罐两台，50m^3的二甲苯卧式罐4台，3000m^3的汽油罐3台。罐区地势比铁道的御车平台要高许多，火车把油料拉来后，停在卸车平台附近。每次卸油，把卸油鹤管与槽车的出油管相连，靠真空泵和真空罐把鹤管、卸油总管里气体抽吸到另一套装置里去。从而造成油管路的相对真空后，依靠虹吸原理，油不断地从槽车流经鹤管，通过地下的卸油总管，由卸油泵加压后，经输油管道送到油罐里贮存。

卸油的成套系统设备，布置在一个设备间里，紧靠铁道依山而建。

整个工程的设计图纸，经消防部门审查通过了。等各个系统基本安装结束后，消防部门又发现设备间外墙，到火车道的防火安全距离不够，比规定少了1500mm，新上任的B科长坚持要求改正，否则不允许投入使用。

建设单位的A厂长，企图说服B科长，并列举了不少的理由：

其一：这个建设方案是经过消防部门审核过的，是经前任消防科长签字认可了的呀！

其二：设备间不仅厂房已经建起来了，而且设备、管道已经安装就位，只等试运行了，那怎么还能改呢？要改，其经济损失将有多大啊。

A厂长先是据理力争，继而动之以情，随后又晓之以理，都未能说服B科长。A厂长虽有一百个不愿意，B科长却只有一个坚决不同意。

消防安全是篇大文章，哪个一把手敢顶着干，再三申诉无果，那就改呗，反正不会直接从谁腰包里掏钱！

因为设备间的前墙平行于铁道，至少要向后退1500mm，而它的后墙已经紧贴山崖，没有了后退的余地。在没有办法的情况下，他们决定后墙不动，仅把前墙后移1500mm！具体做法是：把墙基础打好，重新砌一堵新的前墙，同时在屋面大梁的下面，砌几堵墙垛，与前墙垂直，原来的柱子不拆，只拆除原有的前墙。

在设备间里，靠前墙的操作通道已经完全没有了，只得把加压泵的基础向后移，把泵的出口与总管连接的管道割短，腾出一点点地盘来。这实际上有一大部分的安装工程量，得拆了重来。

最麻烦的事情是莫过于对加压泵基础的处理了。

第一，硕大的混凝土基础，不可能用人工刨掉，因为，加压泵的基础又不止一个，蚂蚁啃骨头，啃到何时才能啃得完呀！

第二，又不能炸，因为在设备间内，有那么多的设备和管道，而加压泵的基础又不止一个，要炸，投鼠忌器呀！

把原加压泵的基础加长成了他们最后的选择。

经过拆除、安装后的工程，总算有了成果，可以进行单机调试和分部试运行了。人们暗淡的心情刚刚轻松一点，谁承想此后的道道难题，又在他们的脸上满布了阴云。

他们首先遇到的麻烦是，真空罐里的真空度怎么也建立不起来；继而碰到的难题是，加油泵试运行时，振动剧烈，经多次尝试，不但没有解决，反而把加压泵的出口法兰和壳体都振裂了。

工程又一次被迫停下来处理问题。

只得请来有关技术人员进行会诊，找出根源，加以解决。那么这到底是什么原因呢？

二、造成事故的原因

（1）从鹤管抽气的管子，最初的连接方式是丝扣连接，因为山城的昼夜的温差较大，靠近鹤管的活动部位，受其影响容易松动泄漏，所以真空度建立不起来。

（2）加压泵振动剧烈的直接原因，是其基础分两次浇灌所造成的。为满足消防距离，拆除前墙，把加压泵的基础向后墙方向加长了，第一次已经成型的加压泵基础与加长的基础，未能很好的结合成为一体，它们分别支承着泵和电机，这样造成加压泵与电动机的基础固有频率不一致，振动周期和振幅不一样，致使泵的出口法兰和泵壳振裂。

三、处理措施

（1）为了建立真空，应加强接口的密封性能，所以只有修改设计，改用法兰连接。

（2）补做一个型钢的整体框架基础，垫上隔振垫，搁置在混凝土基础上，然后把加压泵和电机安装在其上，使之形成一个整体；再用两道扁钢把两截子基础箍起来，用膨胀螺栓加以固定，尽可能把它们形成一个整体。以减少两截混凝土基础振动不一致带来的影响。

四、应该吸取的教训

(1) 一个行政主管部门，政出多门，前任科长签字同意的事，新任科长可以推翻，使企业无可适从。

A厂长是如何取得前任消防科长的信任而签字的，不得而知，但他的签字，毕竟是代表一个部门啊！新任科长坚决要求把已经建好的设备间后拆1500mm，由此带来的损失，不是前任消防科长失职造成的，就是A厂长有难言之隐造成的。

(2) 为了1500mm的消防安全距离，新任与前任的意见不一致。其实完全可用加防火墙的办法来处理，把已建成的工程，折腾成这个样子，似有不为企业着想之嫌。虽然确保了消防安全距离，却牺牲了设备间的安全操作距离，由此带来了另一个安全隐患，同样是不可忽视的，何况还增加了十几万元的投资。

(3) 一个企业，无论干什么，都必须依法办事，不能靠灵活的手段，办一些逾理逾法的事。到头来，吃亏的还是企业。

(4) 作为一个合格的设计者，他不但要精通专业技术，还要通晓与之相关的法律、法规，才能更好地为顾客服务，才能避免不应有的损失。

1.15　施工不当留后患　引发事故算总账

一、工程概述及发生事故的经过

某山区一个中小城市，人口密集的中心区早就用上了管道煤气，而人口相对分散的周边市区，市民的主要燃料还是石油液化气。在1999年11月，该市建了一个石油液化气集中供应站，供应市民燃气，近两年，石油液化气的用户大增，供应出现紧张。

这个石油液化气站建在一个地势较高的山坳里，三面环山，除前面留有车辆进出的大门外，四周就是高高的围墙。站内水电一应俱全，下水通过管道排至市政管网。

这个石油液化气站的施工，是由该市的一个安装公司承担的，投入营运以来，没有发现施工有什么质量问题。

2001年夏季以来，这个城市长期高温、干旱，连续五个月没有下雨，市民赖以生存的水库，几乎见底，市政府呼吁市民节约用水。为了保证生活用水，市府责令自来水公司每天实行定时供水。一些地势较高的地方则因为自来水的压力不够，成天上不去水。

石油液化气站内，到处一片干枯，连给石油液化气贮罐降温用的喷淋水管，也成了摆设，里面没水。气温高时，罐体表面温度高，罐内的液化气压力，白天与夜晚相差不少。

有段时间，石油液化气站里的值班人员，多次向站领导反映，有一个贮罐的出液管，法兰处有泄漏现象，能闻到浓烈的刺激性气味，紧过多次法兰螺栓，不解决问题。石油液化气站下的居民也有类似反映。

站领导来看过，也曾向燃气公司领导反映，都表示要等把站内的液化气用完后，再检修；平时则要求值班人员注意火源的控制，以防出现意外。值班人员没有办法，每天提心吊胆，他们在站内除巡视外，就是及时把场地内的落叶打扫干净；同时还准备了足够的砂包，以防不测。

深秋的一个傍晚，三个年轻人，正在石油液化气站下的路上溜达，嘴里叼着香烟，其中一人随手把剩下的烟头，往路旁一个敞着口、并已干枯的检查井里一丢，霎时间，只听到“嘭、嘭”的几声巨响，水泥下水管被炸开了，紧接着从地下蹿出一条火龙来，点燃了路边的杂草垛，并“呼！呼！呼”地迅速爬上了临近的民房。

机警的值班员老王师傅，以他自己也不相信的速度，用砂包把下水道严严实实地堵住后，立即撤出站外，只听到山坡下传来一片“救火啊！救火啊”的呼叫声和一片灭火的扑打声。

救火车赶来后，虽然熄灭了这场大火，拯救了一个石油液化气站，但还是烧了一栋民房。

一场大火，唤醒了燃气公司的领导，决定用槽车，把站内的石油液化气转移到别处，对站内的设备进行检修。

在市消防部门和锅炉压力容器安全监察部门的干预下，对这次失火的原因进行了分析。

二、造成事故的原因

(1) 该站内，紧靠石油液化气贮灌的第一道法兰，全是用的平焊法兰，密封垫全是用的石棉橡胶垫，紧固件用的全是普通碳素钢螺栓组合件。而不是用的对焊法兰，金属缠绕垫片和高强螺栓组合件。石棉橡胶在长期的高温、干旱的煎熬下，老化、变脆、失效，产生泄漏。

(2) 站内检查井和下水排出口，因为很长一段时间上不去水，干枯了，没有了水封，连续几个月的干旱，下水道也基本上是干的，泄漏的石油液化气，因为它的相对密度比水小，却比空气的密度大，所以顺着水泥下水管向山坡下流去，进入市政下水管网。不时也有市民往雨水管网内倾倒石油液化气残液。

(3) 年轻人的烟头成了这次事故的导火线，点燃了下水道里的石油液化气，发生火灾并引起爆炸，闯下了这个大祸。

三、处理措施

(1) 前述两条原因，直接违反1991年3月30日建设部、劳动部、公安部令第10号"城市燃气安全管理规定"和"关于加强液化石油气站安全监察与管理的通知"（技监局锅发【1999】143号）中的规定，必须立即纠正。

(2) 因为这次火灾的主要受害者是那家居民，他同液化石油气站提出索赔，而其上级燃气公司，认为这次泄漏液化气，是因为施工单位没有执行国家有关部门颁发的上述两个文件，用了不该用材料造成的，所以应由安装公司理赔。

而安装公司认为：

其一是，液化气站值班人员，已发现了泄漏，报告燃气公司，却不立即进行检修，致使漏泄越来越严重。

其二是，因为水封井没水，才造成液化气流向下水管道。

两者都是液化气站的管理失误造成的，所以施工单位不应该承担赔偿责任。

经过调解后的处理办法是：施工单位对液化气站进行无偿检修，换上符合规定的管件材料，压力试验合格后，才准重新投入使用；燃气公司对被烧民房进行赔偿。

四、应吸取的教训

（1）安装单位对一些专业性很强的工程项目，要及时了解和掌握国家的有关规定，不能凭经验办事，尤其是对牵涉到人民生命财产安全的项目，更应如此。

（2）管理单位，更应对人民生命财产安全负责，发现安全隐患，不及时处理，那是渎职！安全责任重如泰山，必须牢记在心！

1.16　自应力水泥失效　打水压管口必漏

一、工程概述及发生问题的经过

某造纸厂要新建一条 *DN*300mm、长 1300m 的铸铁上水管，全部用自应力水泥接口。在与施工单位签订的承包合同中规定：主要的管材、管件由建设单位提供，并送到现场；接口用的自应力水泥、油麻等辅料由施工单位自行采购；在施工中，凡遇到与当地居民有利害冲突的事，一切由建设单位负责处理。

施工单位在现场办公的场所，是租用一位居民的三间闲置的简易平房，其中一间作为临时仓库，房后的一小块地坪，作露天堆放施工机具和施工辅料用。

在八月中旬正式开工前，施工单位已把自应力水泥买回，现场兼职材料员按常规办完了入库手续后，把成包的自应力水泥放在那间临时库房里。

管道施工首先还很顺利，随后因为征地和青苗补偿费，未能满足当地人的要求，致使工程总是处在停停干干、干干停停的半开工状态，工期拖下来了三个多月。后来问题总算解决，可以按正常施工了，施工人员像是要把原来压抑了的能量一下就释放出来一样，冒着冬日的寒风加班加点地干，中午吃饭也在现场，大家都想争取在春节前办完交、竣工手续。

可是在做水压试验时，还没有升到工作压力，就出了大麻烦：有将近15%的自应力水泥接口漏水！

有施工经验的人都知道，自应力水泥接口施工时是省劲、方便，但是一旦出了漏水的问题，处理起来却十分费劲和麻烦，在大家都要回家过春节的时候出这种事，处理起来更棘手。施工队长简直不敢相信，怎么会这样呢？他只好召集各施工班组的班长来开会，并请有关的技术人员参加，分析出现问题的原因，并寻求解决的办法。

二、造成问题的原因

(1) 当时购自应力水泥时，材料员曾检验过，有合格证，并且在有效期内；开始施工时，打开水泥包装后，做过膨胀实验，证明也是好的。但因为中间窝工了三个多月，接着施工时，把原已开包的水泥仍在继续使用；而他们存放水泥的临时库房，很潮湿，水泥受了潮。在施工的后期，自应力水泥已经过了有效期。

(2) 管道是沿一条小河施工的，上游纸厂没经处理的水，就排放在这条河里，水的碱度大。他们搅拌自应力水泥的水，直接取自这条河中，自应力水泥的抗碱性能差，所以其膨胀性能减弱。

(3) 刚开始施工时，他们对所用的自应力水泥还做膨胀实验，到后来以为是合格的水泥，不再做这样的试验，偏偏这个时候的水泥过了有效期，不合格了；在具体施工中，搅拌水泥时又没有严格按照水、灰比例计量，而是估计着差不多就行了，使本来过期的水泥膨胀性能更差。有时搅拌好的自应力水泥，过了初凝期还在用，太不应该了！

(4) 因为在冬期施工，他们分层将自应力水泥填入管口后，也分层捣实了，但没有很好进行养护，自应力水泥的凝固受了不利的影响，没有充分膨胀。

三、采取的处理措施

把所有的漏水管口中的自应力水泥全抠出来，把管口清理干净，严格按照操作规程，重新用合格的自应力水泥，进行接口。

实施后，经水压试验检验，达到了预期的目的。

四、应吸取的教训

（1）材料员一定要持证上岗，不能顶岗兼职，对在职的材料员也应该加强业务培训，熟练掌握各种材料的性能和保管要求。并把有关的信息传给有关人员，剔除不合格的材料。

（2）施工技术人员应在施工准备阶段，编好工程质量保证计划、作业指导书，把重点放在施工过程控制上，对人、机、料、法、环在各个环节中的注意事项，要提前告诉每个施工人员，并应经常深入现场，及时发现和解决问题，而不是当事后诸葛亮！

1.17　耐磨铁管不耐磨　钢筋水泥欲奈何

一、工程概述及发现问题的经过

某企业要建一个自备电厂，安装两台蒸发量为130t/h，额定蒸汽压力为3.82MPa的煤粉锅炉和两台25MW的背压式汽轮发电机组。采用水力冲灰除渣，灰渣管是两条并行的耐磨铸铁管，管径为*DN*350，壁厚为14mm；管子用卡套式连接，一般埋深在800mm左右；穿越一片开阔地后，将灰渣冲送到离厂约1km外的灰渣场，再用其做轻质泡沫砖的原料。

经过筹建工程总指挥部很长一段时间的商讨，最后决定把整个工程分为若干个标段来招标。其中的水力冲灰、除渣管道，由厂里自己的水电安装队来施工，钱队长全额承包；人手不够，就在社会上招了一些临时工。

没几天，管子进场，人们对其质量有负面议论。灰渣管的施工正式开始，其横穿一条工地的临时马路时，上面虽然覆盖了近600mm厚的土，并经夯实，但两趟运货车一通过，居然把管子碾断了，变成了两截！

钱队长责怪工人，不注重质量，“过马路为什么不加套管”。

工人们遭了埋怨，开始重视起来。他们发现一根管子上有一条60mm的长裂纹，不敢用，就去请示，钱队长果断地回答，

“用！当然得用，把裂纹放在侧上方就是了。并解释说，灰渣管主要是防磨，有点小裂纹，不算事！7000 元/吨的管子，不用，赔得起呀！”

工人们知道了底细，有类似毛病的管子，包括有了穿孔的管子，都照用无疑；给装上！无需请示，工程进展很快。

钱队长对他们的做法很满意。

本准备做水压试验的，可是刚一灌水就发现多处漏水，钱队长一一作了标记，对这些令他不放心的地方，让人用铁丝网加高标号水泥抹了厚厚的一层保护壳。

又过了半个多月，准备正式做水压试验了，这次灌水没有漏，可是，当压力才升到 0.5MPa 时，发生了爆管，喷开了个直径为 20mm 左右的洞！等放水后进行观测，该处原是一个大砂眼，孔边的管壁厚度竟然只有 1mm 左右！

出了这档子事，有人开始说话了，先检测管子壁厚再作道理。

后经人们用超声波测厚仪进行测量，结果显示：该批耐磨铸铁管壁厚不均匀，有的壁厚到了 20mm，壁厚一般为 9mm 左右，最薄的地方只有 2mm。

这事被披露后，厂里很重视，由金总指挥亲自主持召开专题会议，研究解决耐磨铸铁管的质量问题。

在会上，金总指挥首先作了自我批评，说自己的工作不深入细致；接着声色俱厉地批评钱队长，并数落了半个多小时，说他：

不懂技术，又不虚心向人学习，不向人请教，半瓶子醋，还自以为是。

其次，采购管材，不作调查，不作评审，致使采购来的管子，有的根本达不到标准要求！这是严重的失职！责令写出深刻检查。并警告说，如果管子打不住压，交不了工，则就地免职。

金总指挥，接着话锋一转，语重心长地告诉大家，厂里目前资金也相当紧张，要全体职工替厂里分忧解难。对这一批灰渣管，我们总不能把它全都报废了吧，看着把近百万元资金浪费掉！现在的问题是如何想办法，让管子打住压，保证灰渣管按时运行。

通过这番慷慨的演说，给局外人留下了不徇私情的印象。

此后的几次会议，善良的人们，纷纷为金总指挥出主意想办法，最后敲定：凡经测量，壁厚达不到 12mm 的部位，一律用 $\phi 6$ 的钢筋缠绕，然后用强度为 C45 号混凝土，抹一层管壳，从外表看，虽然好似一条钢筋混凝土水泥管，但比重做一条铸铁管的投资，省多了。

外表虽然不好看，但是打水压过了关，这使一些绑紧神经的人放松了许多。

在金总指挥的关照下，灰渣管顺利交了工。

二、造成事故的原因

（1）这个事例比较清晰，灰渣管的质量问题，其实几个年轻人已经发现，甚至提出了“这些管能用吗?”的质疑，可是，话音还没落，就被基建处长镇下去了。

这起质量事故，实质上是一起有组织、有预谋活动的结果。他们买的不是什么耐磨铸铁管，而是在路边厂买的水货铸铁管，一条条不规则的波浪纹是证据，管壁厚薄悬殊也是证据，有裂纹是证据，有的地方还穿孔了，更是证据！工业化大生产出来的管子哪里会是这个样子！

（2）因为金有合法的外衣，该工地再大的事，他都可以变着法子“搞定”，所以能被掩盖一时。分明是昧着良心合伙贪污，却说是“不懂技术又不虚心”，分明是触犯刑律，却被“责令写出深刻检查”，轻轻带过！

三、应该吸取的教训

有权者，如有意撑起一把保护伞，在阴影下，有多少贪婪的厉鬼啊！

两年之后，这两条灰渣管大多数地方被磨穿了，又重新做了两条。

1.18 旧阀门此处成新宠 老领导异地现原形

一、工程概述及发生问题的经过

某县，产盐，缺水，地下水的含盐量高，所以该县有多个以盐为原料的小化工厂，但电力供应不足，故决定建一个中小型火力发电站。

该电厂锅炉、汽机的主要安装工程，由外地A公司总承包，对工程发包有予、夺大权的X，非要把化学水车间内所装的6台离子交换器和与之配套的其他设备、管道、电气工程划分出去，给B水电安装队来施工。并明确指出化水车间的工程，名义上还属A承包，从表面上看，B水电安装队就是A公司的一个二级单位，一切交竣工资料必须落A公司的名，不过A公司不得干预B水电队的管理。

初时A公司不答应，而这意味着拿不到该火力发电厂工程的施工任务，所以只得勉强应承下来，在A公司内部也有人对此持不同的看法，最后只得保留意见。

在正式施工时，各忙各的活，互不影响，只是B队的工程资料需要签A单位的名或要盖A的公章时，才来一趟。

从施工到交工，没有给A带来太多的麻烦，所以相安无事。

工程竣工后，全部移交给了生产单位。原工程指挥部解散，多数人另谋他就。

火力发电厂正式生产后，很正常，它解决了该县多个化工厂电力不足的问题，并一举成为了该县的先进单位，确实风光得很。

大半年以后，发现化学水车间的阀门相继泄漏，又过了一段时间，汽、水品质总达不到标准，化验人员和车间管理人员不断向厂里反映日趋严重的情况，厂里也几次向上级主管领导打报告，反映60%以上的阀门有泄漏的事实，并阐明其严重后果，要求停产进行全面检修。

因为停产的影响面太大，上级不但没有答应停产检修，还严令完成生产计划，所以锅炉与汽轮机都未能停，就这样一直运行着。

一天，勉强运行的机组，终于趴窝了，被迫全部停产。

“抢修！快，抢修！”这是上面下达的命令。

谁料，抢修工人刚打开汽轮发电机大盖一看，不禁为之一惊：汽轮机的叶片，竟被镀上了一层薄薄的白霜！汽轮机主轴也被白霜裹得严严实实的。

经化验，那是一层盐霜！工人们费了九牛二虎之力，怎么也别想把它清理干净。

人们联想到锅炉，打开过热器出口联箱的手孔，往里一摸，像触摸到砂纸一样，用手电一照，又是一层白霜！割开过热器管一看，管膛四周已经“镀上了”灰白的内套，有如复合管一般！其他受热面管子和联箱的内壁，大同而小异。

人们一致的看法，这是一起十分严重的水质处理事故！

开始，大家把目光集中在化水车间，因为厂里几次给上级打过“要求停产进行全面检修”的书面报告，所以大家很快释疑了，没有深究。

因为牵涉到上面，老百姓就失去了勇气，只有等着看那部分上面，如何去对待这部分上面了。

过了几天，上面发下话来：“先向有关专家咨询，请有关内行来鉴定一下，再说。”

专家、内行如期而至，他们经过上上下下、里里外外的实地考察，得出了结论。

二、事故的原因及处理措施

（1）造成此次事故的主要原因是水质管理问题。

水质长期达不到标准要求，水处理设备间存在严重的内、外泄漏的现象，导致离子交换器内的树脂再生周期特别短，甚至再生后，马上失效！近乎抽取原水，直接送锅炉，所以汽、水品质特别糟糕，经过高温蒸发后，盐蒸汽在汽轮机内、锅炉管道内结晶，形成白色或灰白色的一层盐霜，对设备、管道已经产生了严重的腐蚀。

（2）化水车间，投产仅一年，就成这个样子，说明阀门质量太差，同一规格阀门壳体上铸造的标识不一致、个别阀门壳体上有孔洞，是用水泥补上的以及从壳体漆皮缺陷来判断，这是一批用报废阀门“翻新”的水货阀门。

（3）对这次事故的处理：锅炉还可以通过化学清洗、重新煮炉的办法来解决；而汽轮机属高速旋转的大型精密设备，轴和叶轮、叶片有了不同程度的腐蚀，已经不可能达到动平衡的标准要求，毫无疑问，得更换！汽、水系统的一部分管道、阀门也得更换，只有一小部分还可以留用。

这等于重建小半个厂子啊！这个消息对一个县办企业来说，无异是一个晴天霹雳。

聪明的电厂厂长C，很快想到当时的施工合同，保修期还未过，因此有理由要求A公司来处理，否则可向他们提出索赔，这得到了大多数人响应。

不料A公司的人来看了以后，说不是他们原合同应履行的责任。并说要处理可以，但必须与电厂另订工程合同。

A公司这种不予合作态度，把C厂长等人激怒了，准备对簿公堂。可到上级主管领导那儿请示，没有同意，再三请示时，却挨了狠狠一顿批：

专家说了，主要原因是水质管理问题，也就是你们的问题，现在你们不把精力放在想办法尽快恢复生产上，却想着告人家，这种有了技术结论的官司，你们想一想，能打赢吗，还不趁早死了这条心！

C厂长等人有点纳闷，憋着一肚子劲，采取了“非组织行动”，把A公司告上了法庭。在马拉松式的诉讼中，A公司出具了较详尽的材料，有谈话记录，施工日志，工程交、竣工资料和有关当事人等。

最后裁定，该事故，是一起合谋采购劣质阀门，而引发的质量事故，与A公司无关。

在事实面前，C厂长的官司彻底输给了A公司，他输得心服口服。

判决的结果，不胫而走，电厂无可奈何地接受这个事实，只有C厂长的心头还积郁着一种莫名的悲哀：

其一是这次事故的直接经济损失何止百万，到哪里去筹措这一大笔资金，来恢复生产呢？从B那里得到赔偿，也只不过是杯水车薪啊！

其二是因为他的"非组织行动"，无意中拖出了他的上级领导，那个曾经对电厂工程发包有予、夺大权的X！

三、应吸取的教训

(1) 寄语施工单位，你的营业执照等资质证书，既不可主动转让，也不可被迫转让。经营中，有合法的利润，有正当的风险，还可能有阴谋和陷阱！当心。

(2) 寄语有权人，钱权交易，能造就富翁，也能造就罪犯！戒之！

1.19　吸水管有意加粗　真空度无形破坏

一、工程概况及发现问题的经过

某供热厂，锅炉排出的灰渣，用灰渣泵从灰渣池取水，进行冲刷输送。灰、渣从灰渣沟一步步地被冲向灰渣池，冲灰水过滤后，循环使用，以节约用水。因灰渣池较深，灰渣循环泵又设在池面之上，所以吸水管不设底阀，而设一个真空吸水罐，启动水泵时使用。具体的做法是，第一次启动时，先把真空罐的水灌满，启动时，当罐内的水位下降到一定的水位时，吸水管将自动把水吸上来，让循环泵不断工作。

可是该供热厂的灰渣泵启动后，一刹那，就不再出水，现场技术人员想了不少的办法，还是没解决好。灰、渣泵不能正常工作，则灰、渣无法冲走，这直接影响到锅炉的运行，不处理是不行的。

专业工程师到工地，经实地察看和个别调查发现了一个问题：

该灰、渣池为露天池，原设计是根据冲灰、渣的负荷来选择灰、渣泵的，没考虑厂区雨水排入灰、渣池的负荷，更没考虑暴雨时排洪。

施工单位按原设计，把泵和管道安装完毕后，应建设单位要求，又增加了一台排洪水泵，所以，设计变更把真空罐的吸水管和出水总管的管径加大了，而对真空吸水罐的直径未作应有的调整。

专业工程师随即提出了一个非常简单的方案。

二、处理措施

(1) 在真空罐出水总管上钻一个孔，加装一个放风阀。

(2) 把真空罐上的排气阀换掉，重装一个经过试压检验证明是严密的阀门。

经上述处理后，试泵，还是吸不上水。

(3) 专业工程师提出了第二个方案，就是换一个直径大的真空吸水罐，增加水容积的空间，以便制造更大的真空度。

按上述方法，建议设计者把真空罐的容积加大，实施后，再启动灰、渣泵，收到了立竿见影的效果。

人们感到奇怪，便请教专业工程师，下面是他的回答。

三、不上水的原因分析

(1) 首先要在出水总管上钻一个孔，加装一个跑风阀门，是因为那节管的管径比原来的增大了，而罐的出水总管和泵的进水管中心标高，还维持原来的高度未变，在这种情况下，总管的管顶产生了气囊，到了一定的程度，它可以阻断水流，所以要在此处先行排气。

(2) 换掉那个排气阀，就是怀疑该阀不严、有漏气的现象，而破坏了罐内的相对真空。

采取上述措施后，开泵，仍旧不能上水，说明不只是这两个原因在影响灰、渣泵的抽水，于是就怀疑真空罐本身存在问题，在影响其真空度。

（3）在观察泵的启动情况后，发现真空罐确实存在问题，为什么呢？因为泵首先是抽上了水的，只是维持的时间很短而已。

这说明：当泵把灌里的水抽完后，罐里所形成的相对真空不够，不足以把灰渣池里的水吸上来。换句话说，就是罐里的水位下降后，吸水总管和真空罐上边的空气，还没有稀薄到足够的真空度，使大气压能把水压上来，补充真空罐里的水，所以，必须制造更大的真空度。在维持真空罐系统的高度不变的情况下，办法只有两个，第一是把吸水管的直径减少，再就是把真空罐的水容积区加大；因为吸水管的管径，是设计更改后加大的，不能再把它缩小，所以只能把真空罐的水容积区加大。

（4）为说明问题，专业工程师画了一个图（如图 1.19-1），阐明真空罐必须加大的理由。

1）设真空罐的直径为 D；吸水管内直径为 d；灰渣池水面与吸水管至真空罐进水口的高差为 H_0；其进水口下部与罐出水口上部的高差为 H_1；大气压力为 P_0；

2）关闭出水阀、打开放气阀和注水阀，当罐内注满水后，关闭它们。此时只在吸水管内有空气，气压为大气压力 P_0；体积为 V_0；

$$V_0=\pi d^2 H_0/4$$

3）打开各出水阀，启动水泵，此时吸水管内的水位上升为 h_x，泵继续开动，当吸水管内水位 $h_x=H_0$ 时，开始向罐内进水，而此时罐内的水位已下降至 h_g，此时罐内的空气压力降至 p_g，此后罐内的气压 P 若能满足：

$$P\leqslant P_g$$

真空吸水罐就能正常工作。由 1.19-1 图可知：

$$P_g=P_0-H_0$$

所以真空吸水罐正常工作的条件为：

$$P\leqslant(P_0-H_0)$$

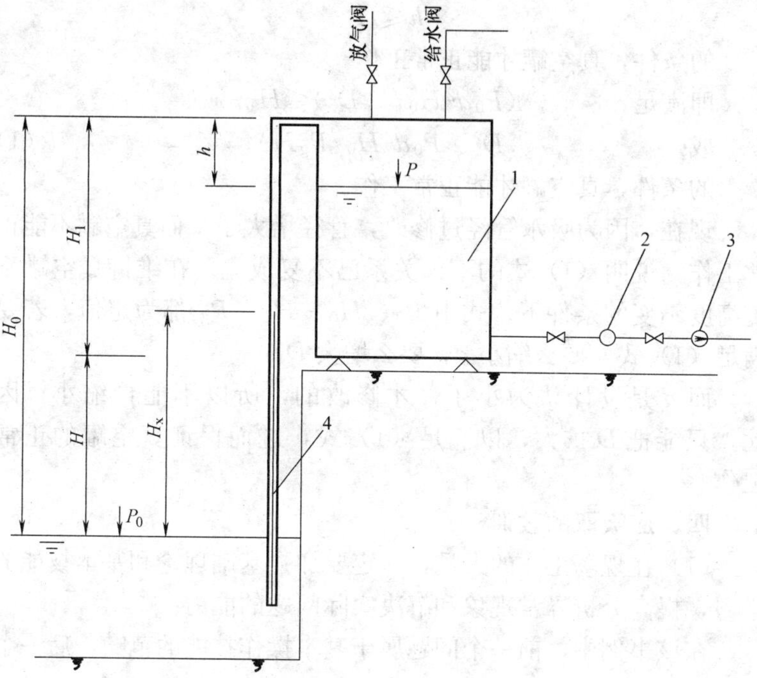

图 1.19-1 示意图

1—真空吸水罐；2—出水总管；3—灰渣泵与排洪泵；4—吸水管

在真空吸水罐系统高度一定的条件下，它是一个恒定值，它与吸水管的直径和真空吸水罐的直径无关。

真空吸水罐内的水位下降值 h，则不同，它与吸水管径和真空罐的直径有关，可以通过计算求出。

吸水管开始向罐内注入时，吸水管内的空气，已全部进入了真空罐内，其气压为 P_g、体积为 V；

$$V=\pi D^2 h/4$$

因为是等温变化，所以：PV=常数

$$(P_g \pi D^2 h/4)=(P_0 \pi d^2 H_0/4)$$

则：$h=P_0 d^2 H_0/P_g D^2$

显然，必须满足：

$$h \leqslant H_1$$

的条件，真空罐才能正常工作。

即满足：　$(P_0 d^2 H_0 / P_g D^2) \leqslant H_1$

或　$D^2 \geqslant P_0 d^2 H_0 / P_g H_1$　(1)

的条件，真空罐才能正常工作。

现在，因为吸水管经过修改，管径增大了，而真空罐不能正常工作，说明（1）式的不等关系已不复成立。在维持真空罐系统高度不变的条件下，式中 P_0、H_0、H_1、P_g 都为定值，若要满足（1）式，要么缩小 d，要么增大 D。

而 d 是设计认为小了，才修改的，所以不能再缩小；因此，只能把 D 扩大，以满足（1）式，进而保证真空罐的正常工作。

四、应吸取的教训

（1）在现场工作的人员，一定要加强基础理论和基本技能的学习，提高分析异常现象和解决实际问题的能力。

在该事例中，前一个问题属于基本操作技能的范畴，后一个问题则是属于用基础理论指导实际的范畴。

（2）设计者作一项修改时，要统筹考虑，不能顾此失彼。对系统中的影响没有充分考虑，必然给项目的实施带来意想不到的问题。

1.20　漏酸20t　腐蚀一大片

一、工程概况及发现问题的经过

某供热厂内装有多台蒸发量为35t/h的蒸汽锅炉，与之配套的软化水车间，用于树脂再生的酸液，由两个 $20m^3$ 容积的酸罐来进行贮备。需要用酸时，用酸泵将其打入酸计量箱，然后输送出去。酸贮备罐安置在一个单独的构筑物内，它与酸计量箱，两者用衬胶管连通。酸贮备罐的水平轴线，比酸泵的轴线高2500mm左右。

春节之前，安装工程已近尾声，经双方协商，软化水车间的设备必须达到随时可投入使用的条件，锅炉成套设备，达到满负荷连续72h试运行的启动条件，过春节后，再搞锅炉成套机组的联合试运行。

各个工号都进行封闭，只留下少数人员值班，其他人员都回家过春节。

上班了，他们来到工地，隐约闻到一股酸的刺激性气味，并断定是由酸库散发出来的。到那一看，人们都惊呆了，酸罐的酸，全跑光了，酸库的地面有15cm左右深的酸，部分管道、设备的下半部全都泡在酸里了！

施工负责人的第一反应是："这么多的酸全浪费了，真可惜，应尽快把酸弄回酸罐去！"；经人提醒，才知道，酸与其接触的物质发生了反应，有了许多生成物，不能用作树脂的再生液了，才改变了原有的想法。又一时找不到留作他用的合适方案，最后还是决定排入中和池。

酸罐间，酸雾迷漫，地面又有那么深的酸，难以进入，如何排出这些酸的残液，成了困扰他们的一个难道。首先想到的是，求助于化工企业，因为春节刚过，有一部分工人休假，还没有回来，一连找了几家都没有成功。在没有办法的情况下，最后决定买一台新的耐酸泵，安装临时的管道，排放酸液，并用抽风机抽排酸雾。直到第二天两点多钟，才算把酸液、酸雾清理干净，勉强达到可以进入的程度。

第二天清晨，人们到酸罐间进行仔细察看，发现：

1）管道、设备的油漆大部分剥落，管壁的下半部被腐蚀，尤其是曾被酸泡了的管道，腐蚀得更严重，有几个部位已经出现穿孔。

2）阀门等的外表面，凡与酸液曾经接触的部位，都被腐蚀了；配电柜的下半截和部分电线的外皮、地面、墙脚的表面已被腐蚀，而变得疏松，真的如同豆腐渣一般。

3）酸罐底部的出酸阀门，没有关，还处于开的状态，酸泵的进出口阀门都是处于关闭状态的。

因为发生了上述问题，原定的锅炉机组满负荷连续72h试运行，只得被迫推迟。

在这段时间里，施工单位对发生的问题，进行了认真的调查，调查工作是从管道那几个部位为什么会出现穿孔入手的，最后基本弄清了原因，并采取了相应的处理措施。

二、出现问题的原因及处理措施

（1）从酸罐输送酸液至酸计量槽的管道，全是碳钢无缝管，管内壁衬胶，用法兰连接。在对酸罐的出酸管与酸泵的进酸液管，进行第二次安装时，管道班长认为已经装过一次了，这是第二次安装，比较简单。就叫小马和小胡两位去完成这个任务。

小马和小胡，他们安装到最后发现，管子长了一点，怎么也装不上去。首先他们认为是垫片厚了，于是，换了一个较薄的一般橡胶垫，但是，左测量右测量，还长了一点儿。他们得出的结论是，管道的法兰处，衬胶层翻边太厚，故决定把翻边的胶层削薄一点再装。

削一次，还觉得厚，又削一次，一连削了三次，这时的衬胶层已经较薄了，再试装时，还差一点，他们觉得，不能再削了，就用锉刀插进去狠狠地撬，就这样，把翻边的胶层撬下来了一块，面积有几平方厘米，断口还比较齐；他们不假思索，依样放回原处，锁紧法兰后倒也看不出来，就是第二次水压试验，也没露馅，而给他们添麻烦。

这给酸液渗过衬胶层，留下了一个隐患。

（2）据小胡和小马说，在安装衬胶管时，因发现法兰与管子焊接颈部，有一段较长的“咬肉”处，就叫电焊工进行了补焊，又留下了一个隐患。

（3）在春节放假的前一天，值班人员为了把酸计量槽的酸灌满，曾启动过酸泵，灌满后，他把泵的进、出口阀门都关好了，唯独没把酸罐的出酸阀门关好。

这偶然的疏忽，给漏酸和管道的腐蚀创造了一个必然的条件。

(4) 问题是这样发生的：因为酸罐的出酸阀没有关，所以酸罐至酸泵进口阀的这一段管道内，始终充满酸。

1) 一是因为小马和小胡所加的垫片是一般橡胶垫，不耐酸的腐蚀。

2) 二是因为管道法兰处的衬胶层，被削薄了，又被撬掉了几平方厘米的胶，酸液渗过胶的裂纹等薄弱部位，对管道的内壁进行着强烈的腐蚀。

3) 此外，在法兰的颈部，因为衬胶后还进行过补焊，使那地方的胶烧焦了，发生碳化，因而不能对酸液起到隔离、绝缘作用，所以酸透过了胶层，对管道的内壁进行了强烈的腐蚀。

4) 因为春节放假的时间较长，在酸液7天7夜的作用下，把普通橡胶垫和管壁给腐蚀穿了，因此向外漏酸！可巧贮酸罐的出酸阀门未关好，酸液不断地从管内流出，直到把酸罐里的酸全部放光，使酸罐间地面酸液达到约15cm深。

在放假之前，酸库的门窗都关闭了，所以酸库内酸雾浓度很高。在酸液和酸雾的共同作用下，对部分管道、配电柜、其他电气设备和库房内管道、设备的油漆及金属表面产生了严重的腐蚀。

5) 跑掉了20t酸，与酸液、酸雾的腐蚀带来的损失相比，就较小了。因为，最后决定：凡出现了腐蚀的管道、阀门、泵及一部分电气设备全部更换，重新安装。对酸库的地面、墙壁和门窗重新处理，以达到验收标准的要求。

锅炉机组的连续72h满负荷试运行，也因此而推迟了近一个半月的时间，带来的直接和间接的经济损失何止几万元！

三、应吸取的教训

(1) 职工对安装过程必须深入了解，不仅要知道怎么做，还要知道为什么要这样做。在安排人员时，还应认真考虑其人是不是胜任，否则一点小小的疏忽，有可能酿成巨大的损失。

(2) 对职工的在职培训是不能放松的，培训的投入，与不培训带来的损失相比较，孰多孰少，是亏是盈，一个正规的企业应有正确认识。

1.21 死搬教条称里手　强改支座惹麻烦

一、工程概述及发生问题的经过

某安装单位承建了一个小型火力发电厂，主蒸汽温度为450℃，设计压力为3.82MPa。主蒸汽管道用ϕ325×18mm的合金钢管，材质为15CrMo，管道中的阀门、弯头、三通等管件都要求用15CrMo合金钢的。管道中间的卡箍式固定支座，其材质也要求用15CrMo，所用板材厚度为22mm。设计指定按图1.21-1进行加工。

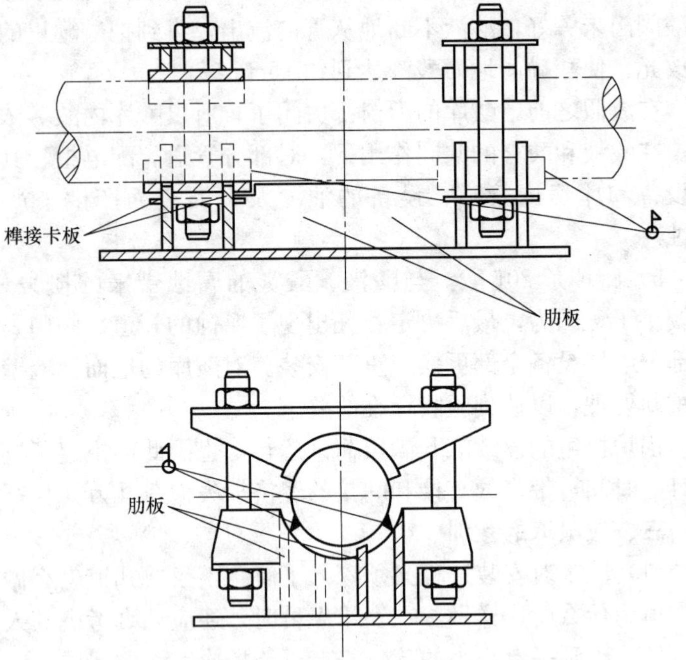

图1.21-1　设计图

管道垂直下行，经一个 ϕ325×22mm 的等径三通，分向两边水平延伸，三通的垂直管段下，布置了一个固定支座，正好设在现浇楼板的大梁上。因为受到空间的限制，管道采取自然补偿，在车间内上下左右多次变换走向。所以这个固定支座不仅要承受一定的推力，同时要承受很大的扭矩。

在管道施工过程中，建设单位的 A 工程师，发现那个三通直通管段的两个焊接接头的焊缝，离卡箍式固定支座的距离太近，只有 60mm，达不到规范规定的不小于 100mm 的标准，要求施工单位改正。

施工单位的 B 队长申诉说：

其一，三通是标准件，其几何尺寸是一定的，在现场不能改变。

其二，卡箍式固定支座，是按标准图加工的，尺寸也是一定的，加工时也不能随便改变。

其三，固定支座的位置，是设计图纸标定的，而且是设在大梁上，施工单位也无权改动。何况这是符合《电力建设施工及验收技术规范》（管道篇）DL 5031—94 中“5.1.5 管子的对接焊缝位置应符合设计规定”的要求，焊缝与支座的距离虽未达到 100mm，但符合设计文件的规定。

其四，固定支座已经安装完毕，不宜再改动，改动后难以进行焊后热处理。再说焊缝与固定支座距离，达不到要求，不是施工的原因，要改动，得有设计变更手续。

第二天，A 工程师把设计者 C 工程师叫到现场，要求处理这个问题。

经 C 工程师的再三解释无效，A 工程师坚持意见，必须改正！

最后以 B 队长和 C 工程师让步达成妥协，由 A 工程师提出修改图，C 工程师签字后，交 B 队长实施。

A 工程师的修改图，就是把卡箍式固定支座缩短后，与三通焊接，使固定支座到管道对接接头焊缝的距离，满足不小于

100mm 的要求。

C 工程师在这张修改上签的意见是：按 A 工程师给的图纸进行修改。

B 队长无可奈何，只得实施。并希望此后一切顺利，谁承想竟会事与愿违！

在蒸汽管道投入试运行的第一天，巡线员突然听到"咔嚓"一声，原来是卡箍式固定支座的焊缝蹦开了！

因为管道的安全得不到应有的保障，只得中止管道的送汽。

后来检查证实，在三通附近的两个阀门上，都发现有裂纹！好险啊。

出了事，人们把目光集中到固定支座上，B 队长心情灰暗，A 工程师两颊绯红，只有 C 工程师依然气静神凝。

二、发生问题的原因

（1）原卡箍式支座，只有弧形板与三通焊接，再进行焊后热处理，消除了焊接所产生的温度应力。而弧形板与支座的底座分为两体，榫式连接，靠两边的螺栓卡紧后成为一个整体。

（2）在修改之前，固定支座已经安装好了，也就说弧形板与三通已经焊好，并经过了焊后热处理，而 A 工程师坚持要改短，支座的弧形板又不能割下来。他画的这张支座修改图，改变了原支座的结构。将三通、弧形板和支座的底座焊为了一个整体，表面上看是更加牢固了，实际上，却存在极大的隐患：

其一，支座缩短了，大大降低了它抵抗扭矩的能力；

其二，为将支座缩短，不是把原来的割短，就是重做一个新的，无论属于哪种情况，要把它们焊为一个整体，致使卡板、肋板有的焊接部位，必然将原来的双面焊，改为单面焊，因为板较厚，又不能很好熔合，其承受外力的能力就大大打了折扣。

其三，三通、弧形板和支座底座三位焊为一体，三通的壁厚有 20mm，支座板厚有 22mm，在施焊时，存在很大的温度应力。而修改后的结构缺陷，决定了它无法有效地进行焊后热处理，这就大大恶化了其受力性能。

(3) 另一个主要原因是，用作卡箍式固定支座的板材，不全是用 15CrMo 合金钢制作的。

B 队长在未办理材料代用手续的情况下，擅自把固定支座的底座板材，由厚度为 22mm 的 15CrMo 合金钢，改为了 20 号钢，为固定支座在运行时磞开，埋下了又一条祸根。

(4) 管道对接焊缝，到固定支座的距离只有 60mm，原设计达不到不小于 100mm 的要求。当 A 工程师要改动时，C 工程师又不坚持说服，相反还同意按其意见进行修改，给了 A 一个不能具体问题，具体分析的机会，以致酿成此次事故。

三、处理措施

把损坏的阀门和已焊过几次的三通，都报废，换上新的再安装，经检验合格后，允许投入使用。因为管道的热位移，不可能使其对接焊缝，推移到固定支座处，只有 60mm 距离，规范也是允许的，故只作备案而已。

四、应吸取的教训中

(1) 在此事例中，从表面看，A 在坚持按标准办事，实际上他没有具体问题，具体分析。在正常情况下必须严格按规范办事，但在特定条件下，应该灵活掌握，按设计文件办理。

把固定座改短也好，把榫连接改为焊接也好，都是因为没有具体分析的结果。其实设计者，在设计之初，也可采用别的布置方案，避免上述问题发生的。

(2) 材料代换，以次充好，许多事故都是因此酿成的！此种祸害何时才可得到彻底的根治呢？但愿人们的良知，不要被眼前的利益驱赶得一干二净。

1.22 不懂制冷工艺 安装冷库何为

一、工程概述及发生问题的经过

一个食品厂为了长期占领外地某县的市场，决定在那里建一个库容为 150t 的小型食品冷库，为了运行、管理、维修和采购配件、备件的方便，确定了一个建库的基本原则：新冷库与生产基地的冷库比，库房的个数减少，而单个库房的库容不变；氨压缩机的台数减少，而型号不变。整个冷库的平面布置因地制宜，重新设计。

得知这个消息以后，该县一个丙级设计单位，要求把冷库的工艺设计和土建设计都交给他们，当地的土建和安装队伍，也要求把这部分业务交给他们，都作了许多承诺。在当地规划部门和城建部门的再三关照下，为了搞好关系、照顾业务，方方面面都如愿以偿了。

设计完成后，马上就开始施工，食品厂基建科科长和其他两位科员是驻工地作为建设单位代表，对工程的实施作全面负责，并及时把工程情况向厂本部汇报，厂里分管基建的领导在中间还来进行过两次检查。一切都比较正常。生产运行科的有关人员，也是在新冷库快要充氨试运行时才到这里来。

几个人转了一圈回来后，都在三三两两低声议论着什么，同行的人想像得出来，生产科长和运行班长的心情似乎更微妙——他们似乎理解基建科长，远离基地一年多，工程搞到这个地步不容易，虽然距正式运行的要求还有一定差距，但现在还不是指出工程存在问题的正式场合。提吧，人家会以为你们下车伊始，哇啦哇啦地发议论，尽挑刺！不提吧，就现在这个样子肯定不能灌氨，不能进行试运行，否则会出事故。

（1）他们采取的步骤：

1）要求提供所有的工艺图纸，以便作细致的研究；

2）要求查看有关安装施工记录，以便与工程实物相对照；

3）要求厂里至少派一位分管生产的副厂长来指挥试运行。

分管生产的副厂长来了以后，眼观六路，耳听八方，做了一番调查以后，他主持召开了一个有建设单位、设计单位、施工单位参加的会议，他非常严厉地指出：工程这个样子，根本就没达到运行条件，存在诸多隐患，有的必须整改，有的必须返工，否则是要出大问题的！工程质量到底存在一些什么问题呢？请大家提。这一下可开锅了，你一言，我一语，提了一大堆问题。

(2) 存在问题

1) 在设计图上要不要标出管排（蒸发器）制作时的试验压力数值和抽真空的数值？施工单位根据什么做这些试验？做了没有？结果呢？

2) 各种工艺配管的要求是一样的吗？各按多少比例进行无损探伤？探了没有？探伤报告呢？

3) 哪些工艺管道要进行管膛清扫（拉膛），哪些要进行吹扫，做了没有？施工记录呢？

4) 有些工艺管道不仅有坡度要求，而且有坡向的要求，图纸上标了一大部分，在实际工程上为什么有的坡度、坡向与图纸上标的不一致？

5) 众所周知，供液态氨的管道上，不得有局部上凸管段，以防出现“气囊”；回气态氨的管道上，不得有局部下凹的管段，以防出现“液囊”，尤其是压缩机的吸气管上显得更加重要；在这个工程上，为什么以上两种类型的局部管道都出现呢？

6) 以上提的问题都存在，为什么以前只听到说工程的质量不错，而实际却是这般模样？基建科的人员若感到组织施工有困难，为什么不提出来？不向别的部门调技术人员？

7) 该整改的赶快整改，该返工的赶快返工，等经过检验，真正具备了条件后，再灌氨进行试运行。

几个问题问下来，在场的有关责任人只得点头，没法作出正确的回答，那么问题到底在哪里呢？

二、造成此种现象的原因及采取的处理措施

(1) 厂领导重视不够，没有派得力的人进驻现场，基建科的人不懂制冷工艺技术，发现不了问题，所以把自己的事情给搞砸了；

(2) 设计单位和安装施工单位，都在超出自己资质证的许可范围承接任务、地方主管只想到要他们练练兵，以提高他们的业务水平，谁知会练出这么个结果来。建设单位想到的是照顾关系，谁知各方面的关系都照顾好了，却没有把工程照顾好。

(3) 请具备冷库设计资质的设计院对现有设计图纸进行审核和改进后，再根据新图进行整改、返工或推倒重来。

(4) 对施工单位的施工记录、试验报告进行仔细的清理，凡应做的试验而未做的或已做而没有记录的、或无试验报告者，一律视为未做，重新做，且必须出具完整的资料。

(5) 经过三个多月本不应有的折腾，总算达到了设计要求，通过了工程验收。

三、应吸取的教训

(1) 工程因设计和施工的问题，折腾了几个月，多花了不少的钱，质量也打了不少折扣。谁之过，是不按规律办事的过!

(2) 工程设计、施工、监理的招标、投标，建筑法、产品质量法，在这里没有得到起码的重视，不出现这种现象，才是不正常的。

法，在哪里也不应存在死角!

1.23 漂管 漂管 再漂管

一、工程概述及出现问题的经过

管道的外线施工，对一个工人而言，可能这次干的是这种管道，下次干的又是另一种管道，如不能总结经验，掌握规律性的东西，就会处处碰钉子。某施工单位老马管工班，从北方来到南方，在雨季干了几趟埋地外线管道，可以说没有一次是顺利的。

第一次干的是螺旋焊接钢管，管沟里布了一部分管，有的刚点焊上，一部分管还没组对完。突然下大雨，且持续的时间较长，管沟里注满了水，管沟塌方，部分管子管膛里冲进去不少的泥砂，好容易才把它挖出来，清理干净，才继续施工。

第二次干的是钢筋混凝土管道外线，橡皮圈柔性接头，干了好几百米长的一段，又突然下大雨，结果把地势低洼的一段几根管给漂起来了，有几处承插接口被拱开了，管道散了架，其景象真是惨不忍睹啊! 有何办法呢! 只得重来。

第三次干的是无缝钢管外线管道，吃过前两次亏，他们细心多了，专门做了一个内胀式的活络堵板，看到要下雨，就用这堵板，把干好的管道，两端的敞口封堵起来，这样水和泥砂都进不去，可以省去好些麻烦。

又是一场可怕的大雨，下的时间不短，沟里又灌了水，管沟也塌了，没想到这一回更惨，钢管不仅是漂了起来，而且管底被泥砂淤积，管道的标高有的地方还被抬高了，邪门！老马的心里可真的凉了大半截，他没想到南方的外线管道竟这么难干。

那么老马的问题到底出在哪里呢？

二、造成问题的原因

（1）老马第一次到南方施工，对那里的地质、气候情况不太了解，开挖管沟时，管沟的边坡取得太小，排水措施不到位；下管以后又没有根据管子的情况进行压土。所以一下大雨，管沟就被灌满了水，稍微经水一泡，管沟的沟壁及挖沟时堆在两边的土就往沟里塌陷。

管子敞口时，泥砂直往管膛里钻，不是敞口或管道的两敞口高于某管段的管顶时，就有可能把管子漂起来，泥砂则垫入管底，管道的标高就被抬高。钢筋混凝土管在漂起来的时候，其柔性接口便被拱开，散架。

（2）一般情况下，第一次漂管以后，第二次是不会再漂了的，可老马不是这样，说明他对管子为什么会漂起来，不知道；管顶应不应该压土，什么时候进行压土，压多少土，管子才不至于被漂起来，就更不知道。

一没有实践经验，二没理性的认识，错误地认为：钢铁或混凝土制成的大管子，两头都敞口，还能漂起来吗，所以不引起重视，没有采取应有的措施，才导致这样的结果。

三、处理措施

处理措施比较简单，就是实施起来比较费力。把已经塌方、进泥砂和漂起的管道进行清理和恢复，在施工过程中，根据管子的管径、壁厚和材质的不同，在管身的中部压土，与此同时，还必须充分考虑管沟的排水，必要时，可以采用集水井、排水泵排水，如果地下水位高时，还应采用井点降水。

使管道施工质量，达到现行施工验收标准的要求。

四、应该吸取的教训

要针对各地的地质、气候特点，制定可行的施工方案或作业指导书，要善于总结经验和吸取教训。对一个已经出现过的问题，应该进行理论分析，得出正确的结论，才不至于重犯错误。

1.24　管道何时才不会漂起来

一、概述及问题的提出

在管道外线施工中，常听到有关管道被漂起来的故事。这中间，有施工一时没有注意的问题，但更主要的还是人们对管道漂起来这件事，没有理性了解所致。与一些有经验的人交谈，他们的回答很简单，在管子顶部压土呗！

什么情况下压土，压多少土，他们也说不清。

下面就何时应该对管顶压土，才不会使管子漂起来的问题进行讨论。

二、管子被漂起来的根据

（1）管子其所以能漂起来，是因为管子泡在水里，且管内没有进水，管身可以排开了一定量的水，并产生浮力。当这个力小于管子本身的重量时，管子不会漂起来；当这个力，等于管子本身的重量后，如不采取必要措施，管子就有可能被漂起来。

一根两端封闭的管子，当管顶被没于水中时，其排水量最大，这时所产生的浮力也最大。管子本身的重量是一定的，若这时管子不被浮起来，那么，在管顶未没于水中，所产生的浮力，就不可能把管子浮起来。

（2）现以单位管长为例，来计算管子何时可能漂起来的问题。为表述方便，特作如下设定：

D——管子的外径（直径）；

d——管子的内径（直径）；

令 $$d=\beta D$$

δ——管子壁厚；

γ——管材的密度；

W——单位管长的管子重量；

F——管顶没于水后，单位管长所产生的最大浮力；

以上各量之间的数量关系如下：

$$\begin{aligned} W &= \pi(D^2-d^2)\gamma/4 \\ &= \pi\gamma(D^2-\beta^2 D^2)/4 \\ &= \pi D^2(1-\beta^2)\gamma/4 \end{aligned}$$

$$F=\pi D^2/4$$

令 $$f=F-W$$

则 $$\begin{aligned} f &= F-W \\ &= \pi D^2/4-\pi D^2(1-\beta^2)\gamma/4 \\ &= [1-(1-\beta^2)\gamma]\pi D^2/4 \end{aligned}$$

显然，当 $f\geqslant 0$ 时管子会被漂起来，这时管顶应该压土。

即 $$f=[1-(1-\beta^2)\gamma]\pi D^2/4\geqslant 0$$

$$\because \pi D^2/4>0$$

$$\therefore [1-(1-\beta^2)\gamma]=1-\gamma+\gamma\beta^2\geqslant 0$$

亦即 $$\beta^2\geqslant(\gamma-1)/\gamma$$

$$\beta\geqslant\sqrt{(\gamma-1)/\gamma} \tag{1}$$

显然，公式（1）取算术根才有意义。

公式（1）说明对于一定材质的管子，当它的内径与外径之比超过某个定值时，在施工中，管沟里进了水，而管膛未进水，此时，若不采取措施，就有可能把管子漂起来！

或者说当管材和管外径一定时，管子的壁厚薄到了一定的程度，在施工中，应该采取措施，以防管沟进水时漂管！

（3）对是否漂管的有效判断

从以上对各物理量的设定和推导可知：

$$\delta=(D-d)/2=D(1-\beta)/2 \tag{2}$$

$$\beta \geqslant \sqrt{(\gamma-1)/\gamma}$$

只要针对常用的材料，分别求出它们的β值，我们就可以找出这种材料的管子壁厚、外径，与漂管之间的必然关系。

对常用的钢管而言，取 $\gamma=7.8$，代入公式（1），求得 $\beta_g \geqslant 0.934$

对常用的钢筋混凝土管而言，取 $\gamma=2.7$，代入公式（1），求得 $\beta_t \geqslant 0.794$

把它们分别代入公式（2）得到：

$$\delta_g \leqslant (1-0.934)D/2=0.033D \quad (3)$$

$$\delta_t \leqslant (1-0.794)D/2 \approx 0.10D \quad (4)$$

其他材料的管子壁厚，可以依此类推求出。

三、解决问题的结论

由（3）式可知，对钢管、铸铁管而言，若管壁厚度小于或等于管子外径的 3.3%时，施工中应采取措施，以防下雨时漂管；换言之，当管子壁厚大于管子外径的 3.3%时，施工时下雨，管子也不会被漂起来。

由（4）式可知，对钢筋混凝土管而言，若管壁厚度小于或等于管子外径的 10%时，施工中应采取措施，以防下雨时漂管；换言之，当管子壁厚大于管子外径的 10%时，施工时下雨，管子也不会被漂起来。

在实际操作中，一目了然。至此，提出的问题得到解决。

1.25　冷库建两年，工程付一炬

一、工程概述及发生问题的经过

某市为解决市民一年四季都能吃到水果的问题，决定兴建一个 6000t 储量的水果冷库，库址选在郊区。这是那年市政府为民办 10 件实事中的一件，市民十分关心，媒体也特别关注。

开工一年多的时间里，该工程经常在广播、电视上抛头露脸，就是承建该工程的单位也跟着风光了好多回。

但广播、电视后几次为工程的报道，却把他们名字写在不光彩的记录中。

新闻报道来了个180°的大转弯，这到底是怎么一回事呢？

一年多来，该工程一直是作为投资省、进度快、质量好的典型来报道的，施工单位也力求把工程做得好一点，以扩大正面影响，争取市场。

正当工程将近尾声的时候，发生了一件他们始料未及的事：在一间低温库房，安装单位把的墙排管已经安装就位，顶排管也已制作好了，等两遍油刷完并干固后，吊装就位。排管已经刷过一遍油，他们把余下的油漆、油料稀释剂和汽油棉纱等用品放在库房里，以备刷下一遍油时用。

就在这一过程中，安装人员发现库房顶的水泥沙浆抹面，有一块地方掉了，露出了一大片油毡防潮层，还有其他好几个明显“起鼓”的地方，击之，“咚咚”响。他们及时把这一情况告诉了土建单位，要他们赶快进行处理。土建的施工队长来察看后，说是防潮层的油毡粘接得不好，翘起来了，只要把油毡化一化，热态压接上，再抹上水泥沙浆就是了，小事一件！

随即他把这件小事交给了青工小马和小胡，并教给了他们如何进行修补的做法。

第二天下午，小马和小胡背着梯子、带上抹灰工具和加热的一切用具来到作业现场，就风风火火地干了起来；小马登上梯子，把库房顶的水泥沙浆抹面，有松动或空鼓的部位铲掉了一大片，然后由小胡进行加热修补作业。小胡站在梯子上，用喷枪从库房的中间往两边逐片加热油毡，因为喷枪是仰着作业，有时会出现灭火的现象，这时小胡就用火柴把火点着后，继续进行烤化油毡的工作。

当他们的梯子移至靠近摆放油料的附近时，小马出外上厕所，小胡一个人在那里工作。这时喷枪又熄灭了，小胡习惯性地掏出火柴把喷枪的火点着，并随手把火柴头往下面一扔，仰着头准备继续干他的活。

他万万没有想到，火柴头虽是星星之火，可它落在一堆用过的废旧棉纱上，没一会就成了熊熊大火，这火，把小胡惊呆了，吓坏了，他忙中失智，下意识地把喷枪往梯子上一扔，跳下梯子企图把火扑灭，那里还来得及呀！

一堆粘了油的旧棉纱着火后，迅速蔓延，还没等小胡走到棉纱跟前，其旁的半桶汽油就"呼啦"一声，只闪了一下就全着了，整个库房立即成一片火海！

小胡拼命往库房外面冲，刚到门口就晕倒了，人事不知。小马的归来，只捡到了小胡的一条小命，他撕破嗓子大喊"救火啊！救火啊！"那已无济于事，因为：

库房里的棉纱、汽油、油漆相继发威，把这场因一根小小的火柴头引发的悲剧，愈演愈烈！愈演愈惨！

先是棉纱着火，引燃汽油，又由汽油点燃油漆，熊熊烈火，马上引起放在冷库里的乙炔罐与氧气瓶的爆炸，振落库房顶水泥砂浆抹面并把部分墙体振塌，大火把裸露的防潮层油毡和软木砖点燃后，火势已到了根本无法控制地步。

消防车进不去，灭火器用不上，一切企图扑灭这场火灾的努力，显得那样苍白无力！人们只有眼睁睁地望着，那厚厚夹墙中的油毡和软木砖，把一座建了近两年的水果冷库，闷着燃烧几天几夜后而毁掉！

二、原因分析及处理措施

（1）这是一起严重违反有关操作规程和防火规定的责任事故。

首先，安装单位把乙炔、氧气和易燃油品临时存放在冷库，也没有采取有效的隔离措施，严重违反了有关防火规定。

（2）其次是土建小胡用喷枪去加热熔化局部翘起的油毡，明知冷库内存有乙炔罐和氧气瓶和其他易燃油品，点火用的火柴却随手乱扔，严重违反有关安全规定！

再就是小马离开现场后，小胡在没人保护和监护的情况下，单独进行高空作业，并没有注意火源管制，随手乱扔火柴头。在发现火警后，慌乱之中，扔下喷枪盲目地去“救火”，反而为火灾添势助威，最终酿成如此惨痛的悲剧！

（3）经省内有关专家的多次现场考察论证，该冷库除主体框架外其余已基本报废，造成了巨大的经济损失。

此后又注入大量的资金，经3年多的时间才算把这个备受关注的冷库建成，并投入使用。

（4）有关单位的领导和责任人受到了应有的处分。

三、应吸取的教训

（1）惨痛的教训在于如何克服领导的作风，深入现场，关心每一件直接影响人们生命财产安全的大事，而不是浮在上面作蜻蜓点水式的表面文章。

（2）再就是必须切实做好对全体职工的安全生产教育，把加强责任心真正落到实处。

1.26 推力这般大 管墩何其轻

一、工程概述及发生问题的经过

某市用水比较紧张，决定兴建一条 DN1000mm 的预应力钢筋混凝土管道，从远处水库引水至市区，设计水压 0.5MPa，管道的水压试验压力为 1.0MPa；管道用胶圈柔性接口，遇拐弯和湿陷性地段时，则用经过防腐处理的钢制管件或钢管、钢件之间用焊接，钢件与钢筋混凝土管之间，还是用胶圈连接。

管道沿山沟敷设进城，地势越来越高，所经之处有一特别地段：管道从较平的山麓延伸过来，突然遇到一个陡峭的山崖，爬上去后，是一个光秃秃的岩石平台，虽然比较平坦，但一百多米的管基全是坚硬的石头！石平台与下面自然标高相差约 4m。因为两边都是石山，没有回避的余地，确定管线经过此处，也是别无选择的选择。

管道从较平的山麓延伸过来后，用一个 45°的弯头向上行，然后再用一个 45°的弯头拐上比较平坦的岩石平台。平台上开凿了一条通长的浅管槽，垫上粗砂做基础，管道敷设其中。平台下面沿山麓的管道，则是埋地敷设的。图纸标明，此处两个 45°弯头的支墩按照“全国通用给排水标准图集”S3 中的 CS345（三）选用。

管道安装结束后，分段进行 1.0MPa 的水压试验，其他管段都很顺利，唯独上述这段管的水压试验没通过，水压刚升到 0.6MPa 左右，平台上的管道接口就明显漏水，而且石平台上的那个支墩出现了裂缝！施工人员，首先从自己方面找原因，想了不少的办法进行处理，没有效果；建设单位和施工单位都很着急，只好召开有设计单位参加的现场联席会议，集体研究解决。

会上，施工单位如实陈述了水压试验的经过，说其他地段都顺利通过了水压试验，这一段肯定另有原因，并表示应该排除施工方面的原因。

设计方面则说，全线的设计是一样进行计算的，而且是选用的全国通用标准图，肯定不会有问题；支墩出现裂缝，导致接口松动，所以水压试验漏水，主要原因不言而喻！

各说各理，莫衷一是，议而难决，以后再说，问题就这样拖下来近两个月的时间！

全市要用水等不起，施工单位投入那么多的人力、物力，不交工也等不起，建设单位和施工单位，只好主动去找设计单位，还是谈不拢。

没有办法，施工单位根据自己的分析，给设计单位送去一份工程联系单，对出现的问题，除分析造成原因之外，并要求在约定时间内进行答复。这才引起设计单位的重视，另行指派了有经验的工程设计人员，来解决问题。

二、造成问题的原因

（1）因为在山石平台处的管道，不是埋地敷设，直径大，管道拐弯处选用两个连续的 45°弯头，水压对其的水平推力大，而支墩又比较单薄，水压试验时，压力升到 0.6MPa 时，把支墩推裂，因而使管道的胶圈接口发生松动，所以出现漏水。这是设计不良而引发的事故。

（2）设计者是在地形图上，进行管道的施工图设计的，没有考察过现场；在选用标准图时，只根据类似的管道选用，而未认真的计算。在现场出现问题后，不从自己方面找问题或不足，把责任推给别人，把事情差点搞砸了。

三、处理措施及应吸取的教训

（1）以施工单位提出的问题作为参考，对山石悬崖段的管道支墩重新进行核算和选型；最后得出的结论是：

1）原选用的支墩不适用，一是小了，重量不够；

2）支墩里增设钢筋；

3）管径大，垂直高程变化大，把两个 45°的弯头，改用两个 22.5°的弯头，以改善管墩的受力条件。

以上修改，由设计单位重新出图。

（2）炸掉原已施工好的管道支墩，重新按设计更改核定单进行施工。实施后，效果很好，只进行一次水压试验就成功了。

（3）有关人员，应提高自己的理论水平，以正确的观点与协作各方搞好交流和合作。

1.27 平衡式补偿器不能动作 热力网管支柱即被推断

一、工程概述及发生问题的经过

某厂新安装了一条 *DN*350mm 的热力外网管道，用来输送 0.8MPa 的生产用蒸汽。经该厂基建负责人的指定，选用某机械厂生产的自平衡式补偿器，该产品是他们的最新科研成果，正在申请专利；据说“可消除管道介质内压力对固定端固定支架的推力”，所以价格比较高。

设计单位根据厂方提供的有关技术资料，进行了管道设计，采用钢筋混凝土高管架敷设，共用 15 个这样的自平衡补偿器，施工单位按照产品说明书，正确进行了安装，因工程质量好、进度快，得到了建设单位、监理工程师和F厂驻工地代表的好评。

在进行水压试验前，施工单位提出，对自平衡补偿器是否要进行一些临时性加固时，厂方的技术人员十分自信地说“不用”！

试验时，平衡式补偿器纹丝未动，结果似乎证明了他们的自信！

管道在投入试运行前，按程序在进行暖管和蒸汽吹扫时，15个自平衡式补偿器，只有两个做了点小动作，其余13个依旧“纹丝未动”！

监理工程师和施工单位的技术人员开始对该补偿器的性能产生了怀疑，对厂方驻工地的代表提出了意见。

“大部分补偿器不动作，不能吸收热膨胀的伸长量，这怎么行呢，请你们拿出处理方案来！”。

厂方驻工地的代表，也不那么自信了，说：“这种情况以前没有过，容我们考虑考虑。”

其实，他们是打电话回厂去了，得到的指示是：“打开密封剂的注压头，掏出部分可注密封剂（可膨胀石墨），再压注进去一部分新的密封剂就可以了，首先可能还会不动，但等密封剂热透后就好了。”

他们把这个信息传达给有关单位后，就开始忙于抢修：一个星期后，说修好了，于是大家又投入了紧张的送汽试运行工作。通过暖管后，慢慢升压，并加强了对沿线的监视。结果，还是只有两个补偿器有点小动作，原来的13个未动的补偿器还是纹丝不动！

驻工地代表说，这是密封剂还没有热透的缘故，等一等就好了。后来又经过了两个多小时的稳压送汽，情况并未得到改善；相反，在仔细的检查中发现：管道的两端和拐弯处，共有8个钢筋混凝土现浇固定支柱，其根部出现了1～3道裂纹，断了！

试运行，显然不能再进行下去了，再次被迫中止。

这是一次完全不应该发生的事故，给大家敲了警钟，让人们对问题进行冷静思考。在事故的调查分析会上，首先排除了设计或施工方面的原因，比较集中的意见，认为是补偿器的质量存在问题；为了更深入地了解情况，决定把补偿器全拆下来，并实地解体一个，以掌握第一手资料。

结果发现：

(1) 补偿器伸缩管与补偿器筒体不同轴；伸缩管的机加工表面有明显的锈蚀麻点和凹坑。

(2) 密封圈外侧有成块干硬的可膨胀石墨，而且，既不均匀，也不连续。

(3) 塑料王密封圈已扭曲变形，且不在管轴的同一垂直平面内。

二、采取的处理措施：

(1) 对这批补偿器全部作退货处理，另购新的补偿器。

(2) 对断裂的钢筋混凝土固定支柱，进行加固处理。

(3) 要求补偿器制厂家，对其产品不能正常工作和产品的推销过程，做出合理的解释，并承担由此而产生的一切经济损失。

三、产生问题的原因

(1) 直接原因，显然是送汽时，补偿器没有动作，就等于一根直的钢管受热膨胀伸长，这部分热位移未被吸收，产生了巨大的温度应力，因其超过了钢筋混凝土固定支柱的承受能力，所以被推断了。

(2) 补偿器不能动作，显然是其内部阻力太大，为测定补偿器内部的阻力，把补偿器拆下来以后，其一端固定，另一端用一个用 5t 的倒链拉，结果倒链拉坏了，补偿器的伸缩节还是纹丝未动！

(3) 补偿器的主要功能就是吸收热胀冷缩产生的位移，来减少温度应力对固定支墩的推力；补偿器不能动作，是严重的制造质量的问题，若不采取果断措施，有可能酿成更重大的事故。

四、应吸取的教训

(1) 不能轻信一些推销商漫无边际的许诺，要实地考察他们产品的使用情况，如果是未经正式鉴定的产品，不应轻率地做出采购决定的。

(2) 因有些人为了推销质次价高的产品，往往采用所谓“灵活的经营策略”；手中有采购决定权的人们，一定要有“定力”，才能经得起蝇头小利的诱惑!

1.28 自平衡式补偿器 何故不能自平衡

一、问题概述

某厂生产的自平衡式补偿器，据其产品说明书介绍，是该厂的最新科研成果。可用于蒸汽管道和热水管道上，具有占地小、补偿量大、节约材料、安装维修方便、还可消除管道盲板端介质内压力给固定支架推力等优点，并正在申请专利。

但是，在采用过该产品的工程上，曾发生过这样或那样的问题，据悉，在一个中型的管道工程上，竟同时有十几个这种补偿器不能动作的事情。究其原因，最主要的还是与该产品的质量和结构有直接的关系。但也不完全排除一些其他因素的影响。其结构形式如图 1.28-1。

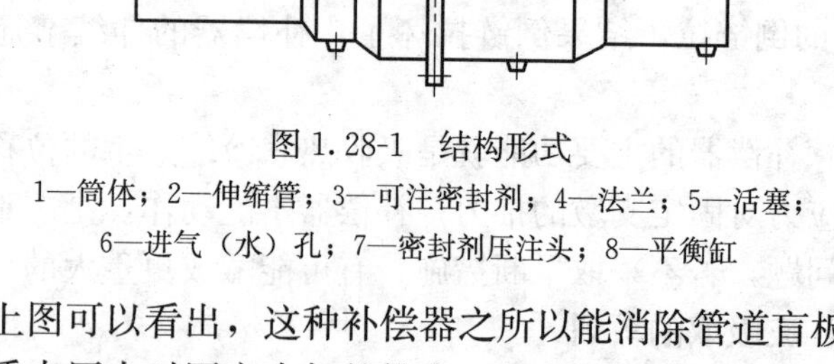

图 1.28-1 结构形式

1—筒体；2—伸缩管；3—可注密封剂；4—法兰；5—活塞；6—进气（水）孔；7—密封剂压注头；8—平衡缸

从上图可以看出，这种补偿器之所以能消除管道盲板端或弯头处介质内压力对固定支架的推力，是因为活塞端面面积、伸缩节内的凸台面积、管道的内截面面积三者相等，介质从伸缩管上的进汽（水）孔进入平衡缸内，对上述三者产生的内压力相等、而方向相反，相互抵消，故保持了管道的平衡。只有当管道温度变化，热胀或冷缩产生应力时，才推动伸缩管与补偿器筒体之间产生相对运动，吸收管道因热胀冷缩而产生的位移，所以起到了补偿作用。

此外，该补偿器有三道不一般的密封，每道密封的两边各设一个钢突台挡圈，突台内侧各有一个塑料王密封环，密封环之间，用高压注射枪向里注射经过特殊处理的可膨胀石墨；因为石墨的流动性不好，所以在三道密封的外圆周方向，均匀布置了几个密封剂压注头，向环间压注可膨胀石墨。

在一般情况下，该伸缩节能正常工作，但也存在不能伸缩自如的可能。

二、补偿器不能正常工作的原因分析

（1）据悉其可膨胀石墨密封填料，实际上是用石墨粉加一种油剂调和而成的，用最高压力可达 60MPa 的高压注射枪，把它压注到密封环间，它对耐磨的塑料王密封圈产生巨大的压力，使其与机加工的伸缩管紧密接合，而起到密封作用。

正如前一篇中的例子，该伸缩节装配好后，已有相当一段时间，才安装投入使用，结果可膨胀石墨干硬了，把伸缩管卡死，而不能正常工作。

另一种情况是，装有该伸缩节的管道，虽已投入使用，因某种原因需停止运行一段时间，同样会出现可膨胀石墨干硬，卡死伸缩管而不能工作的问题。

（2）这种用油调配的石墨填料，流动性很差，虽然是用高压注射枪压注的，但可膨胀石墨填料，在伸缩管的密封环内的分布，还是有可能既不均匀，又不连续。这就有可能出现有的部位密封好，而有的部位密封差的现象，这时介质可能会发生漏泄，带来严重的后果。

1）如果是外漏，还能被发现，可以立即组织抢修；如果是内漏则不可能及时发现，两者都有着极其严重的后果！

今假定活塞缸与筒体间的平衡缸发生外漏，平衡缸内的介质对活塞端面、筒体突台面的压力与对管道盲板端产生的压力就不再相平衡了。那么该产品说明书所介绍的“可消除管道盲板端或拐弯处介质内压力对固定支架的推力”就不可能真正做到，其后果是相当严重的。

2）如果是内泄，管道巡线员不可能发现，其后果就更严重了！

现在我们假定伸缩管最左端的一道密封出现了内漏，这时介质就沿伸缩管外壁与密封环间的缝隙，进入平衡缸与补偿器筒体间的左端环室内，其内压力作用在筒体两个环向突台和活塞缸的端面上，因它们的面积不相等，则受到的力大小也就不相等，所以不平衡，管道原有的稳定就被打破了！此时“可消除管道盲板端或拐弯处，介质内压力对固定支架的推力”也不能真正做到。

3）在管道设计时，重载式固定支架（管道盲板端或拐弯处的固定支架），是根据采用该种补偿器可消除介质内压力对固定支架的推力而进行受力计算的；现在因为介质内漏或外漏，这个推力并未消除，这是很不利的，因为这个力的大小与管道直径的平方成正比，管径越大，推力也就越大，它大到足以把管道的固定支架推断！太危险了。

至此，有理由说：这种自平衡式补偿器，若不很好解决三道密封，能长期可靠的工作问题，在它投入运行后，一旦发生内漏或外漏，有可能酿成事故，轻则推断几个固定支架，重则可使整个管架出现推“多米诺骨牌”的可怕后果，其直接和间接的经济损失将是难以估算的。

（3）假若这种自平衡式补偿器，在从左到右数的第一道和第二道密封之间的筒体外壳上，增开一个小孔，其工作性能将得到了改善：如果密封环处发生内漏，介质进入该环室后，既能避免因内漏造成的力不平衡，又能把漏泄的介质，通过这个小孔及时排入大气，介质内漏也就转化成外漏了，巡线员就有可能及早发现，组织抢修，避免可能的事故。

综上所述，可得出这样的结论：自平衡补偿器，必须真正解决可膨胀石墨填料的有效工作寿命问题，对补偿器作进一步的完善，才能在激烈的市场竞争中立于不败之地。

1.29 管架被抽动 事故现端倪

一、发现问题的经过

某供热厂内，安装了 7 台蒸发量为 35t/h、工作压力为 1.57MPa 的蒸汽锅炉，每台锅炉的主蒸汽管管径为 ϕ279×7mm，它们都与管径为 ϕ630×14mm 的蒸汽母管相通，锅炉与锅炉的中心距为 9m，蒸汽母管的直线管段有 59m，从厂房的南端至北端后，用一个 90°的水平弯头改变方向，至东墙端再向下返，入地沟与市政热网相连通；厂房北端母管的长度约为 20m。整个管道沿厂房柱子敷设，管道轴线，相对一楼的地面标高为 6.5m；支架栽在柱子上，全是导向支架。

该项目的土建、安装工程分别由两个单位承担，互不统属。因种种原因，该项目实际上采用了边设计、边施工的办法，所以没有进行系统的图纸会审与设计意图交底。在施工中发现问题时，往往是在现场直接解决。

在正式开工的时候，还只出了锅炉房的设备平面布置图、厂房的钢筋混凝土柱基础图、梁柱结构图、锅炉基础图以及为配合土建前期施工，所需的小部分工艺图。

正当土建进行厂房的钢筋混凝土柱子施工时，安装单位配合土建施工的技术人员，根据以往施工经验，认为蒸汽母管支架的预埋钢板及锚件太单薄，难以胜任负荷，请土建核对图纸。经核查，蒸汽母管的十个支架，所有预埋件全是一个样：预埋板为 200mm×200mm×10mm 钢板，锚筋为 ϕ10mm 的圆钢，200mm 长，末端没有折弯，土建人员说，“我们照图纸施工，一点也没有错呀!”

安装技术人员要求他们暂停施工，他们虽然没有答应，但是与设计单位进行了联系，负责结构的工程师，查过设计资料后回答：

“我是按工艺提供的负荷进行计算的，没有错，请照图施工！”

该结构工程师是否与工艺工程师还进行了洽商，不得而知。土建的施工人员不再理会安装的提醒，把所有柱子上的预埋件按照原图施工完毕。

到进行管道安装前，施工技术人员又重复了这个问题，请设计院工艺工程师核算支架的负荷。同时还提出，蒸汽母管较长，在管道工作时，蒸汽温度有200℃左右，其热伸长将达到140mm左右，对管道有较大的影响，提请关注。

设计者回答：“这是通过计算的，没有问题。”

这两个提问和回答，都写进了施工日志和备忘录。安装单位只得照常施工，不久就具备了水压试验的条件。

对管道进行水压试验，还在灌水阶段，就出现了异常：大约在管道内部充水到三分之二的时候，靠北端的一个柱子，掉下了小块混凝土渣，差点打在下面操作工人的头上；他们没有介意；可随着管道里的水不断增多，过了没多久，又有较大的混凝土渣，掉了下来；他们抬头一看，原来是管道支架处，柱子的混凝土抹面层脱落了一大块，支架预埋钢板的锚筋已经有一截子裸露了出来。他们不敢再上水，关上阀门，找来技术人员，随后他们逐个支架进行检查，发现有好几个支架出现了相同的问题，无可奈何，只得放水，停止管道的水压试验！并与设计院取得联系。

第二天，设计院负责该项目的总设计师，带领一位工艺工程师和一位结构工程师来到了施工现场，他们对每一个支架进行了仔细的观察，检查的结果是，十个支架有六个已被压得变了形，向下耷拉着，预埋钢板处的混凝土有不同程度的开裂、掉渣；最严重的有三个，预埋钢板的上端张着嘴，离开柱子的垂直面，有15mm之多，埋设的锚固钢筋清晰可见，表明锚筋已被抽动。

见到此种情况，设计人员也吓得不得了，从发青的脸上可以看出，他们是很难为情的，毕竟施工单位曾经提醒过他们呀！所幸发现及时，未酿成更大的事故。

二、造成问题的原因

在碰头会上，项目总设计师首先作了诚恳的自我批评，并感谢施工单位事前对他们的提醒、对问题发现及时，并作了果断处理。接下来，搞工艺的工程师，表示对该质量问题负责，说完全是由他的原因所造成的。

(1) 一是粗心大意，没有认真分析管道在不同工况下的负荷，给结构工程师提供了一个错误的数据，致使预埋钢板选小了，锚固钢筋也选小了，选短了。

(2) 二是没有虚心听取施工单位的意见，对他们的提醒没有引起重视，自以为是地认为："我是通过电脑计算的，你们说支架太单薄了，是直觉，没有根据！"所以没有引起警觉，才导致出现此次问题。

(3) 对于管道热伸长的处理问题，待回去对管道的温度应力作详细核算后，再作书面回答。

第二天下午，该工艺工程师又来到现场，拿来两份设计更改通知单，对管道和支架进行修改。

三、处理措施

(1) 因为管道原支架的预埋件，钢板已经变形，有的锚筋被抽动，该处的混凝土疏松了，故难以复位，即使勉强复位，也不能承受原有负荷。所以重新做支架；新支架用 12mm 厚、高为 200mm 的钢板分上、下两趟抱柱一周，焊上。再用 14 号槽钢做横梁和斜支撑，斜支撑与横梁成 45°。抱柱钢板用直径为 20mm，长为 200mm 膨胀螺栓与柱子固定。

(2) 对管道的热膨胀问题作如下处理。

1) 取消厂房北端三个有碍管道膨胀的导向支架，改用滑动支架；

2) 对每台锅炉的主蒸汽管加高 1.5m，然后向下返，再与蒸汽母管相焊接，两者的正交处，在母管上用钢板补强。加高主蒸汽管是为了增大它的柔度，以利吸收母管的位移量；用钢板补强，为增加强度，提高对温度应力抵抗能力。

经实施后，虽然美观上差了一些，但达到了安全运行的目的。

四、应吸取的教训

（1）随着电脑的普及，减少了工程设计的劳动强度，也提高了设计的效率，这是应该充分肯定的。但也存在一种不好的倾向，有的技术人员，在设计时，把以前设计的、类似的图纸，调出来进行拼装，虽然出图很快，如不对具体问题作具体分析，不再作认真细致的计算，就有可能出现较大的麻烦，甚至是安全质量问题。若这样，不但没有提高设计质量，反而降低了设计质量。

这必须引起设计管理部门的重视，加强对设计各个环节的控制，防止不合格的图纸流入施工现场。

（2）设计人员不但要加强理论学习，还应加强对实践的学习，向有实践经验的一线工程技术人员和工人学习，克服重理论而轻实践的不良倾向。

（3）施工人员应加强理论学习，尽可能做到用数据与设计人员进行平等的探讨，而不是一味地按图施工，这不合适。提高施工人员的素质，是每一个施工企业应常抓不懈的事。

1.30　差压检漏装置

一、概述及问题的提出

在城市煤气管道工程中，用大口径管远距离输送煤气，已相当普遍，因为煤气是易燃、易爆、有毒的气体，如有泄漏，就有可能诱发重大恶性事故。所以，人们对煤气管道提出的严密性要求比一般工业管道要高得多。有关煤气管道的资料、一些地方性技术规定和设计施工说明书，把进行气密性试验时压力降 ΔP 作为一项主要的指标，以它不超过一个额定的最大允许压力降

ΔP_0，作为气密性试验的合格标准。

对于额定的最大允许压力降 ΔP_0 的计算，不同资料给出的计算公式，在形式上可能不同，但实质内容是相同的。

当整个管道无变径时：

$$\Delta P_0 = KT/d \tag{1}$$

当整个管道由几种管径的管子组成时：

$$\Delta P_0 = KT\sum_{i=1}^{n} d_i l_i / \sum_{i=1}^{n} d_i^2 l_i \tag{2}$$

上两式中 K——系数，低压管道取 $K=0.485$；高、中压管道取 $K=0.3$；

T——规定试压的持续时间，h（一般取 24h）；

d、d_i——试压管段的内径，m；

l_i——试压管道各管段的长度，m；

i、n——不同内径的管段序号脚标；

ΔP_0——气密性试验期间，额定的最大允许压力降，mmHg（133.3Pa）。

因为市政煤气干管，一般为大口径的中、高压管道，为方便起见，假定管道无变径，并根据（1）式把几种常见管道的最大允许压力降 ΔP_0 算出来，列于附表中。从中可以看出：ΔP_0 很小。在气密性试验时，由于规定了因泄漏而引起的实际压力降 ΔP，不得超过 ΔP_0，所以 ΔP 就更小了。其具体数值，按下式计算：

$$\Delta P = \frac{(B_1 + P_1)(273 + t_2)}{273 + t_1} - (B_2 + P_2) \tag{3}$$

式中 B_1、B_2——气密性试验开始时与结束时的实测大气压，mmHg（133.3Pa）；

P_1、P_2——气密性试验开始时与结束时的管内气体表压，mmHg（133.3Pa）；

t_1、t_2——气密性试验开始时与结束时的管内气体的温度，℃；

ΔP——气密性试验期间，因泄漏而引起的实际压力降，mmHg（133.3Pa）。

由（3）式可知，泄漏压力降 ΔP 不是一个直接观测值，而是要通过其他观测量算出来的间接数值。根据误差理论及其计算方法的要求，有关物理量的观测精度，必须高于 ΔP 的精度，否则，计算出的 ΔP 值将失真，精度将达不到mmHg（133.3Pa）。

这就是说，测量大气压力和管内气体表压力的仪表，其最小分度值应不大于1mmHg（133.3Pa）；温度计的最小分度值，也应与其对应。

对低压煤气管道进行气密性试验时，尚可以用一端与大气相通的"U"形管水银压力计来进行测量，而对高、中压煤气管道进行气密性试验，这种"U"形管水银压力计，就无能为力了，因为它会要做得很高，操作观测都不方便，所以不适用。

用高精度，而量程又能满足要求的标准压力表，来进行高、中压煤气管道的气密性试验，也是难以满足要求的：因为它们的最小分度值，往往只接近或者已经超过了煤气管道试压时的最大允许压力降 ΔP_0，而不是接近1mmHg（133.3Pa），所以也不适用。

从以上的分析可以看出，即使有符合精度要求的压力计与温度计，也还得把所测得的值，一一代入（3）式，根据误差的计算方法，逐次进行取舍，才能算出煤气管道气密性试验期间的实际压力降 ΔP，这样做太麻烦！

二、问题的解决

为了解决这个问题，根据差压原理，我们制作了一个如图1.30-1所示的补偿式差压计，用它来进行市政煤气管道的气密性试验，既不用高精度的压力计，也不需进行气体温度的测量，更不需要把所得的有关数据代入（3）式，去进行繁杂的计算，而管道气密性试验时的压力降 ΔP 可以直观地读取，很方便。

现结合简图，介绍其操作程序：

1）将补偿罐与试压管道置于同一工作环境中，并按图接好连通管（在正式投入使用前，整个差压补偿装置是经过严格的压力试验的，不漏）。

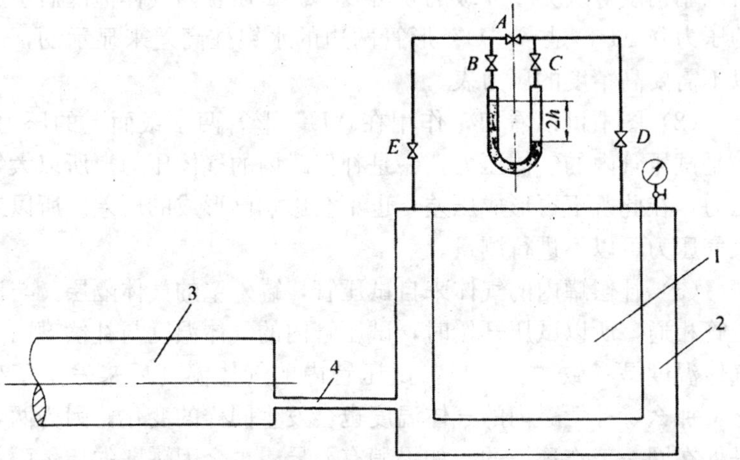

图 1.30-1　补偿式差压计

1—补偿罐；2—空气隔层；3—试压管；4—连通管

2）试压送气之前，关闭阀 B 及阀 C，打开阀 A、D、E。使试压管内的气体与补偿罐内的气体相通，在送气升压过程中，使两者始终保持气压平衡。

3）试压管内的气压达到规定的试验压值 P_0 后，同步打开阀 B、阀 C，待“U”形管两水银面平稳以后，到气密性试验应开始计时的时候，缓缓关闭阀 A。

4）气密性试验开始以后，若试压管内的气体无泄漏，则“U”形管两水银面将始终保持等高；若试压管内的气体有泄漏，一边的水银面将上升，另一边的水银面将下降，两水银面会出现“2h”的高差，这就是试压管泄漏后，引起的实际压力降 ΔP，其值是直接读出的，没有通过任何计算。

下面就补偿器的工作原理作进一步的说明。

三、为何不需装高精度的测压计与测温计

（1）补偿器壳体上所装的压力表，是用来指示试压管气密性试验压力 P_0 的，而不是用来测试压管内气体的泄漏压力降的，所以用精度等级为 2.5 级的就可以了。试压管内气体泄漏后引起的压力降 ΔP，是靠“U”形管两边的水银柱高差来显示的，所以不需要高精度的压力表。

（2）图中可以看出，作用在“U”形管两水银面上的压力，一是试压管内的气体压力，一是补偿罐内的气体压力。所以大气压力，在此既不再形成压差，也不会影响已形成的压差。所以对大气压力可以不进行测量。

（3）补偿罐内的气体来自试压管，罐外壁的气体隔层又与试压管相通，所以试压开始时，试压管内的气体温度与补偿罐内的气体温度是一致的。如果，试压管内的气体温度后来发生了变化，那么，补偿罐内的气体温度也会发生同样的变化，因为两者是处在同一工作环境的。如果稍有差异，也会因罐壁的传热而使两者的气温一致。故同一时刻对试压管和补偿罐内的气体温度进行测量，总是相等的；前后两次观测，所得出的温差也应相等的。因此气温的变化，在“U”形管两边所产生的附加压力，总是相等而又相互抵消。所以，试压管的气体温度变化，虽然能引起管内压力的变化，但是，在“U”形管两边既不会形成压差，也不会影响因试压管内气体泄漏所产生的压差。故不必对气体温度进行测量，也就无需温度计了。

（4）“U”形管内的水银柱若有升降，则会使两侧的气体体积发生细微变化，这对气体的压力是有影响的，尤其是对补偿罐一侧的影响较大，所以对它应加以控制，使其不至超出试压管内气体实际压力降 ΔP 的观测精度：1mmHg（133.3Pa）。下面讨论如何控制的问题。

1）如前所述，试压气体温度的变化，对压力降 ΔP 无影响，所以，我们有理由假定：气密性试验期间，试压管内的气体温度一直恒定，即 $t_1=t_2$，这不会改变我们所研究问题的实质，而会

大大地简化讨论。

2）从图可以看出：补偿罐一侧是个严密的封闭体系，因为假定了试压气体的温度不变，所以对补偿罐一侧的气体，下式成立：

$$PV=P_0V_0$$

即：$$V/V_0=P_0/P$$

则：$$(V-V_0)/V_0=-(P-P_0)/P$$

令：$$(V-V_0)=\Delta V$$

$$(P-P_0)=\Delta P'$$

故有：$$\Delta V/V_0=-\Delta P/(P_0+\Delta P') \tag{4}$$

式中　V_0、V、ΔV——分别是补偿罐一侧的气体在试压开始、结束时的体积及其增量；

P_0、P、$\Delta P'$——分别是补偿罐一侧的气体在试压开始、结束时的绝对压力及其增量。（当 $\Delta V>0$ 时，$\Delta P'<0$）。

当试压管一侧的泄漏压力降 ΔP 达到其最大允许值 ΔP_0 时，补偿罐一侧的气体体积增量也达到最大值 ΔV_{max}，其压力增量的绝对值也达到最大值 $|\Delta P'|_{max}$。若“U”形管已选定，则 ΔV_{max} 就是一个确定的量，而 $|\Delta P'|_{max}$ 却不是一个确定的值，它是随 V_0 而变化的值。

现在的问题是：要根据（4）式确定一个恰当的 V_0 值，把 $|\Delta P'|_{max}$ 控制在 1mmHg（133.3Pa）以下，从而保证对试压管泄漏压力降 ΔP 的观测精度在 1mmHg（133.3Pa）以内。这显然是可以解决的。

因为　$$\Delta V_{max}=\pi R^2 h_{max}$$

式中　R——“U”形管的内截面半径，mm；

h_{max}——$\Delta P=\Delta P_0$ 时，“U”形管两水银柱面的高差之半，mm。

另外，因为必须保证：$|\Delta P'|_{max}<1$mmHg（133.3Pa），令：

$|\Delta P'|_{max}=0.2$mmHg（26.66Pa）。

这样（4）式就变成了：

$$V_0=[(P_0/|\Delta P'|_{max})+1]\Delta V$$
$$=[(P_0/26.66)+1]\pi R^2 h_{max} \quad (5)$$

式中 V_0——补偿罐一侧的容积（包括同侧“U”管的容积），可近似地把其看作补偿罐的容积，mm^3；

其他符号的意义同前。

现把常见的几种煤气管道，作气密性试验时的数据列于表1.30中。其中，试验压力 P_0 是根据“城市煤气设计规范”对煤气管分类所选用的最高压力；“U”形管内径为设定值。

几种管道作气密性试验的数据　　　　**表 1.30**

项　目	管径(mm) \ 单位	200	300	400	500
试验压力 P_0	MPa	0.8	0.8	0.8	0.8
最大允许压力 ΔP_0	mmHg (133.3Pa)	36.0	24.0	18.0	14.4
控制的压力增量 $\|\Delta P'\|_{max}$	mmHg (133.3Pa)	0.2	0.2	0.2	0.2
两水银面高差之半 h_{max}	mm	18.0	12.0	9.0	7.2
玻璃管内截面半径 R	mm	4	4	4	4
补偿罐侧容积增量 ΔV_{max}	mm^3	904.3	603.9	452.2	361.7
补偿罐侧的容积 V_0	mm^3	2.72×10^7	1.81×10^7	1.36×10^7	1.09×10^7

注：以实测的 mmHg 数乘 133.3Pa。

从表中可以看出，所有补偿罐，容积最大的为 $V_0=2.72\times10^7mm^3$，用一段长为400mm、内径为300mm 钢管制作补偿罐，就能达到要求，当然更能满足其他管径的管道试验时的要求。至此，上述提出的问题得到了解决。

3）综上所述，制作一个带有补偿罐的差压装置，只要补偿罐的容积能满足式（5）的要求。成品又经过严格的试漏检验，就可用它来观测管道气密性试验时的泄漏压力降 ΔP，不仅可以保证观测的精度，而且可以直接读出测量的结果，既不需要高精度的仪表，也无需要进行繁杂的计算。

1.31 管道施工留隐患 装修厨房惹火灾

一、工程概述及发生事故的经过

某市居民早两年就已用上了管道煤气，很方便。这两年，生活水平又提高了，家家在搞装修，厨房是重点之一，起码也得把那些难看的管子，给遮挡一下，不让它以真实面目示人，这是潮流，人们都在跟着走。

某住户早就用上了煤气，他这次搞装修，对厨房也比较“讲究”，拼着缩小点面积，也要把有管道的那面墙全挡起来，他的设计是：在墙面钉龙骨，然后贴装饰板，把上、下水管、热水管、煤气管和那些计量用的表，统统包在里面，要不是还需抄表计量，连个小门也不会留。从外表看，厨房里，要一色洁白，一尘不染！

在劳务市场找来的装修人员，按照他的设计，进行着紧张的施工。这些天，住户也不在家生火做饭，把其他房间的门一锁，腾出空间、时间，让施工人员好干活。为安全起见，还特地把煤气表前后的阀门都关掉了。

因为靠那面墙的管道多，表也多，就那么大一点地方，要在墙上钻眼、打塞子、钉龙骨、钉装饰板等，进行那么多的作业，难免有磕磕碰碰的时候，装修人员都不太介意，一直坚持工作。但有一天的下午，施工人员都觉得不大舒服，5 点多钟就把门窗关好，提前下班走了。

傍晚，住户回家后的第一件事，就是到厨房去察看工程的进展情况，寻思着还有哪些地方需要改进。他一边走，一边掏香烟，一进厨房，打着火机，正准备抽烟。

谁料，他刚把打火机打着，只听到“噗——”的一声，顿时满屋子都是火，他迅速逃出厨房，并顺便把门关上了，接着就是大喊救火。楼下的人听到了呼救声，楼外的人看到该厨房的熊熊大火，他们迅速关断了一楼的煤气隔断阀，这时火势才有所减弱；人们七手八脚，从厕所取水救火。

经过一段紧张的抢救，火总算被扑灭了。可是厨房已被烧得不成样子，一片焦黑，一派狼藉！

大惊初定，人们纷纷询问失火的原因，户主揪着那撮被火烧焦的头发，恨恨地说：我非找他们不可！我走时再三叮咛，不要动煤气阀，他们居然动了，要不是大家救火及时，还不知是什么样子呢！

可他把装修人员找来一问，谁也没有去动过煤气阀门，他们也是“觉得不大舒服”才提前下班的呀。

第二天，物业管理人员、煤气公司的人员和房主一起进行检查，开始并没有发现什么，在打开一楼的煤气隔断阀后，发现煤气表进气阀的入口端漏！理所当然，应更换阀门呀！

可是等他们把阀门拆下来一看，发现阀门入口端的螺纹段，有一条 30mm 左右的裂纹，阀口端有近 20mm 是生了锈的旧茬，后半部是新的裂痕；拧入阀口的水煤气管螺纹，一扣也没有外露，全部拧入了阀口内，而且丝扣的锥度太大。

二、造成事故的原因分析

（1）在该户的煤气管安装时，需要在管端套丝扣安装阀门，但在加工丝扣时，丝套得太短，而且板牙松得太快，致使管螺纹的锥度太大。上阀门时，按规定，管螺纹的丝扣要外露 2～3 扣，可这里的丝扣全拧进了阀门里，从而把阀门拧裂了。因裂得还不太透，所以初时并不漏，在没有意外震动的情况下，坚持了两年。

（2）在装修时，因为要在墙上钻孔、钉龙骨等，当天的下午，是锄头之类的东西，曾经磕碰到了阀门上，它受到了冲击，把老伤给震开了，加宽、加长、加深了这条原来已有的裂纹，并开始漏煤气。

因为有人在干活，门窗都是开着，漏泄的煤气，能向外扩散一部分，所以，装修人员，没有发觉煤气漏了，只是“觉得不太舒服”，也没有发生深度煤气中毒。等他们把门窗关好，提前下班后，漏出来的煤气不能向外扩散，浓度也就越来越大。

（3）户主进入厨房，点着了打火机，也就点着了满屋子的煤气，所以引发了这次事故。

（4）这次事故的责任，最后裁定由下列人员共同负责：

第一是原安装人员，他们的安装质量低劣，把破裂的阀门还装上，并交付使用。

第二是装修的人员，他们的作业，加速了损坏，是造成煤气泄漏的直接责任者。

第三是煤气公司，他们的煤气里不加发臭剂，致使泄漏的煤气不被发现。

第四是户主本人，煤气是可燃、有毒的气体，其管道暗装，还用可燃材料把它包起来，违反了煤气安全规程！他点烟时，“点燃了煤气”，造成了此次事故的直接发生。

三、处理措施及应吸取的教训

（1）户主的损失由各责任方共同承担，其中，安装公司无偿帮其按规范要求，重新装好管道，并经检验合格。其他各方给其以适当的补助。

（2）套扣丝，这是件小事，如处理不当，不能按规范要求做好，都可能酿成重大事故！由此可见，对待工作，不一丝不苟是不行的！套个丝扣有多大的技术难度呢？主要是责任心和敬业精神的问题。

（3）装修队伍也应有资质要求，要经过一定的业务培训，纳入正规的管理，采用市场准入制。并接受有关部门的监督，才有可能提高装修的质量，减少事故的发生，否则将防不胜防。

（4）在煤气里加发臭剂，有利于事故的早期发现，不加发臭剂的煤气，不应该让其上市，因为存在安全隐患，必须引起有关监管部门的高度重视。

(5) 必须加强对居民使用煤气进行安全教育。

1.32 一家煤气半夜漏 三户中毒六人亡

一、概述及事故发生的经过

某居民小区的住户，都是本单位的职工及其子女，爱串门；打扑克、下象棋、搓麻将是他们的主要业余活动。

该小区有一栋刚投入使用一年的六层楼，相邻两户人家的厨房，仅一墙之隔，上、下两层就更不用说了。他们的上、下水立管、煤气立管都是共用的，从立管上引出支管分送相邻各家。

住在五楼的小E和小F，是一对年轻的夫妇，他们热情、好客，也好玩。冬天的一个傍晚，突然听到“咚、咚、咚”的敲门声，开门一看，原来是他们的朋友小B和小D夫妇前来串门，一阵寒暄，一阵笑语之后，切入正题：“我们今天来搓麻来了！”“好！好！好！马上开始！”

战斗打响后，他们都那么认真，都那么投入，所以时间过得很快，大概十点半左右，小E去厨房续了一杯茶，顺便打开煤气灶烧开水。水壶还没有放正，就听到“快点！快点！”的催促声，他急急忙忙回到座位，继续玩麻将。

搓呀，搓呀，不停地搓，一圈，两圈，三圈……。

小E早把烧开水的事给忘掉了！他们是那么认真、那么的投入、那么的专注。又不知过了多长的时间，也不知又搓了多少圈麻将，小D说，有些不舒服，要求早点结束。其余三人，其实也都有不适之感，便顺水推舟地说，行！我们改日再约时间玩。

就这样小B和小D，拖着疲惫的身子走了，小E和小F也已疲惫不堪，送走客人，关上门，往床上一倒，就睡过去了。

小B和小D在回家的路上，被夜风一吹，舒服了许多，回家洗了个澡，反而睡了一个好觉。

第二天早起；他们寻思昨晚在小 E 和小 F 家，感到不舒服有些不正常，就打电话去问个究竟，谁知电话通了，就是没人接，一连拨了好几次都是如此。小 B 和小 D 隐约感到不对，决定去小 E 和小 F 家一趟，可是任你怎么敲门，任你撕破嗓子喊，里面就是一点儿动静也没有。

小 B 俩有些发急，敲得愈凶，喊得愈响，这时围聚的人渐渐多了起来，问清原因后，大伙决定破窗而入。

几个年轻力壮的小伙子，忙乎了一阵之后，一个叫小 A 的小伙子，终于从厕所破窗而入，到小 E、小 F 家，他的脚刚一着地，就冲外大喊，是煤气漏了！他情急智生，把厕所的水龙头打开，用湿手巾捂住鼻子冲进厨房，毫不犹豫地把煤气阀门关了。并迅速把其他房间的门、窗户都打开，新鲜空气进来了。随后，还进来好多人，他们见到：

小 E 和小 F 毫无生息地躺在床上，手脚冰凉。

厨房的煤气炉灶上，水壶歪着身子，里面差不多还有满满的一壶水！

他们迅速打电话联系救护车，人们一片忙乱。

出了这么大的事，邻居们差不多都来了，都在表示痛心和惋惜，可是，住在小 E 家楼上的小 K 和一墙之隔的小 L 两家一直没有露面；对这两家的异常表现，一部分人表示对他们的不满，另一部分人则开始新的怀疑——莫不是他们也煤气中毒啦？

人们纷纷涌向这两家，所遇到的情况跟在小 E、小 F 家的情况基本一样，两家四口人都已毫无声息地睡过去了！只是这两家的煤气阀还是好好地关着的。

大家把三个家庭的六口人，送到医院进行抢救，医生拿听诊器听了听，测了体温以后，做了个无可奈何的手势，说：“送来晚了，他们已经全都走了”。

小 E 和小 F 家没有关煤气，他们中毒死了，而那两家并没有发生煤气泄漏啊，为什么也煤气中毒而死呢？

昨晚，小 B 和小 D 夫妇是最后离开小 E、小 F 家的，今晨，最早怀疑小E、小F可能煤气中毒的，又是小B和小D夫妇！毫无疑问，他俩成了六条人命大案的重点怀疑对象！

经过仔细的侦察，最终破案了，小B和小D才如释重负，他俩心情十分沉重地发誓："以后再不搓那该死的麻将了！"

二、造成事故的原因.

(1) 小E和小F、小B和小D打麻将到了忘情的程度，小E把烧开水的事给抛到了九霄云外，水烧开了，没有人管，水还在不断地烧呀！烧呀！壶里的水烧得沸腾翻滚，因为水壶没有放正，开水就从壶口溢出，把煤气炉子的火给浇灭了。而煤气阀没有关，所以煤气不断地向外泄。冬天，门窗是关着的，厨房里的煤气，顺着门缝隙向其他房间扩散。

一段时间后，房间的煤气到了一定的浓度，使他们打麻将感到不舒服了，这时小D提出不打了，得到了响应，小B和小D回家了，幸免于难，拣了条性命。

小E和小F关了门，倒头便睡，而房间里的煤气浓度在不断地增加，致使他们夫妇二人双双煤气中毒而亡！

(2) 在安装煤气管道的时候，没有把所有管道的穿楼板套管和水平支管穿墙的套管，按规定用纸筋石灰或沥青油膏之类，将其填塞严实。

当小E家厨房的煤气外泄时，同时沿穿墙套管向邻家厨房里扩散。

众所周知，在大气压下，煤气的密度比空气的密度小，所以，沿穿楼板的套管上升，扩散到六层的厨房里。

当各个厨房里的煤气到了一定浓度时，分别沿着门缝，向其他房间渗去，才把正在熟睡的K、L两家四口人，从迷梦中推向了死亡！

(3) 房间里充满了煤气，也没有为人察觉，为什么呢？是因为他们打麻将的太全神贯注，其他两家则是因为深夜睡觉了，所以谁也没有发觉煤气漏了！管道煤气中，不加发臭剂，是难辞其咎的！

小E没有关煤气阀，是造成事故的直接原因，但安装单位不按规定用纸筋石灰或沥青油膏之类，堵塞煤气管和其他管道的穿墙、穿楼板的导管，有重大关系。如果堵了，至少不致危及到小K和小L两家四口人的生命。

(4) 另一个主要原因是煤气里没有加发臭剂，煤气漏泄，也不能被人发现。

三、处理措施

(1) 最后判定安装单位和煤气公司对已存在的和尚未曝露的问题，限期进行全面检查和整改，以杜绝类似事故的再次发生！

(2) 责令安装公司和煤气公司，对死者家属各支付一定数量的赔偿金。

四、应吸取的教训

(1) 施工单位必须严格按有关的施工验收规范、技术标准进行施工，任何偷工减料或无意的疏忽，都可能给用户带来难以弥补的损失。

六条年轻的生命，难道还不足以唤起人们的良知吗！

(2) 煤气里应加发臭剂，也是有规定的，为何得不到切实的贯彻呢？人们的生存权，是最基本的权利，在被无情剥夺后，不是用几个钱能补偿得了的！

(3) 对每一个煤气用户的安全教育，不能稍有松懈，要经常进行，增强他们的安全意识，这是全社会的责任，否则，将危及他人，危害社会。

1.33 设计欠妥 维修违规

一、工程概述及事情的经过

某钢厂扩建一台220t/h燃气锅炉及50MW汽轮发电机组。此项目为节能环保项目，据说，其投产后，每天可产生100万元的经济效益。所以工期要求较紧：总的日历工期10个月，其中安装工期只有7个月。

在施工过程中，建设单位对工期、安全、质量都抓得非常紧，不仅每周要检查安全、质量、进度。而且每天下午下班前1h，要召开由建设单位、监理单位和施工单位等参加的碰头会，对当天安全、质量、进度方面的问题，进行检查、分析落实情况，研究处理可能发生的新问题。

在各方的大力协作下，工程进展很顺利，按预定工期完成全部单机调试和联合试运行，整个工程进入整改消项、整理交工资料的阶段，等电力质检部门的全面检查和交工验收报告签发后，就可转入试生产阶段了，施工人员则可分批撤离了。

电力质检部门的专家，经过几天认真细致的检查，确认整个工程的实物质量和工程资料基本合格，但也提了几条整改意见。只等整改的事项，检验结束，经专家组签字后，工程就可进入试生产阶段。

在需整改的事项中，包括氮气管道末端一个型号 J11T-1.6 *DN*50 放气阀有轻微“慢撒气”

漏气，涂抹肥皂水检查，能清晰见到鼓泡。专家组要求处理好泄漏点，或重新换一个阀门，因为氮气无毒、无臭，压力等级不高，使用频率较低，所以处理的时间，可由施工单位自行掌握。

该工程的锅炉燃料，是焦炉煤气与高炉煤气的混合气体，在初次点炉或停炉后再次启炉时，必须用惰性气体置换炉膛内和燃气管内的空气，以防煤气与空气的混合比，在煤气的爆炸极限内，而发生意外。

这一根氮气管所输送的氮气，就是用来置换炉膛和管道内空气的。该氮气管管径为 50mm，管内气体压力为 1.6MPa，所用阀门型号为 J11T-1.6，设计居然选用丝扣连接！

阀门漏气，是管道班的事，当然应该由管道班来处理。

管道班胡班长认为是小事一件，很容易处理。他对班里的其他人员说出了自己的想法：

现有氮气阀门在管道末端，且带有一节丝扣短管，只要在短丝管上，再安装一个同型号的新阀门，把这个新阀门关死，氮气就不会往外漏，原来泄漏的点，就变成了一个内漏点。这样做，不仅不要等到日后再来更换阀门，而且，连这个阀门根本不用换下来！

听到这里，有人提醒：还是通知运行人员，切断气源后再处理吧！

胡班长说，等办完一切手续，到通知运行人员切断气源，那还不到明天了！

在管道末端的阀门后面，再加一个阀门，也不用停气呀，很快就可以处理好的事，何必自找麻烦等到明天呢！明天，明天我还要去买返程火车票哩！

其他人谁也没再坚持。

这时，已经是下午五点半了，胡班长，一边吩咐青工小马，快去备品备件库中找一个相同型号的阀门来，一边吩咐大家收拾工具、打扫现场，准备下班。

他说加装一个阀门，自己带小马去就行了。

他俩拎着阀门、施工用具和用品来到现场，胡班长叫小马在下面看着，他独自爬上操作平台，去安装阀门。

小马只见班长，在原有阀门后的丝扣短管上，熟练地缠上聚四氟乙烯生料带，拿出新阀门一圈两圈地往上拧，用手拧不动后，再用管钳子夹住阀体拧。班长显然担心丝扣连接处出现泄漏，想把其拧得再紧一点，于是，在管钳子手柄上，套了一段约60cm 长的管子，铆足了劲往上拧。

拧呀，拧呀，突然，一声巨响，伴随着金属的撞击声，滚滚气流呼呼向外迸发！霎时间，胡班长被巨大的气流冲下操作平台，狠狠地砸在地面上！

这一切来得那么突然、那么凶狠，他还没到来得及“啊”一声，就被甩了下来，不动了！

小马完全被吓傻了！他根本不知所措，只是不停地跺脚，张着大嘴，喊不出声来！

还是锅炉运行操作人员，听到巨响后，迅速赶到现场，关闭了气源总阀，才避免了更大的损失。

人们迅速向出事地点涌来，他们看到胡班长，因为受伤过重，已是奄奄一息，最终在送往医院的抢救过程中，不幸死亡。

出了重大伤亡事故，现场立即被封锁，由公安、安检专家和工会等部门的负责人，组成事故调查组，对事故现场进行录像、取证，对有关人员进行约谈笔录，展开了一系列深入细致的调查工作。

3 天后，在公安人员的监护下，对胡班长尸体进行了解剖，发现其脏器破损，多处大出血！

二、发生事故的原因

7 天后，事故调查组的专家，做出的正式结论是：

(1) 事故的直接原因

其一是，加装新阀门时，由于加长管钳子手柄，在拧丝扣时，其扭力比正常大了许多，当新阀门已经上得很紧时，带动原有阀门一起转动，但胡班长还在铆劲拧，致使原阀门与管道的对接丝扣滑丝，在管内氮气 1.6MPa 压力的共同作用下，造成原阀门滑丝后脱落。阀门被管内气流裹持，直接猛击在胡班长的身上，造成内脏破损，大出血。

与此同时，气流将胡班长冲下操作平台，重重地砸在地上，也是导致其死亡的重要原因。

其二是，胡班长没听同组人员的劝阻，在没有办理工作票的情况下，擅自作主，私自决定装设一个新的阀门。在作业时又违反操作规程，既不切断气源，也不停气泄压，而是带压作业！盲目加长管钳子的手柄，蛮干！把阀门与管道的对接螺丝，生生地拧得滑了扣，直接酿成事故的发生。

其三是，像这种 1.6MPa 压力等级的气体管道，不应该用丝扣连接的，是设计者直接埋下了这次事故的祸根！

(2) 管理上的原因

为了对电力检查组提出的整改事项，进行消项，由一个工人在不用办理任何手续的情况下，就可以从备品库中领出阀门来，这是不正常的！

在没有技术人员参与、没有安全交底、没有操作票的情况下，可以对正在运行的管道进行带压维修处理，这是不可想象的！

充分暴露该企业制度不完善，管理失衡，对员工的安全教育不到位，职业培训没有落实等方面的问题。

三、应吸取的教训

(1) 发生这起事故，施工单位接受了应有处罚。对一个单位而言，被罚点款、再处理几个人、给家属赔点钱，都是件小事，而企业的制度和管理的好坏，对生命的尊重才是件大事！

但愿人们，从中吸取沉痛的教训，真正把企业管理和对员工进行全面系统的在职培训，放在工作的重要位置。

(2) 这种压力等级的气体管道，不应采用丝扣连接！这一点，施工单位应该懂得！设计者更应该懂得！在图纸会审时，提出了没有呢？没有！工作中的一时疏忽，竟然可酿成一人死亡的悲剧，对一个家庭而言，则是永远抹不去的痛！

1.34 淤泥积压、释压 管道上拱、下陷

一、工程概述及发现问题的经过

南方某镇，人口稠密，土地较少，当地居民的父兄，早年到港、澳、台及国外谋生的不少，有成者也不少。

改革开放以来，大部分人回镇投资，所以该镇的经济实力比较雄厚。但是这里的电力供应不足，严重制约了它的发展。为此镇里决定自筹资金，建一个火力发电厂。经过一段时间的讨论，终因土地较少，最后只得把厂址选在镇前江边的滩头上。

所谓滩头，实际上是江边的一大片沼泽、湿地，那里终年灌木丛生，苇草丰茂，洪水来时，被淹，洪水退后，复出。

要在这里建厂，实际上是没选择的选择，土地较少嘛！

动工建设的初期，他们劈山取土，从江岸边由近及远填土，压平，向滩中推进，为了固定所填的土层，在填好的厂区中，打了 280 多根断面为 400mm×400mm 的钢筋混凝土桩，一般的打下去 10 多米，最深的打下去近 30 米，才生根于坚实的地层中。主厂房和主要设备基础，全采用板式钢筋混凝土基础，其他一般采用钢筋混凝土条形基础。

土建和安装工程进展还算顺利，只是在进行管道安装时出现了麻烦。

这是两条冷却水管道，从江中取水送汽轮机冷凝器，吸热后，再排入江中，两条管线都是 *DN*600mm 的铸铁管，自应力水泥接口，各长约 150m。取水口在上游，排水口在下游，两者相距 40m 左右。

安装单位在开挖管沟时，把开挖出来的土，堆放在管沟的一边，另一边摆放管子，管沟平整后，下管、组对；为方便捻口操作，在每一根管子的承插口处，都挖了一个长×宽×高约为 700mm×700mm×500mm 的作业坑，以利填充油蔴及自应力水泥。

管道的安装施工，很快就具备了水压试验的条件，为了做到心中有数，在灌水前，班长要求全班成员，沿线进行一次仔细的检查。结果发现管道有两处有明显抬高！管口上部的自应力水泥与管内壁间，有可见的缝隙。

针对这一情况，班长决定暂不进行水压试验。为了避免管内局部聚积空气，他要求大家把管底的土用铁锹铲除一层，以降低标高；为了方便处理好管道接口，同时要求把作业坑再适当挖深一些。

一切停当以后，他们第二次准备进行水压试验。头天傍晚，就把管内灌满了水，让水把管道的接口浸泡浸泡，第二天一来，就可以直接开始水压试验了。

可是第二天一上班，他们发现原来处理过的那两个地方，标高又抬高了，那两个管口上部的自应力水泥与管内壁之间，还是有小缝隙，并从中隐隐地渗出水来。

全班的人都有些不解，一般情况下，如果管基不好，管子是下沉，为何此处的管子会往上抬高呢？在没有找到合理的答案前，他们还是采取了上次的办法：把管底的土用铁锹铲掉一层，再把作业坑挖深一些，以便处理管子的自应力水泥接口。

工人小 A 再次去挖深工作坑时，发现不如以前好挖，杂草的根须，总是牵牵绊绊的，很费劲。干了一阵子以后，他感到站在工作坑里，就像站橡皮艇上一样，软软的，挺好玩，他叫来同伴小 B，一起体验这种异常的感觉。

玩了一会儿，小 B 提出用一根 DN50mm 的钢管，往深处砸，探看下面到底有什么。没想到钢管砸下去，开始还较困难，待插入深度超过 400mm 左右时，就比较容易了，说明底层没压实，是虚土。

他们把这个消息告诉了同班的其他人，大家议论一番后，没什么结果，决定把钢管拔出来。几个小伙子摇啊，晃啊，猛一用劲，钢管刚被拔出，就听到“扑哧”一声，一股黑臭的污泥顺随而上，淅淅沥沥地流个没完没了，一会儿，把整个捻口工作坑快填满了！

这是一个前所未见的情况，班长叫人赶快抢排污泥，人多力量大，污泥流出的势头得到了控制，班长以为污泥排尽了，令人用一个大木桩，把那个流淌污泥的洞，堵起来。此后，大家继续清理管底的土层和处理自应力水泥接口。

一切停当以后，他们再次进行管道的水压试验，成功了。班长担心，管道再次被抬起来，没敢把管子内的水放掉。

那天下午，班长要大伙早点回去休息，养精蓄锐，准备明天进行管沟回填时，大干一场。

可是，第二天来到工地时，眼前的景象把他们惊呆了：

经过两次处理的管段附近，管沟里大半是黑臭的污泥，小半是污水，管顶也被污泥浊水所淹没！这次，管子的标高真不是抬高了，而是下降了许多！显然，管道的自应力水泥接口又漏水了。

这次班长没敢自作主张，请来管道工程师，会同建设单位和设计单位的有关人员对该管段进行会诊，大家对管道标高一会上升，一会下降的现象，感到疑惑。

最后得出了分析结论：此处，当时填土没有填实，下面的污泥还聚集在一块儿，开沟时，把其表层挖穿了，所以污泥冒了出来，下层空了，所以管道下沉。

当时采取的处理措施是：把冒出来的污泥排尽，从管身两侧向管底捣填砂土，迫使管道标高上抬，并处理好那几个漏水的自应力水泥接口。

经上述处理后，管道再次进行了水压试验，合格，顺顺当当地进行了回填，并办理了一切交工手续。

可是，在管道投入运行三个月后，先前处理过的管段，又拱了起来，DN600mm 铸铁管，还被拱断了，哗哗向外流水！

汽轮机的冷凝器，没了冷却水，只得被迫停止生产。

在对冷却水管进行抢修时，当人们把那里一挖开，又有一股黑臭的污泥，淅淅沥沥地往外流，与管子里流出的水汇成一片，整个厂区被搞得臭烘烘的！全厂停产，经济损失不小，人们议论纷纷。

还得把设计者找来，一起分析解决问题。

二、造成事故的原因

（1）该电厂建在一片沼泽、湿地之上，此处原来终年灌木丛生，苇草丰茂，洪水来时，被淹，洪水退后，复出。

每次洪水之后，都会截留下大量的漂浮物，沉积下来，年复一年，越积越多。

此外，每年都有大量的植物死去，枯枝败叶，堆积下来，年复一年，愈积愈厚。

这些厚重的堆积物，日久天长，变成了丰富的腐殖质，给新生的植物提供了充足的养分，致使它们的根茎十分发达，长根短须，交织成了一张千丝万缕的大网，严严实实地覆盖着整个滩面。年深月久，腐殖质不断增厚，其胶体慢慢浓缩，在滩面上结成了一层半干不硬的壳！壳面，水丰草美，壳下，则是稀囊囊的淤泥！

(2) 在开山取土，围滩造地时，没能把其清除，而机械回填时，没有事先设计好行车线路，在其间形成了一个封闭的小区域，随着填层的加厚和压实，被封闭的淤泥，内压力就愈大。又因为厂区内的建筑物多，各处承受的压力不均，污泥会从压力大的地方向压力小的地方慢慢流动，在某处，那层半干不硬的壳，若薄一些，就会被拱起来，那层半干不硬的壳，若被捅破，污泥就会从那里流出来。

(3) 没想到的是，冷却水管，正好通过那层壳面较薄的地方，当壳被拱起来时，所以管道的标高被抬高，当壳下的污泥泄压流出后，所以管道下沉，标高降低。

污泥为黏稠的半流体，流动很慢，所以只要厂区内，地下污泥承受的压力不均匀，在其薄弱的部位，总会被拱起来的。因为发生在冷却水管这个部位，导致了铸铁管的断裂。若不根治，还有可能再次发生，导致全厂停产！这个后果十分严重。

三、处理措施及其处理效果

(1) 将全部铸铁冷却水管改为钢管，改直埋为地上敷设。这不仅增加了提早发现问题的可能性，还增强了抵抗管基上拱或下陷的能力，不致因管子断裂，断水，而引起全厂停产。

沿管线适当增打一些钢筋混凝土桩，以加固管基。

(2) 请地质钻探队，在厂区内的一些重要部位，再钻一些较深的小井洞，以释放下层可能存在的污泥之内压力。

(3) 经处理后，该厂再没发生过类似事情，证明有效。

四、应吸取的教训

(1) 设计者必须对所作的工程设计，心中有数，尤其对基础更为重要。

（2）土建在进行较大面积的填层施工时，必须有切实可行的方案，并设计出运土、填土机械的行车路线，以避免出现上述“封闭区”。

施工中的一点疏忽，能带来严重的经济损失，必须引起高度重视，吸取教训！

1.35 一处防护不到 六人受伤始知

一、工程概况及发生问题的经过

某企业，厂区内的管道纵横交错，介质繁多，尤其是焦炉煤气、高炉煤气管道的管径特别粗大，大部分又都是架空敷设，所以共架的多。为了操作、维修的方便，管架附近的平台也特别多。

该厂的一根 *DN*900mm 的焦炉煤气管，已投运多年，当年敷设时，已考虑到还要扩建一根 *DN*600mm 的支管，并在适当的位置预留了三通。为了日后接 *DN*600mm 的管时，*DN*900mm 的主管不至停产，所以，三通后面装设的是一个带有法兰连接的阀门，而不是焊接阀门。阀门处于常闭状态，为了增强安全可靠程度，阀门的另一端，还加装了盲板。

这年，那根 *DN*600mm 的预留管道正式施工完毕，欲与 *DN*900mm 干管连通，当然必须拆除阀门上的那块盲板，并在新安装管道末端，再加装一个同样的法兰阀门，新旧阀门法兰相连接。连着安装两个阀门，是预防在室外恶劣环境下，工作了多年的阀门，可能有泄漏，而采取的保险措施。

要完成拆除盲板、安装新阀门这一连串的工作，作业时间较长，为了防止在室外恶劣环境下工作了多年的阀门，可能有泄漏，工人们对此作了一定的准备，凡参加此次行动的人，每一个人都不准带吸烟用具，上操作平台的工作人员都穿上了防护服。

为了拆装方便，还调来一台汽车吊，协助作业。

当他们松掉法兰的螺栓时，经检漏仪测试，发现阀门确实泄漏，而且还比较严重。

他们在拆除盲板时，发现其螺栓锈蚀得比较厉害，螺母一般很难拧下来，他们在扳子上套一节管子，使劲拧，到最后只剩下在管子底部的两个，费了九牛二虎之力，也拧不下来。

这时，工人小王想到一个好办法，一方面有煤油浸润螺杆，一方面用锄头敲击螺母，使两者有所松动，就好拧了，这个主意被采纳。

但忙乎了一阵，还没有见到效果，这时小鲁有点沉不住气了，他接过锄头，猛力往螺栓上砸，谁料想，他这“吭—铛”两下，砸出了火星！刹那间，就是“呼——”的一声，焦炉煤气被点着了！熊熊大火立即把操作平台给吞噬了，在操作平台上的工作员，因为没有地方躲闪，无一幸免地都被大火灼伤！

其中二人因为没有扎好颈领、衣服下摆也没用裤腰皮带扎好，烧伤了前胸和后背；一人因为没有扎裤管，而烧伤了两腿和臀部，其他三人被烧伤了双手，所有六人的面颊都被烧伤了！

所幸焦炉煤气的泄漏量不是很大，大火只燃了一会儿，没有持续下去，加之人们的及时扑救，而没有造成大的损失。

二、原因分析

（1）这次事故的直接原因，是小鲁用榔头使劲砸螺栓，产生火花，点燃了泄漏的焦炉煤气所致。这是一起违反操作规程的事故，即使螺栓真的拧不下来，也只能用锯条慢慢地锯，并还要对锯口进行同步冷却，才不至于因发热而点燃焦炉煤气。他们没有采取有效的防护措施，所以出事了。

（2）在操作平台上工作的6人，都没有防护到位，显然是对可能的问题估计不足，因为没地方躲闪，所以全受伤了。

三、应该吸取的教训

（1）防护不到位，工人们知道焦炉煤气可能有所泄漏，对全身可能有焦炉煤气渗入的部位，却没有采取必要的措施，所以各自烧伤了相应的部位。

（2）小鲁确实太鲁莽，似乎没受过安全教育，就那么两下，敲出火花，酿成六人被烧伤的重大事故，安全教育不能存在盲区，否则，就要受到惩罚！

(3) 这种焦炉煤气的含氢的比例在60%左右，泄漏出来以后，只要遇到一点火星，就能立即着火。它与空气混合，达到一定比例，甚至还可能发生爆炸！很危险，应使每个与它有关的人都知道。

2 锅炉安装工程

2.1 修理锅炉 损坏锅筒

一、工程概况及发生问题的经过

某动力厂共有三台蒸发量为20t/h、工作压力为1.57MPa的蒸汽锅炉，已运行了十多年，炉管有的已腐蚀，尤其是对流管的管口，有较严重的苛性脆化现象；对流管的外部也因烟尘的长期冲刷，管壁已经减薄了许多，再运行下去，有发生事故的可能，因此，厂里决定进行大修。

大修的范围包括：全部更换对流管，重新砌筑炉墙，更换已损坏的仪表和被腐蚀的护板，对需要进行保温的部位进行保温等。为了不过多影响生产，对工期有较严格的要求。

施工单位在接到此项业务后，进行了必要的准备，项目经理进行了大体的布置，并强调这次任务的主要难点是：拆除对流管的胀管端而不能伤及胀管孔壁，再就是重新胀管后，要求做到一次水压试验成功。

前期拆除旧保温层和炉墙没有多大的技术含量，由一个老师傅带领几个民工干，其他技术工人，仍在别的工地干活。该项目经理因家里有事而请假，三天没有去工地。

他以为把工作已经安排好了，绝对不会有什么问题。

第二天一早，一名老师傅带领几名民工就轰轰烈烈地干开了。因为提前完成任务是有奖励的，所以他们动用了风镐，一天的时间就把炉墙给全拆了。因为工效高，他们一个个都非常高兴，决定明天拆除锅筒的保温层时，再大干一场。

他们以为锅筒的保温层要比炉墙好拆，因为它只有一层水泥保护壳，里面是酥松的保温材料。谁知一接触，远不是那么一回事。

在锅筒的封头处与管子布置比较少的地方，抹保护壳时，都设有铁丝网格，水泥保护壳和里面的保温材料牵肠挂肚，抖落不下来，不好拆。于是他们决定用风镐。一试果然方便，保护层一碰就碎，甚至连铁丝网也一并切断了，所以容易多了。由于尝到了轻松便当的甜头，他们就大张旗鼓地用风镐干了起来。也就半天的时间，两个锅筒的保温层全拆完了，并且从上到下打扫得干干净净。

第四天，项目经理到工地现场办公室，听了炉墙和保温层已经全部按期拆除的汇报后，很是高兴。于是开始布置下阶段拆除对流管的工作。他认识到这是件十分重要的工作，在人员配备上也特别的注意，一个工人配备一个民工当助手。对如何拆除法作了口头的交代：第一先把管子用气割割断，再在离锅筒外壁50mm的地方用锯条将管子割断，然后在汽包内用半圆弧的錾子，将胀管的翻边向管中心轻敲慢收，到喇叭口比胀管口小时，用楦头把胀管管头从锅筒内向外打出来。说得较详细，并做了示范动作表演。

他因为家里有事，没有到工地亲自监视施工。

工人们基本上是按照示范的要领去做的，只是心里惦记着进度，在收喇叭口时，用力较大，喇叭口收得不太圆，就用楦头往外打胀管头，进度还是比较快的，几个人一天就拆除了100多个胀管头。

第五天，项目经理来到现场检查时，发现了大问题：汽包上有许多大小不等的小窟窿，一般有3mm深，最深的有6mm深，一数总共140多个！这一下他有点沉不住气了，再钻到锅筒内一检查，发现胀管孔的内壁上有深度、宽度不等的纵向刻痕，刻痕最深的有1mm左右，并且是从内贯穿到外，凡有这种毛病的胀管孔共有80多个。

该项目经理知道出了大乱子，只好立即向上级报告，同时报告了当地锅炉压力容器安全监督部门，等候鉴定结论。

经当地锅炉压力容器安全监督部门和邀请的有关专家经实地考查认定：这是一起因工作责任心不强引发的严重质量事故，锅筒因多处遭风镐击伤，最深的已有 6mm，而且分布的面较广，已很难保证它在正常工作压力下安全运行。还因为胀管孔内壁有那么多的贯穿刻痕，深度已远远超出《锅炉安装工程施工及验收规范》GB 50273—2009 所允许的范围，不能保证胀管的严密性，也就是不能保证胀管质量。因此是一起严重的质量事故。

二、产生事故的原因

（1）项目经理的责任心不强，没有作业指导书，不作书面的技术交底也没交代具体的技术指标。

（2）施工人员进行了野蛮施工，从用风镐拆除汽包的保温层可以看出，既没有限位装置，也不控制施工过程，在已造成了既成事实后才发现问题。

（3）在拆除胀管端的管头时，因用力过大，喇叭口收得不圆，有棱有角，且大于胀管孔的孔径，所以在向外打出时，把胀管孔壁划伤。

（4）按照规定，对锅炉进行大修应该具有省级锅炉锅炉压力容器安全监察部门颁发的锅炉大修许可证，不具备这样的资格而进行锅炉大修是不允许的。

三、处理措施

（1）因该锅炉已多处存在严重的外伤，胀管又不可能严密，所以无法保证其安全运行，因此决定更换两台新锅筒，一切损失由施工单位负责。

（2）因为更换锅筒，其直接经济损失就有 10 多万元。建设单位要求的工期很紧，为的是不影响生产。现在因处理事故，总共花了两个多月，给建设单位带来的经济损失是巨大的。施工单位因超出资质许可证的范围进行施工，遭罚款、加上拖延了两个月的工期，也带来了不少的损失。

四、应吸取的教训

（1）建设单位和施工单位都要加强对技术法规的学习；建设单位不应把锅炉的大修任务交给不具有施工资质的队伍进行大修，施工单位不应超出自己的资质范围进行施工。

（2）在锅炉进行大修时，施工单位应编制详尽的施工技术方案报当地锅炉压力容器监察部门审查批准后实施。

（3）在施工阶段，项目经理、施工技术人员必须忠于职守，坚守岗位，以便及时发现问题和解决问题，不至于到了问题不可收拾时才发现问题。

2.2　安装新锅炉　赔偿对流管

一、工程概况及发现问题的经过

某地一个县级化肥厂，新建一台蒸发量为10t/h、蒸汽压力为1.27MPa的锅炉，钢架安装完工后，上、下两个锅筒已安装就位，并进行了临时固定，对流管已校正、退火打磨、胀管孔壁已清洗处理，其他准备工作也一切符合要求，胀管施工结束，等待进行水压试验。

工人们按照常规进行注水升压，当压力升至接近工作压力时，负责监视观察的工人发现下锅筒有几处胀口“冒汗”，继续升压时，上锅筒也有几个胀口出现了“冒汗”，而下锅筒原来“冒汗”的胀口，则发生了渗水。这并没有引起多大的慌乱，班长决定停止试压，放水后再进行补胀处理，这无疑是一个正确决定。

第二天进行补胀施工时，工人们用电动胀管器，按照正常的胀管程序进行施工，只是补胀值一般控制在0.20mm内，哪个胀口“冒汗”或渗水，就对哪一个胀口进行补胀，全部补胀完后，又按原来的注水、升压程序进行第二次水压试验。

结果出乎人们的意料之外：当压力尚未升至工作压力，上、下锅筒的胀口渗水、漏水的数量反而比第一次试压检查时增加了。

没有办法只有再进行第二次补胀。于是按照第一次补胀的程序进行降压、放水和补胀，哪个口漏，就对哪个口进行补胀。胀管结束后，又按照注水、升压的程序进行第三次水压试验。其结果是比前一次更糟，渗水、漏水的胀口又有增加，而且比原来渗水、漏水的程度更加严重了。

这时大家的心里有点没谱了，因为再进行补胀的话，就超出了《锅炉安装工程施工及验收规范》GB 50273—2009 中，关于“经水压试验确定需要补胀的胀口，应在放水后立即进行补胀，补胀次数不宜多于 2 次。”的规定。

但是锅炉打不住水压，是不能交工的，没有办法，只好硬着头皮，冒着违反规范的风险，再进行补胀，但愿出现补胀成功的奇迹，又不被上级工程技术部门发现。

就这样，他们前前后后一共进行了六次胀管，越胀越漏，一发不可收拾，在隐瞒不了的情况下，只好向上级技术部门进行汇报。

专业技术人员到现场进行了仔细的勘察，发现：

1）上、下锅筒的胀口渗漏的情况有所不同，上锅筒渗漏的胀口较少，共 41 个；下锅筒渗漏的胀口较多，共 53 个。总共 94 个胀口渗漏。

2）凡是渗漏的胀口都比较集中，只要有一个渗漏较严重的胀口，它周围的几个胀口就有不同程度的渗漏。

3）凡是渗漏的胀口，炉管扩胀部分，随渗漏的严重程度不同，鼓胀程度也不同，渗漏严重的，其鼓胀得也愈严重。而且，紧靠锅筒外壁的地方都有一条非常明显的环形沟。

4）在现场还发现对锅炉的临时固定比较薄弱，在施工过程中，容易发生晃动。

5）对操作工人进行了解，得到的情况是：

a）因锅炉是早两年订货进场的，甲方对试胀板没有好好保管，其下落已不清楚；因为没有试胀板，所以没有进行试胀。胀管值，是根据施工过的同类型锅炉的胀管值选定的。

b）发现渗漏后，哪个胀口漏就补胀哪个胀口，规定一律补胀0.20mm；因为是用电动胀管器进行补胀，胀管值控制得不是很准确。

此外，对同一个漏口而言，补胀的次数愈多，累计补胀值也就愈大，其最终的胀管率，实际上已超出了规范的规定。

二、原因分析

（1）锅炉胀管是一项十分重要的工作，来不得半点马虎，此台锅炉胀管前没有经过试胀，采用的是同类型锅炉胀管的“经验”数据，没有针对性，因而不能肯定其胀管率的取值是合适的，这就导致了第一次进行水压试验时，有的胀口出现渗漏。

（2）在试水压时，有个别胀口出现渗汗、渗漏的现象也是正常的，问题是采用的补胀方法不合理。因为补胀的值较小，一般应该用手动控制胀管；用电动胀管时，应该有可靠的限位控制，否则容易失控超胀。

一个口补胀，如果超胀的话，对与之相邻的原来并不渗漏的胀口是有一定影响的，两胀管孔之间的鼻梁愈小，其影响愈大。在通常的情况下，一个胀口进行补胀后，应对相邻的四个口进行小胀值的补胀，即用胀管器稍微碾一遍，以消除因补胀对其严密性的细微影响。

此台锅炉的胀管没有这样做，所以出现了越补胀，渗漏口反而增多的反常现象，愈补愈糟。此台锅炉补胀了那么多次，出现94个胀口渗漏是不足为奇的了。又因为每次补胀0.20mm，所以补胀次数多的胀口，胀管率严重超标是理所当然的。炉管紧靠锅筒外壁的扩胀部分出现明显鼓胀和存在环形沟槽，是超胀造成的必然结果。

1）补胀的次数愈多，胀管管端的管壁，经过胀管器的多次碾压而有所减薄，并出现了“疲劳”，所以“变软了”，因而与锅炉孔壁的密封性能减弱，另一方面，胀管孔也出现了一定程度的塑性变形，这就引起管孔壁对管端的紧固力减弱，密封性能变差，这就是愈补胀，愈渗漏的主要原因。

2）临时固定不牢固，在施工过程中，因为人员和机械而引起的振动，使锅炉产生晃动，这是下锅筒的胀口比上锅筒的胀口渗漏较多的主要原因。

三、处理措施及事故带来的损失

（1）经社会监督部门、建设单位和施工单位共同商议，认为这是一起不按国家有关规程、规范办事的质量事故。因为，渗漏的胀口多达94个，而且有不少已经超胀，胀管端和胀管孔壁都有不同程度的塑性变形。已经补胀了多次，还是打不住水压，再补胀已经没有意义。再补胀，即使暂时能打住水压，其胀管质量也不一定能得到保障。因此决定拆除所有胀管，更换新管，重新进行对流管的胀管施工。

（2）因为炉管必须重新订货，加上重新进行施工的时间，总计耽误工期两个半月。由此引起的一切经济损失均由施工单位承担。

四、应该吸取的教训

（1）必须严格执行《蒸汽锅炉安全技术监察规程》和《锅炉安装工程施工及验收规范》GB 50273—2009 中的有关规定。

（2）施工单位应该制订切实可行的施工技术方案和具体的作业指导书。

（3）施工的每一个环节，尤其是对那些关键过程必须自始至终加强监控，有关责任人员应履行职责，不能脱离岗位。

（4）必须加强对质量人员的岗位培训，增强质量意识。

2.3 胀管失控 遗患长存

一、工程概述及发现问题的经过

某厂一台 SHL20t/h 的胀管锅炉，对流管为 $\phi 51\times 3$mm，施工单位在安装对流管时，采用的是用电动扳手驱动胀管器，控制管内径的胀管方法。电动扳手的电源开关，由在锅筒外观察管子扩胀程度和孔壁剥皮情况的有经验的人控制，当他“认为胀管结束”时，即切断电源，拔出胀管器，在锅筒内一般有两人，他们的职责是负责量取“胀完后的管子实例内径” d_1 的具体数据、控制管子伸入锅筒内的长度和操作胀管器。

各排对流管胀管时，他们全都“挂管”，即只胀到消除管子与管孔壁的间隙，然后再补胀到规定值。一般在第一次补胀后，欠胀若较少，就不再补胀了。因为《锅炉安装工程施工及检验规范》（GB 50273—2009）规定：“补胀次数不宜多于 2 次”。

当第七管排有一半左右的管子基本补胀到了规定值后，在进行第 7 排第 13 根管的胀管时，锅筒里边的人只管操持着胀管器，锅筒外的人只管对管子的扩胀程度和管孔板的剥皮情况进行观察。

胀了一会，锅筒内、外的人都在犯疑。

锅筒里的人心里在问，胀了这么大一会，怎么还不切断电源啦？

锅筒外面的人心里在问，胀了这么大一会，管子和管孔板怎么还看不出变形啦？

又一会，锅筒里的人终于忍不住大声的提出斥问“怎么还没有胀到！”在锅筒外的人，才把电源切断。

可把胀管器拔出后一量 d_1 的值，使他们大吃了一惊：d_1 的值竟然达 48.90mm！查得该胀管孔未胀时的直径 d_3 为 51.70mm，这意味着胀管端的管壁厚度仅 1.40mm 了，这显然不能满足安全要求的！

此外，对全台锅炉的胀管记录进行仔细检查，发现有一部分管子挂管后的第一次补胀欠胀的量比较多，进行了第二次补胀，其累计胀管率超过 2.8%共有 18 个管孔；超过了《锅炉安装工程施工及验收规范》GB 50273—2009 中“在同一台锅炉上的超胀管口数量不得大于胀管总数的 4%，且不得超过 15 个”的规定。

二、处理措施

(1) 第7排第13根管子，因管孔处的管壁只有1.40mm厚了，不能满足锅炉安全运行的要求，决定拆除更换新的炉管重新胀接。

(2) 虽然全台锅炉有18个胀管口的胀管率超标，但是按照《锅炉安装工程施工及验收规范》GB 50273—2009中有关规定进行水压试验，其结果是合格的。

所以只判定该台锅炉部分胀管为不合格。在日后的运行中，如因胀管质量引起的问题，一切后果由施工单位负责。

三、胀管率超标产生的原因

(1) 按照《锅炉安装工程施工及验收规范》GB 50273—2009的规定，控制管内径的胀管率计算公式为

$$H_{\mathrm{n}}=(d_1-d_2-\delta)\times100\%/d_3$$

式中 H_{n}——控制管内径的胀管率；

d_1——胀完后管子的实测内径，mm；

d_2——未胀时的管子实测内径，mm；

d_3——未胀时的管孔实测直径，mm；

δ——未胀时的管孔与管子实测外径之差。

这个公式本身存在一个操作上的问题：d_1是管子胀完后的内径，也就说在胀管的过程中，是不可即时度量的，只有在“认为胀管结束”、把胀管器从管膛里拔出后，才能量取出来。

这里的“认为胀管结束”，一方面牵涉到一个经验问题，另一方面牵涉到一个准确性的问题。

一个胀管工人，必须是以前曾经对这种管径、孔径、管材、孔板材、管壁厚、管孔壁厚和压力都相同的锅炉进行过胀管，才是有经验的。

这里所谓的经验主要的还是直接经验，即是把通过实践得到的一些表象加以总结，给下一次胀管提供一些可以借鉴的东西，如观察管子的扩胀程度，管板是否剥皮及剥皮的程度等等，否则，就不能算具备这方面的经验。

因为，你“认为胀管结束”的判断可能是不正确或不准确

的，即把胀管器拔出来，量取管子的内径，难以达到正好，一般情况下，不是大了就是小了，有时出入很大。

如果是小了还可以补胀到规定值，如果大了，胀管率就超胀了，没办法，只能承认既成事实。

综上所述，采用控制管内径的计算公式，用一种不能“全过程控制胀管率”的胀管器，来进行胀管施工，不可能真正做到：事先要求 d_1 的值是多少，就能够一次胀到多少。

在进行胀管施工时，一般都是把两边的基准管有意地只胀到一半，等其他管子全都胀完后，再把它补胀到规定值。有的单位在胀中间的管排时，采取所谓“挂管”的方法，即把一排管子先胀一定的值，把管子挂住，然后再进行补胀到规定值。这时因为每根管子都有一定量的扩胀，在补胀时，凭经验观察就得十分小心，否则就要出现麻烦！此台锅炉出现 18 个胀管口胀管率超标，就是这个问题。

（2）胀管的施工人员责任心不强，出现上述问题的一个直接原因是：在锅筒内的工人，把胀管器插在这一根管子里胀管；在锅筒外观察胀管变化的工人，观察的是另一根管子是否有了变化。所以未及时切断电动扳手的电源，胀管器在不停地扩胀，故发生了胀管率严重超标的问题。

四、应该吸取的教训

（1）施工单位应加强对胀管工人的业务培训和责任心的教育，并把胀管的各个环节程序化，避免出现不应有的损失。

（2）应该采用微机控制的胀管器或采用控制管外径的胀管工艺进行胀管。它们能够显示胀管全过程中，胀管率的变化，直观，不易超胀。

2.4 胀管应力增大　锅筒标高降低

一、工程概述及发现问题的经过

一部分胀管锅炉，上锅筒搁置在钢架的枕座上，用抱箍把锅筒与枕座相固定，下锅筒用胀接的对流管悬吊着，从其底部引出几根下降管。还有一部分锅炉的下锅筒搁置在钢架的枕座上，用抱箍把锅筒与枕座相固定，上锅筒用吊架吊在钢架上的。不管是哪种形式，在安装上、下锅筒时，都得作可靠的临时固定，以防扭转或发生位移。

某施工单位曾经安装过一台中压胀管锅炉，上、下锅筒壁厚都是46mm，它们中心轴的标高差为6.80m；上锅筒搁置在钢架的枕座上，用抱箍把其与枕座相固定；与其胀接的炉管为$\phi60\times3.5$mm。

在正式施工前，对上、下锅筒的标高和平面位置作了严格的测量控制，并对两个锅筒作了可靠的临时固定，然后用随锅炉带来的自进式胀管器进行胀接，同一根炉管的上、下两个胀口同时进行胀接施工。

按常规先胀两边的基准管排的一半胀管值，再把其他炉管一次胀到规定的胀管率。胀接了几十根锅炉管以后，发现炉管有变“弓”的现象，也就是说，胀管后的对流管不是直的，而是带有弧度的，很厉害、很扎眼。他们以为等全部对流管胀完后，拆除了下锅筒的临时固定就会恢复的，就按老办法一直把所有的管子胀完。

在进行水压试验之前，拆除了锅筒的临时固定，可是，他们期待的好情况并未出现，一种始料未及的问题却发生了：

1）对流管的弧状变形并没有消失，只是有所减缓。但依然很显眼，很难看。

2）下锅筒的标高比胀管开始时，降低了近6mm之多，因为下锅筒在就位找正时，按《锅炉安装工程施工及验收规范》GB 50273—2009规定：“锅筒的标高的允许偏差为±5mm”，操作的，标高误差已有－3mm。这样累计误差就是－9mm，显然大大超出了规范的要求！

3）对流管的外观不符合要求，各根管子变“弓”的弧度不一样，致使横不成排，竖不成行；锅筒的标高又不对，使施工单位很难堪。

据悉，其他安装单位也遇到过同样的问题，他们施工的类似的锅炉，其下锅筒搁置在钢架的枕座上，用抱箍把其与枕座固定，而上锅筒是悬吊在炉顶钢架上的，去掉临时固定后，上锅筒被抬高了，以至超出规范的允许范围。

二、造成事故的原因及处理措施

(1) 胀管锅炉的工作压力一般较低，所以锅筒壁也较薄，通常在 20mm 左右。

实施胀管时，胀管器的胀杆在管腔里不停地转动，不停地向里钻，管子就不断地扩胀，即管径在不断地扩大，相应的管壁就在不断地减薄；当管子的外径扩大到与锅筒上的管孔一般大时，管子的外径受到管孔壁的限制，不能再自由扩胀，而胀管器的胀杆还在向管腔里钻，胀珠在管子内壁上不断进行着碾压，像压面机一样把管壁上的金属碾薄，其中一部分金属则因碾压而发生蠕动，被蠕向紧贴锅筒外壁的地方，形成一圈小小的、突起的部分，使这个部位的管壁有一个从厚到薄、再由薄增厚的过程。与之相对应的管子长度也有小量的增长，一般胀接一个管口就有 1～1.50mm 左右的伸长。因管子的伸长值不太明显，所以一般情况下不引起人们的注意。

如果锅筒壁较厚，被蠕动的金属就多，所以管子的长度增加量也就较大。在这种情况下，因上、下锅筒已固定，管子的伸长量将迫使管子变“弓”，锅筒壁越厚，“弓”得越厉害。

这时，若下锅筒的标高，在找正时是取负偏差之下限，在两者的作用下，下锅筒的标高就必然超出规范规定。

本事例中的锅炉是中压锅炉，锅筒壁厚有 46mm，胀管时被碾压蠕动的金属比较多，所以管子的伸长量也就比较大一些。而上、下锅筒又作了可靠的临时固定，管子没法自由伸长，所以只能变“弓”，出现了较大的弧，致使对流管横不成排、竖不成行。下锅筒的标高也超过了规定的范围。

（2）一根对流管的上、下两个胀口是同时施胀的，所以被碾压而蠕动的金属都挤向两个锅筒之间的管段，使管子的伸长量以二倍的形式表露出来，所以管子就“弓”得特别厉害。

若同一根管子的上、下两个胀口，是先胀一个，再胀另一个的话，先胀的一个管口，因碾压而蠕动的金属，使管子伸长，因处于自由状态，不会迫使管子变“弓”，只有后胀的一个管口，因为伸长受到限制，才会迫使管子变“弓”，这样安排，可以把迫使管子变“弓”的量减少了一半。

（3）至此，可以说本事例中所表现的情况，其一是锅筒壁太厚造成的，其二是施工不当造成的。

因管子变“弓”，使上、下两个胀管口承受着很大的内应力，对其严密性和今后的运行是有不良影响的。

因锅炉总的施工质量是好的，水压试验又是一次合格，经锅炉压力容器监察部门、建设单位、锅炉制造单位、施工单位等共同决定：对此台锅炉的对流管不作返工，但判定该炉的对流管施工质量未达到规范要求，作为一个质量问题记入该锅炉的质量档案，作为日后的运行管理的重点考虑因素。

若因此发生问题，由施工单位无偿进行修理。

三、应吸取的教训

（1）对锅筒壁超厚的胀管施工，应根据实际情况，考虑各种不利的因素，作特殊的施工技术方案，不能想当然地按常规施工，以至带来不可弥补的损失。

（2）对锅筒壁超厚的胀管，锅炉制造厂应提供可靠的胀管器，最好是能避免因碾压使金属蠕动的量，不导致管子伸长。

如使用引拔式胀管器，把蠕动的金属引向两锅筒内的管端，这样两胀口就不会承受因施工产生的额外应力。或者把两锅筒的水平位置错开一定的距离，加大对流管的弯度，增加它吸收变形的能力，可以减少胀口承受的应力。或改用强度更高的钢材做锅筒，适当减薄壁厚，减少胀管时金属的蠕动量。

2.5　胀管宁左勿右　补胀顾此失彼

一、工程概述及发生问题的经过

某个持有中压锅炉安装许可证的单位，承担了一台 SHS35/1.57-Q 型锅炉的安装任务。该锅炉燃用天然气，为新开发的产品，第一次交付安装。

其上汽包为 ϕ1400×20mm；下汽包为 ϕ900×16mm；材质都是 20g 钢。对流管为 ϕ51×3mm、水冷壁管为 ϕ60×4mm，都是 20 号钢；炉膛四周水冷壁管，全采用膜式壁。对流管和前、后水冷壁管分别与上、下汽包相胀接；锅炉胀管孔间最小孔桥在下汽包，对 ϕ51×3mm 的胀管孔而言，孔桥最小的只有 21.20mm；对 ϕ60×4mm 的胀管孔而言，孔桥最小的只有 20.15mm。

按《蒸汽锅炉安全技术监察规程》（96 版）的要求，锅炉厂提供了与锅炉汽包材质、壁厚相同的两块试胀板和部分试胀用的管材；提供了带有三个胀珠和有两个翻边珠子的胀管器，但不带止推环。

该供热厂项目部的 A 队长，是个有锅炉安装经验的人。从一开始就规规矩矩，按安装工艺办事，所以一切都比较顺利。

但到胀管准备阶段，检测汽包孔时，发现汽包上的实际孔桥，比图示尺寸略小，因为误差的积累，致使有的胀管孔的中心位置，与锅炉的纵向中心线位置的相对偏移量有 1.20mm。

A 队长认为，尚在有关规定的下限边缘，不会有多大影响，要求班组按程序进行安装。

正式胀接对流管的流程是：先把对流管两边的基准管胀上，胀到规定胀值的一半，然后按往返顺序再胀其他管排，等其他管排全胀完以后，再将基准管补胀到应有的胀值。

对水冷壁管，则是采用先焊后胀的标准工艺进行胀管。

在胀管施工中，B 班长总觉得不那么顺手，不如以前施工过的锅炉，好进行施工。不管怎么困难，他还是率领着全班，兢兢业业，把胀管施工小心谨慎地干完了。并以忐忑不安的心情，企盼着锅炉整体水压试验的成功。

他们按正常的程序上水、排气、并缓慢升压，并安排人全程进行仔细检查。可是，当水压刚升到 0.4MPa 的时候，发现下汽包水冷壁的胀口，有个别的“含泪”，当水压升到 0.80MPa 时，上、下汽包水冷壁管的胀口，有少数口渗漏；对流管的胀口也有个别的“含泪”；当压力升到 1.20MPa 的时候，对流管和水冷壁的胀口加到一起，共有几十个泄漏点！

水压试验无法进行下去，他们将漏点记录下来以后，泄压、放水，及时对这些漏水的胀口进行了补胀，他们视漏水的严重情况，补胀量在 0.10mm 至 0.20mm 之间。

第二次上水、排气、并缓缓升压，谁料，这次比第一次水压试验还糟，当压力才升到 0.4MPa 的时候，不管是水冷壁的胀口还是对流管的胀口，都有了少量的渗漏，当压力升到 0.8MPa 的时候，就出现了大范围的泄漏，与第一次相比，漏口增加了，而且泄漏也严重得多！

要记录是哪一个胀口漏泄，已经没有实际意义。

这是 B 班长从来未遇到过的情况，这一丁点儿泄漏的水，竟把他浇了个透心凉。B 班长，一点也不敢声张，生怕被建设单位知道，难以交代。没有其他办法，只得横下一条心，赶快泄压、放水，进行全面补胀！

B 班长，此时显然乱了方寸，慌了手脚，悄然命令他的班员“多补胀一点，要不然，打不住水压；如果水压试验过不了关，锅炉交不出去，咋办”！

班组成员都意识到了问题的严重性，个个一脸严肃。只粗粗地测一下管子的内径，就进行补胀，人人闷着头，憋着劲，抱定“宁左勿右的思想”进行各自的工作，每一个胀口，不管它漏不漏，一律补胀 0.30mm 左右。

因为是用电动胀管机胀管，转动速度快，没有很好控制，实际补胀量都超过了 0.30mm！

他们希望下一次的水压试验能顺利通过。

补胀结束后，又重复上水、排气、缓缓升压的过程，这一次顺利越过了工作压力下的水压试验，大伙悬着的心放下了一半，但B班长还是不放心，他第一次冒险提出："先做一次超压试验，成功后，再去请监检部门的人，这样做，把握要大一些"。

这一决定，理所当然地得到了大伙的支持。值得庆幸的是，超压试验也居然过关了！

B班长和他的班员的脸上，露出了久违的笑容。

第二天，与锅炉水压试验有关的人员，都来到了工地。B班长和他的班员，像经过了彩排一样，坦然重复着昨天的各个过程，超压和工作压力下水压试验都一一过关；人们在相互祝贺。

就在这时，检验所的L工程师，看到下汽包的水冷壁管似乎有点异样，要求根据胀管记录，对管子进行抽查性测量，B班长几经推托未果以后，才无可奈何地同意了。

首先，B班长想自己测量，给L工程师报结果，谁料这位固执的L工程师，非要亲自动手不可。

结果，是不言而喻的：基本上是，测哪个管口，哪个管口的胀管率就超过了规范的要求！而且超过标准值不是一星半点！

一向友善的L工程师，这次可拉下脸来，当众宣布："锅炉胀管不合格！"并严令锅炉停止施工，等待有关方面研究后，再作出处理决定。

二、处理措施

（1）因为超胀的管子特别多，胀管率又特别大，管子的胀管端和胀管孔壁的塑性变形十分明显！考虑到换管后，因管板孔的紧固力下降，反而不一定能够打住水压，在无可选择的情况下，最终裁定：胀管质量不合格，锅炉降低压力使用，最大实际工作压力，不得超过1.0MPa！并认定这是一次严重的施工质量事故。

（2）今后运行中，加强监督检验，如因胀管质量引起问题，一切由施工单位负责。

（3）在施工单位承诺对该锅炉进行终身保修的前提下，建设单位同意作让步接收。

三、造成事故的原因

（1）这次事故的直接原因是施工班组，在水压不合格的情况下，进行了不恰当的补胀，采取了“宁左勿右”，“多补胀一点，要不然，打不住水压咋办”，的错误做法，致使补胀失控，胀管率超标。更深的原因，应该在胀管质量形成的过程中：

1）施工过程中存在问题，如管端的退火质量、管孔的打磨质量、胀管端与管孔的清洗、胀管顺序等，这些问题都不能小视，应该认真思考，认真总结。

2）这台锅炉按正常程序进行胀管施工，却打不住水压，补胀又补胀，致使胀管率超标。施工单位未能在正式胀管前与锅炉制造厂联系，指出锅炉存在的先天性不足，才出现由施工单位承担全部责任的被动局面。

（2）水冷壁管用 ϕ60×4mm 的管，组成膜式壁，它要与汽包胀接，在其结构上有不尽合理的地方：

1）膜式壁与汽包胀接前只有 500mm 左右的直管段，由现场焊接后再胀接，这给施工带来了难以克服的困难！胀管端与胀管孔间隙，有了不合适，靠胀管来找正，这是不合理的！这给胀管质量带来先天性的威胁。

2）ϕ60×4mm 的 20 号钢管，刚度很大，要在 500mm 左右长度范围内来进行调整，谈何容易！有了偏差或间隙不当，按正常的胀管率控制，是难以纠正的！

3）再就是胀接 ϕ60×4mm 的管子，管孔间的孔桥太小，施工单位为消灭水压时的漏口，种种努力中，最主要的是补胀，来回补胀两次，胀口间相互影响，使原本不漏或漏泄不严重的相邻管口漏水，只得再补胀，形成恶性循环，一步一步走向了超胀！

四、应该吸取的教训

（1）一台锅炉的质量，决定于设计、制造、安装的质量，各方面应该很好配合，互通信息，把各种存在的问题，尽可能解决好，至少不应该在下一台锅炉中再出现。

(2) 锅炉安装单位的技术人员，要提高自身的业务水平，把锅炉设计、制造方面的问题，发现、解决在锅炉的正式安装之前，而不是在事后来找原因。事后的原因找得再对，损失已造成，无可挽回，于人于己都十分不利。

2.6　影响锅炉胀管质量的几个因素

一、锅炉胀管概述及问题的提出

锅炉是承受内压的特种设备，它能否安全运行，直接关系到人们生命、财产的安全，国家对此用一整套严格的规程、规范和技术标准来进行管理，这些都是技术法规，任何人都必须遵守。只有这些法规得到了真正贯彻执行，锅炉质量才能得到可靠的保证。

工业锅炉的质量，一方面取决于设计、制造质量，另一方面取决于安装质量，设计、制造与安装的质量活动，虽然有一个十分明显的分界线，但是，从广义上讲，它们是上、下工序的关系，所以他们的质量活动是紧密相关的。

一则，上工序在保证自身质量的同时，还应给下工序留下方便，创造条件。

再则，下工序对上工序质量活动的成果，进行检查、验证。哪一个环节做得不到位或出现了不合格，应及时反馈信息，与有关方面寻求解决的办法，否则就有可能给锅炉的质量带来不良影响，甚至带来安全隐患。

但是，现实情况，却与上述基本要求，存在着差距，主要表现在以下两个方面：

其一：设计、制造、安装、使用的各环节之间，信息的收集、反馈渠道不畅通，有相互脱节之虞。

其二：因为锅炉制造在工厂进行，而安装在现场进行的，一个锅炉厂家的产品，往往要销售到全国乃至世界各地，由不同的单位进行安装，他们在安装中常常可能发现这样或那样的问题，因未很好收集整理，所以改进措施不力，使一些问题重复出现，甚至一些较严重的问题，也可能得不到及时的处理！

例如：工业锅炉的胀管，是锅炉制造、安装的一个关键过程，其质量的好坏，直接影响锅炉的质量和安全运行。

下面我们根据具体情况，对影响胀管质量方方面面的问题展开讨论，以求提高胀管锅炉的质量和安全使用寿命。

二、关于胀管工艺及胀管率的计算

众所周知，胀管施工时，胀管器的扩胀珠对管壁进行碾压，管壁减薄，使其产生塑性变形，管径不断扩大，当受到胀管孔的限制后，如继续扩胀，一方面胀管管壁对管孔壁进行挤压，使其产生弹、塑性变形，因而对管端产生强有力的紧固，使之密封，同时也起到防止管端被拉脱的作用。

此外，因管端的扩胀受阻，有一部分金属因扩胀珠的碾压，而产生蠕动，在紧贴锅筒外壁处"堆积"。

在这一过程中，胀管有三个方面的变化，一是胀管端的管内径扩大；二是胀管端的管壁减薄；三是紧贴锅筒外壁处的胀管管外径从减薄至增加的变化。

从三个不同的角度出发，对胀管程度就有三种胀管率的表示方法：

一为用胀管段管内径的变化率控制的，内径法胀管率；

二为用紧贴锅筒外壁处管外径的变化控制的，外径法胀管率；

三为用管孔壁处，胀管端的管壁厚度减薄率控制的胀管率。

国内目前较为流行的是用内径法和外径法控制胀管率，两者只是操作的方便程度和胀管率计算的繁易程度不同而已。

（1）关于胀管工艺和胀管率的计算问题，在20世纪的80年代以前，国内普遍采用内径法计算胀管率；因其采集的数据多，又不能全过程控制胀管，于是，围绕控制管外径胀管的应用问题，展开过较热烈讨论。

（2）当意见较一致以后，劳动人事部专题发了"劳人锅局

83［26］文”，对控制管外径的胀管工艺进行推荐，并鼓励推广应用。

（3）1989年9月在对原《机械设备安装工程施工及验收规范》TJ 231-(六)-78进行修订时，把工业锅炉安装工程从中分离出来，另行编成《工业锅炉安装工程施工及验收规范》JBJ 27—96，将控制管外径胀管列为正式条文，1996年正式颁布实行。

（4）1998年又把该标准等同转换为强制性国家标准：《工业锅炉安装工程施工及验收规范》GB 50273—98。

（5）2009年“98规范”修订后，改名为《锅炉安装工程施工及验收规范》GB 50273—2009，控制管外径胀管仍是正式条文。

因此，控制管内径胀管和控制外径胀管工艺和两个胀管率的计算公式并列，各单位可根据自己的情况，选用不同的胀管工具、量具、胀管工艺和胀管率计算公式。

三、关于胀管器

（1）国内目前，安装锅炉使用的胀管器，基本分为两大类，一是带止推装置的胀管器，它可控制喇叭口的扳边起点，满足“2009规范”4.2.6的规定：“管口应扳边，扳边的起点宜与锅筒表面齐平”；另一类是不带止推装置的，它不能很好地控制喇叭口的扳边的起点；换句话说，它不能真正满足“2009规范”中第4.2.6条的规定。

（2）在工业锅炉的安装中，发现一般锅炉厂随锅炉所带的胀管器，基本上都是那种不带止推装置的胀管器。用它来胀管，喇叭口的扳边起点，不能得到有效控制，常出现非浅即深的后果，亦即不能与锅筒内壁齐平！

为什么会形成这种局面呢？

散装锅炉胀管，不是由锅炉制造厂来实施的，他们对用哪种胀管器更能确保胀管质量，不如安装单位那么的关心，所以未十分深入研究胀管器对现场胀管质量的影响。

胀管有了质量问题，是施工单位的事，由施工单位去解决，与他们关系不那么密切。他们只要随锅炉供应了规格相同的胀管器就可以了。殊不知有时正是由于锅炉厂家提供的胀管器，不能满足施工工艺要求，造成了胀管质量问题。

1）胀管喇叭口的扳边起点，如果露在锅筒内侧，势必使扩胀珠还有一段未能深入到锅筒壁里，严重时，可能使锅筒壁外侧胀得不严，为胀管质量留下隐患。

2）喇叭口的扳边起点，如果深入到了锅筒壁以内，喇叭口势必使胀管孔壁在锅筒壁的内侧，产生较大的塑性变形，在管孔内侧的边沿形成一个小圆角，当胀管器退出时，因为回弹，而出现微小的间隙。

在日后的运行中，此处的炉水不能流动、不循环，长期处在一种温度高、含盐量不断增高的环境中，为苛性腐蚀提供了条件!

实际上，这是胀管质量不佳留下的一个隐患。

在以前，扳边起点深入锅筒内壁 1～2mm，曾得到《低压水管锅炉胀管施工规程》（GJG 17—65）、（JBJ 6—65）的认可，后因存在上述弊病，而被取消，改为“宜与锅筒表面齐平”。

3）采用带止推装置的胀管器，当扳边珠的扳边起点与锅筒内壁齐平时，止推装置就顶住了锅筒内壁，此时，即使胀管率还没有达到规定值，还需要继续扩胀，也只有扩胀珠，随胀杆而转动，胀管器而不往里钻，所以，扳边起点不会出现非深即浅的状态。

这是应该推广的装置，在《低压水管锅炉胀管施工规程》GJC 17—65、JBJ 6—65 的第 54 条中就已提到，理应得到胀管器制造厂家的积极响应。

（3）锅炉厂提供的胀管器，现在绝大部分还是那种三个扩胀珠的胀管器。若扳边珠是两个，扩胀珠与扳边珠就是错列式排列。若扳边珠也为三个，那么扩胀珠与扳边珠就为串联式排列，即两者的轴线在同一个平面内。

扩胀珠的长度、锥度，扳边珠的锥度和布置角度等，对胀管质量都有很大影响。

1）用三个扩胀珠的胀管器，这与“98规范”第4.2.8条之七的规定：“胀管器滚柱数量不宜少于4只”不相吻合。

在“98规范”中讲的滚柱，正确的理解应该是指扩胀珠，而不是扩胀珠与扳边珠的总称。

因为在胀接过程中，三只扩胀珠把本来为圆形的管膛，扩胀成为一个“秃圆角的三角形”，并不断地变换着方位，随着管口弹性减少，塑性的增大，这个“秃圆角的三角形”，有一个逐渐接近为圆形的过程。

根据《工业锅炉胀接技术条件》（ZBJ 98001—87）编制说明提供的资料，用三只扩胀珠的胀管器胀接后的管口，与用四只扩胀珠的胀管器胀接后的胀口相比：

其一，胀口的不圆度：用三只扩胀珠胀接的胀口在0～0.7mm间波动，而用四只扩胀珠胀接的胀口只在0～0.2mm间波动；

其二，单个胀口的紧固力：用四只扩胀珠胀接的胀口要比用三只扩胀珠胀接的胀口提高200N左右，而且应力也分布均匀一些，因此，胀管端外壁与胀管孔壁结合的严密性，更好一些。

要求用四个扩胀珠的胀管器，是一项提高胀管质量的措施，有关制造厂家，应努力去满足“98规范”的这个要求。

2）早期，西方工业国家的胀管锅炉，胀管管端是不扳边的，也就没有那个喇叭口，因为在锅炉的运行中，曾发生过胀管端被拉脱的事故，所以才规定扳边，并相应规定了管端伸出管口的长度和扳边的角度，此后各国都相继仿效。

A.《锅炉安装工程施工及验收规范》GB 50273—2009规定：管端伸出长度为：$a=9\pm2$mm或$a=10\pm2$mm；扳边的角度为12°～15°。

胀管器就是以此为依据而设计的，扩胀珠的有效工作长度L被规定为胀管孔板厚度$b+2a$，此外，扩胀珠还有一段15～

22mm 长的过渡部分，但不起胀管作用。

B. 实际上，不同压力的工业锅炉，所用的锅筒壁厚度是不同的，即使是相同压力的锅炉，若锅筒壁选用不同材料的话，其厚度也是不同的，而胀接管的管径却可能是相同的。

这就要求胀接同一管径管子的胀管器，必须根据锅筒的壁厚配备不同长度的扩胀珠。事实上，随锅炉供应的胀管器，胀珠的长度有时并不能满足这一要求！

扩胀珠如果短了一点，对控制管外径胀管的影响比较大。因为胀珠长度不同，被它碾压的金属，蠕动量也不同，所以，紧贴锅筒外壁处的胀管外径也不同。

故采用控制外径胀管工艺，应采用符合要求的胀管工具、量具。

3）用那种串联式的胀管器胀管，当扩胀珠全深入胀管端的管膛，扳边珠将要进入管膛时，扳边珠的底部往往会抵住管子的端面。出现这种情况，需要停下来，帮助扳边珠进入管膛扳边。

这种胀管器存在明显的不足之处，但实际上，这种胀管器还在随锅炉一起进入市场。

4）胀管过程，是一个使胀管孔和胀管管端产生弹、塑性变形的过程，用胀管孔孔壁对胀管端外壁的箍紧力，使其接触面紧紧结合的密封过程。

在胀管前，胀管孔与胀接管的外皮间，有一定的间隙，胀管开始后，随着胀杆的转动，扩胀珠迫使管子内径胀大，而管壁减薄。当管外皮接触到管孔壁时，管端的扩胀受阻，而胀杆还在带动胀管器不断地向管膛里钻，这时的胀珠，一边对管孔壁产生巨大的挤压力，一边对管壁进行碾压，有如压面一般，使一部分金属向锅筒外蠕动，这就使管长有少量的增加。

在自由状态下，若孔板壁厚为 20mm 左右的胀口，控制胀管率 $H=1.8\%$左右，在胀完后，管子会伸长 0.8mm 左右。在两端固定的情况下胀接管子，胀口密封面承受因管子伸长，而产生的轴向应力，这个力很大，它对胀口的严密性带来不利的影响，将在四、(4) 关于管子伸长问题中进行讨论。

所以应在锅炉的设计、制造过程中，采取有效措施，消除或减少这种不利的影响。但没有直接参加过胀管施工的人，难以体会到，往往容易忽视它对胀接质量的影响。

5) 胀管器是由一个动力装置来带动的。一般称之为电动扳手。《工业锅炉胀接技术条件》JBT 9619—1999 第 3.8 条规定，其“转速一般不应超过 60r/min”，所以市场供应的电动扳手的转速，不尽一致，有的在 50r/min 以上，有的在 30r/min 转以下。

一般而言，电动扳手的转速快，单位时间内因胀管产生的热量大，管端温度高，而管口的刚度较小，胀管端因很快地发热和冷却，其与管孔壁结合的严密性较差一些。

而转速低一些时，单位时间的发热量小，管端温度低，而管口刚度则比前者大，所以胀接时，胀管孔壁与胀管端的结合力要大，也就更加严密一些。

我们认为其转速在 35r/min 左右为宜。

6) 根据现行《工业锅炉胀接技术条件》JBT 9619—1999 的 3.2 条，仅只规定了：“胀杆的锥度应在 1/20～1/40 之间，滚珠的锥度应在 1/40～1/80 之间”。

如果接着明确指出“扩胀珠的圆锥度必须为胀杆圆锥度的一半”就好了。

因为根据胀管的工艺要求，只有“扩胀珠的圆锥度为胀杆圆锥度的一半”，才能保证扩胀珠的外沿与胀杆中心线和胀管口孔壁平行，进而确保胀管管壁与胀管孔孔壁的紧密结合。

若这个锥度不合适，则影响胀管质量：轻则，密封面的应力分布不均匀，重则，打不住水压。

尤其是扩胀珠的锥度比规定值大时，胀接后管孔会出现内小而外大的毛病，在严密性试验中，胀口渗漏在所难免。曾有过胀管器胀杆与扩胀珠锥度不相对应，而影响胀接质量的事例！

所以，只有锅炉厂家提供了检验合格的胀管器，胀管质量才有可能得到保证。

7）以上诸多问题的根源，还是制造与安装脱节。人们往往没有把两者看成是上、下工序的关系，没有把锅炉的整体质量，看成是过程质量的总和，前、后工序只各顾各，并未尽量给下工序提供方便，创造必要条件。

8）综上所述，锅炉的安全技术监察规程、规范、锅炉制造标准、工业锅炉胀管技术条件等指导性法规、文件，必须全面、准确理解，并不折不扣地执行。毫无疑问，锅炉的过程质量，是保证锅炉的整体质量的前提，而不能各顾各，不管其他。

四、关于胀管时，管子的伸长问题

（1）锅炉运行时，受热面的管子有热伸长，设计、制造都作了较周到的考虑，尽量不让它受阻。若产生了较大温度应力，对承压部件会留下隐患，所以，在各伸长方向，要布置膨胀指示器，对热位移进行监视，这无疑是十分必要的，也是十分正确的。

但是对胀管产生的管道伸长和因之产生的应力，却没有那么重视；也许是未亲历胀管，没有切身体会的缘故。

（2）下面我们对胀管引起的管段伸长，所产生的应力作一个简略的分析。

一段直管，让其伸长或压缩，对其应施加一定的力，这是常识。胀管时，因金属的蠕动，管段略有伸长，若孔板壁厚为20mm左右的胀口，控制胀管率$H=1.8\%$左右，在胀管结束后，管段一般要伸长0.8mm左右，管子两端两个管口同时施胀，则要伸长1.6mm左右。

若对这管子两端固定再胀接，管子伸长所产生的力，则由两固定点承受。对锅炉对流管的胀管而言，则是由上、下锅筒的胀接密封面来承受的。这个力若超出了一定的限度，胀口的胀接密封就会被破坏，故必须引起高度重视。

所以搞锅炉设计、制造、安装的人，必须知道这个力，了解它、掌握它，避免它带来的不利影响。

（3）工业锅炉上、下锅筒间的对流管很多。现以某厂生产的一台 SHS35/1.57 的锅炉为例，它的对流管有 16 排，每排有 31 根管子，共有 496 根对流管，管长一般为 6000～7600mm 左右。

胀管施工时，因为上、下锅筒已经固定，所以管子不可能自由伸长，胀接所引起的伸长，若对流管不能利用它自身弯度，来吸收一部分的话，那么所产生的应力，必然由胀管的密封面来承受。在它们之中，以靠近上锅筒底部与下锅筒顶部的两排对流管所承受的力最大，因为它自身的弯度最小。有的锅炉，上、下锅筒的轴线基本重合，所以这两排管子，基本上是直的！

一台锅炉 496 根胀管，除最后胀接的一根以外，先胀的每一个管口的胀接密封面，还要承受其后胀接的管子伸长所产生的应力。

每胀接一个管口，管子会伸长 0.8mm 左右，管子一根根地胀接，先胀接的胀口，所承受的应力，就在一点点地递增，胀到最后，往往发现管子“弓”了起来，由此可以想像，其胀接管口承受了多大的应力！

事实上，当一台锅炉的对流管，全部胀接完，在水压试验前，拆除上、下锅筒的临时固定后，再进行测量，可发现下锅筒的标高有所降低，一般有 3～5mm 左右。

这么多的管子，截面积总和有那么大，还要伸长 3～5mm，其承受的应力，对胀接密封面的不良影响，是绝不可低估的，是应该在锅炉的设计、制造时作通盘考虑的。

（4）现在我们对胀管的伸长，所产生的应力作一个粗略的计算：

沿用上面的例子，碳素钢对流管的长度取 $L=7000$mm，管子为 $\phi51\times3$mm，其有效截面积 $A=4.5216\text{cm}^2$（0.00045216m^2）；在上、下锅筒固定的情况下，两个胀口同时施胀，伸长量 $\Delta L=1.6$mm；查得碳钢的弹性模量 $E=2\times10^5$MPa（$2\times10^6\text{kg/cm}^2$）。

求管子伸长所产生的力 F。

根据虎克定律：$\sigma=\varepsilon E$

$$\varepsilon=\Delta L/L=1.6/7000$$

$\therefore \sigma=\varepsilon E=E\Delta L/L=2\times10^5\times1.6/7000=45.7142\text{MPa}$ (457.14kg/cm^2)

单根管子伸长，产生的力 F：

$F=\sigma A=45.714\times10^6\times0.00045216=20670\text{N}$（约 2067kg）

如上所述，锅炉在胀管后，拆除临时固定，下锅筒标高一般要下降 3～5mm，这就意味着所有对流管都伸长了或是引起了弹性变形。

假定，我们主要考察中间两排 2×31 根较直的对流管承受了拉伸力，（其他有不同弯度的对流管，产生的弹性力，对胀接密封面的影响暂不考虑的话），不妨取伸长量为 $\Delta L=4\text{mm}$，按以上公式来计算一下这个力的大小：

其中：$\varepsilon=\Delta L/L=4/7000$

$\therefore \sigma=\varepsilon E=E\Delta L/L=2\times10^9\times4/7000=1.143\times10^2\text{MPa}$

单根管子承受的力 F：

$F=\sigma A=1.143\times10^2\times10^6\times0.00045216=51682\text{N}$(约5168.2kg)

那么两排直对流管所承受的力应为$\sum F$：

$$\sum F=51682\times2\times31=3204284\text{N}\quad(\text{约}320428.4\text{kg})$$

320.4t 呀！这么大的力，在拆除临时固定前，要靠胀管端的两密封面来承受，实在太大了！这正是锅炉水压试验时，中间管排的胀口漏水居多的真正原因。

所以，必须想办法增大管子自身的弯度，让其来吸取管子的伸长，以减少胀口密封面承受胀管施工的外加应力。

施工单位也应采取必要的施工措施，尽量减少这种应力的产生。如同一根管子的上、下两个胀口不同时进行胀接、不同管子考虑合适的胀管顺序等等。

（5）由上述分析可知，凡需胀接对流管的锅炉，其上、下锅筒的轴线，最好不布置在同一个铅垂面内，让它们前后错开一定距离，使每一根对流管，都有一个合适的弯度，足以吸收胀管施工时的伸长量。这样每一个胀接密封面，所承受的胀管施工的外加应力，就只有管子所产生的弹性应力了，比直管胀接时伸长所产生的应力要小得多，这对锅炉的整体质量是有利的。

五、关于锅筒壁厚、孔桥与试胀板的问题

（1）锅筒的壁厚是根据其工作压力，设计时经强度计算确定的；不同压力的锅炉，锅筒壁厚是不同的，同一压力的锅炉，因选用的材料不同，壁厚也不同。

但它们却可能选用同一管径的管子作为对流管，所以在其上的胀管孔是一样大的，按《蒸汽锅炉安全技术监察规程》（96版）和“2009规范”，对其进行胀管和计算胀管率是没有什么区别的。

有关胀管的技术标准、规范的胀管率计算公式，在数学模式上未对锅筒壁厚不同作区别考虑。对同一规格的管子胀管，显然是锅筒壁厚的，对胀管的严密性更有利些。锅筒的理论计算壁厚加上附加壁厚，是锅筒的最小需要壁厚，它往往比实际选用的壁厚还要薄许多。

如从胀管的角度考虑，当然希望实际选用壁厚大一些，对其密封更有利。

但壁厚超过一定的范围，胀管的伸长量大，如处理不好，胀口的密封面所承受的附加应力也增大，它对密封不利。

锅筒壁厚，到底多少最有利，应根据具体问题，作技术比较而确定。

（2）胀管管孔的节距，决定了孔桥的大小，它也是设计时由强度计算确定的，似乎为胀管施工对孔桥的工艺要求，未作充分考虑。

尤其是压力偏低的锅炉，孔桥完全满足运行安全的强度要求，但不一定满足胀管的工艺要求。在胀管时发现，胀好这一根管子以后，与其相邻的、尚未胀管的管孔被“挤扁”了，一般在0.05～0.1mm左右！而与其相邻、已经胀接好的管口，则有所“松动”！如果有某个胀管口渗漏，需要补胀，补胀后再次水压试验时却发现：补胀的管口不漏了，与之相邻的、原来未漏水的管口反而漏水了！

在这里，锅筒壁“较薄”，孔桥偏小，是一个十分重要的原因。

《蒸汽锅炉安全技术监察规程》(96 版) 第 124 条规定：“胀接管子的锅筒和管板的厚度应不小于 12mm。胀接管孔间的距离不应小于 19mm”。

这是说不满足上述锅筒厚度和孔距的要求，哪个级别的锅炉都是违规的；而不是说满足上述锅筒厚度和孔距的要求，就能满足各个压力级别锅炉的制造、安装、使用全过程的工艺要求和安全要求！

这就是说在锅炉设计时，必须充分考虑到安装工艺的要求！

在一般情况下，胀管孔的孔桥，是锅筒圆周方向的比锅筒轴向的要小一些，轴向孔距大、管子稀，有利于增大烟气的流通截面。对燃用固体燃料的锅炉，为减少烟气对管子的冲刷、磨损，常把管子的横排竖行一根根对正，有如方阵。

对燃用气体燃料的锅炉而言，如果孔桥相对于胀管的工艺要求“偏小”的话，完全可以把前、后两排相邻的管子，沿锅筒轴向移动半个管孔节距，作梅花点阵式布置，锅筒圆周方向的孔桥就增大了许多，对胀管施工有利，对提高胀管质量有利。与此同时它还可以加大烟气的扰动，增强热交换的效果，一举两得！锅炉制造厂家，何乐而不为呢？

(3)《蒸汽锅炉安全技术监察规程》(96 版) 和“2009 规范”都提出正式胀管之前，必须进行试胀，并规定“在现场进行胀接的锅炉出厂时，锅炉制造单位应提供适量同钢号的胀接试件 (胀接试板应有管孔)”，“确定合理的胀管率”，指导施工。

在这里应理解为：与锅筒同钢号、同壁厚、同管孔、同孔桥、同工艺条件处理的胀接试件。

而锅炉厂家提供的试胀板，往往只有一块，未分上、下锅筒的不同壁厚，一般只取其中之一。管孔虽然也分对流管与水壁管的不同规格，而未按锅筒的管孔节距加工。有的锅筒是经过热处理的，而试胀板却未进行热处理……

凡此种种，对锅炉制造厂而言，仅是举手之劳，若不真正落实，则使试胀工作，不具有指导胀管施工的意义，给控制和提高胀接质量带来不必要的麻烦。

六、关于膜式壁管与锅筒胀接的问题

（1）近年燃气锅炉逐渐增多，所以，工业锅炉采用膜式壁的也增多了，这就出现膜式壁水冷壁管子与锅筒胀接的问题。

膜式壁整体与锅筒胀接是不大可能的，所以安排了一段光管，与膜式壁管焊接后，再与锅筒胀接，不太协调的问题往往发生在这个部位。

（2）根据《锅炉锅筒技术条件》JB/T 1609—93 及“09 规范”规定的对接管口的错边量，允许误差为管壁厚的10%，最大不超过1mm，胀接计算胀管率时，对管子的扩胀量，却是以0.1mm 计算的，这两者之间的误差，显然是难相匹配的。“09 规范”第 4.3.9 条规定：有胀接、焊接混合施工的，“应先焊，后胀接”。

所以，胀管时，要用小级别的误差，去调整已经产生了的大级别的误差，这是不协调的。

一个合理的要求是，锅炉制造厂膜式壁管子的轴线误差，一定要与锅筒的管孔中心距误差，一一对应，在一个适当的范围之内，给胀管施工留以调整的空间，这有利于保障胀管施工的质量。

（3）如果锅筒胀管孔的定位尺寸、膜式壁管轴中心距、光管与膜式壁的对接焊口的错边量的误差，都为较大值时，胀接光管段，插入胀管孔时，不是偏斜，就是蹩劲！若光管段的长度较小时，要将已产生的误差调整过来几乎是不可能的！

以上存在的问题，正是膜式水冷壁与锅筒胀接时，胀管质量难以得到保证，水压试验难以通过的一个主要原因。这是各种制造误差的积累和焊接光管段不够长造成的。

若光管段能长一些，管子有了较大的柔度，在现场才有调整已有误差的可能。

七、关于锅炉的整体质量问题

（1）锅炉的满负荷试运行，本来是对锅炉的设计、制造、安装质量的全面检验或者说是对锅炉质量的最终检验、试验；如果没有顺利通过，应作具体分析，这是什么原因造成的。

而现实生活中，其责任往往落在安装单位的身上，这是不太公平的！因为有些问题，是设计、制造带来的，现场安装时，无法解决。如上所述胀管器的问题、上下锅筒的相对位置问题、对流管的弯度问题、膜式壁焊接光管长度的问题等等。

（2）锅炉能否及时交工验收，对安装单位是至关重要的，而对锅炉的设计、制造单位，基本没有太大利害关系，是导致锅炉设计、制造单位对锅炉安装时，可能出现的问题，考虑不细致、不周到的一个重要原因。

八、结束语

我们对影响散装工业锅炉胀接质量的上述因素，进行分析后认为，锅炉质量的好坏，是设计、制造、安装质量活动的结晶，相互之间必须有机结合，才能生产出优质锅炉。

在中间检验、试验，最终检验、试验中发现的问题，应引起锅炉质量形成全过程，各有关方面的重视，统一协调解决。

这是我们的出发点，也是我们希望达到的目的。

2.7 锅筒为何被抬高了

一、工程概况及发现问题的经过

某地一台蒸发量为 35t/h、额定工作压力为 3.82MPa 的蒸汽锅炉，其水冷壁上部与锅筒焊接，下部有联箱。水冷壁的耳板，有一个长孔滑槽，挂钩的一端从此孔的中下方穿过，另一端则嵌砌在炉墙上，以此作为限位装置。锅炉本体图上标出的纵向膨胀方向全是向下。

一切安装工作进展很顺利，在烘炉前，参加烘炉作业的人员经过仔细检查，确认一切准备就绪，膨胀指示器的指针已经调整到坐标原点（归零），膨胀指示板和指针安装牢固，且有足够的刚度，记录人员将这些情况一一记录在册。按原先制定的程序进行烘炉，点火后，炉温等重要参数，按照烘、煮炉曲线进行控制，值班人员正常巡视，并定时做出记录。

在烘炉期间和煮炉前几个小时似乎很正常，锅筒、联箱等在水平方向的膨胀，有明确指示，水冷壁的纵向膨胀也已开始启动。过了几个小时，水平方向的膨胀还在沿原来的方向继续，而水冷壁下联箱在铅垂方向，不再有位移，而锅筒的膨胀指示，却开始向上发展，随着时间的推移，在不断地增加，锅筒居然被抬起来了！

这是一种反常的现象，立即引起了人们的关注。又过了几小时，这种上抬的趋势，并未减弱。

因为锅炉是受热、承压的设备，其膨胀正常与否，直接关系到它的安全运行。现场指挥人员只好下令熄火停炉，待检查后分析原因。

冷炉后的检查结果是：锅炉的膨胀指示器又全部回归坐标零位，在炉膛里发现水冷壁的挂钩全已松动，其松动的痕迹显示，拉坏时的用力方向全是向下的，除上述情况外，没有发现其他的迹象，似乎是施工不当引起的。若是施工不当造成的，那么锅筒是怎样被抬起来的呢？

据说类似的问题，在其他地方也同样发生过。

二、发生问题的原因

为了弄清事情的真相，组织人员进行了实测实量，基本符合图纸的要求。既然是按图纸施工的，就可以排除施工的原因。难道问题出在图纸上呢？制造厂的设计人员来了以后，又重新进行实测实量，得出了同样的结论。

经过一番探讨后，意见得到了统一。锅炉的砌筑图纸曾经修改过，把水冷壁挂钩埋件的标高提高了，而与之相对应的水冷壁上的挂钩耳板并未作修改，使挂钩冷态时，在滑槽内的位置靠上。

所以在点炉的前期，水冷壁向下膨胀，这时，它的膨胀指示器动作是正确的，其下联箱有向下的膨胀指示。锅筒的膨胀指示器，没有铅垂方向的膨胀指示，也就是说，锅筒还没有被抬高。

过了一段时间后，挂钩顶住了滑槽的上沿，而受热面的继续膨胀，向下膨胀受阻，只能向上发展，就出现了两个现象：

其一是，水冷壁下联箱的膨胀指示器的指针不动，受热面管子在继续膨胀，从而使锅筒的膨胀指示器，出现反方向指示的情况。还因下降管管径大，弯度小，向上产生位移，它们的共同作用，就把锅筒顶起，抬离枕座而悬空。

其二是，因为水冷壁的挂钩有一端砌在炉墙里，在挂钩顶住滑槽上沿后，因膨胀产生的巨大作用力，压在挂钩上，把挂钩压得全松动了，从而起不到拉住水冷壁的作用。

三、处理措施

制造厂的设计人员重新校核，出修改核定单，把挂钩砌埋点的标高降下来。施工单位按新的图纸进行施工。再次投入运行后，效果较好。

四、应吸取的教训

(1) 因发现及时，直接损失不大，但问题的性质比较严重，如未及时发现，将埋下一个很大的安全隐患，这才是最危险的事。

(2) 施工单位在施工前进行图纸审核时，应有深度，尽可能把问题发现在施工之前。

(3) 在施工过程中，未能发现挂钩靠滑槽上沿的严重性，说明必须提高施工人员的素质，以增强预防事故的主动性。

(4) 锅炉制造厂内部，应加强各个质量环节的控制，传递各种质量信息，确保产品真正达到安全运行的要求。

2.8 仪表残缺不全 爆管事出有因

一、工程概况发生问题的经过

某盐业集团公司的热力厂，有两台蒸发量为 35t/h，额定蒸汽压力为 1.57MPa 的链条炉，已经运行多年，必须进行大修。因资金问题，只能先修一台，再修另一台。第一台锅炉的大修合同，已与安装修理单位签订。

大修工程内容包括：

1）更换炉排的部分鳞片；

2）拆除炉墙重新砌筑；

3）拆除所有对流管和水冷壁，并安装新的对流管和水冷壁管；

4）负责烘炉、煮炉至合格；

5）在满负荷试车连续 72h 运行期间，负责维护与抢修。

所有需要更换、修理的组件、部件、零件一律由建设单位供应，锅炉运行由建设单位的司炉人员进行操作。

施工单位按照合同要求，对所承担的工程编制了施工技术方案，施工较顺利。

因甲、乙双方的关系处理得比较好，在满负荷试车连续 72h 运行前，施工单位向建设单位工程负责人提出忠告，建议他们严格按启动规程的要求，把所有的仪表配齐后再运行，启动前也应搞一个试运行方案，以便协同双方的行动。

得到的是十分自信的回答：我们搞运行有经验，大修前炉子是那个样子，我们都能安全操作，现在炉子修好了，进行 72h 试运行就更没有问题了。

一方面是出于对建设单位的尊重与信任，另一方面也认为那不是工程合同之内的事，就没再坚持自己的意见。

在给水流量计不能正常工作、控制室仪表盘上没有蒸汽压力显示的情况下开始了锅炉连续 72h 满负荷试运行，由建设单位的司值人员各岗值勤，安装单位负责维护和抢修。

因操作工人对这个炉子的运行已经熟练，凭他们的经验，很快就把炉子烧得稳定了。他们一边值班，一边还直夸安装质量好，炉子好烧，一点也不费劲。

也许是炉子好烧，值班人员麻痹起来了。当 72h 进行到第

53h 的时候，炉膛里突然“乓”的一声大响，并发出尖锐的“嗞嗞”声，被惊醒的值班人员发现炉膛温度、排烟温度和蒸汽流量都急剧下降。他们知道出了“爆管事故”，采取紧急停炉措施。

随后报告了当地锅炉压力容器监察部门。

由锅炉安全监察部门、建设单位、安装单位几方人员组成的联合调查组，在事故的调查中找到了原因。

二、造成事故的原因

(1) 给水流量计已损坏多时，仪表盘上没有压力显示等问题，反映过多次，皆因“经济上的原因”未能解决，司炉工们一直依据蒸汽流量，来判断给水流量，依据炉前的压力表来监视锅炉压力，这次大修既没有更新该流量计，也没有完善压力变送装置和压力显示仪表。

(2) 最不可思议的是，发生爆管前的一瞬间，控制室内的司值人员正在打盹，其他人员也未进行巡视，大都守在控制室内闲聊，对锅炉的运行参数并未进行监控。

(3) 施工单位的维护人员也不在现场，谈不上有什么监护。

不管是建设单位还是施工单位的人员，对锅炉的运行状态一无所知，锅炉完全在一种失控的状态下运行；因为出了事故，双方都在推卸，以期减轻自己的责任。

(4) 对炉膛里观察、测量发现，左水冷壁有一根管子的中部被撕爆了一个长 200mm 的大口子，在裂口的上下两端有 100mm 左右长的地方，有明显的鼓胀，经切刮后测量，管壁厚度只有 1.0mm 左右。四周共有 42 根水冷壁管发生了不同程度的变形，主要是弯曲，其中一根最大的弯曲量为向炉内弓起 120mm 左右。

(5) 水冷壁管的上部都呈暗红色，为明显的缺水过烧特征。

综上所述，此次事故是因为不遵守蒸汽锅炉安全技术监察规程和锅炉运行规程酿成的，在有关监视仪表不完备的情况下启动锅炉，加上值班人员玩忽职守，是此次事故的直接原因。

三、对此次事故的处理

（1）责令该热力厂限期进行整改，立即配置齐全所有的仪器、仪表，不达标不准投入使用。

（2）对爆裂的水冷壁管和弓弯变形在60mm以上的水冷管刮除，换上新管，并对每道焊口进行射线探伤，要求达到Ⅱ级焊缝的标准。

（3）重新进行水压试验检验，直至合格。

（4）对此次事故和责任人进行通报批评。

四、应吸取的教训

（1）对锅炉安全运行的规程、规范，是真执行，还是假执行，必须提到法律的高度来认识，应加强这方面的学习；严格按规章、按程序办事，在原则问题上不能迁就，不能马虎。

（2）在安全问题上不能有半点的松懈和侥幸。有关方面应加大对在役锅炉安全运行方面的监察、管理力度，不能搞睁一只眼，闭一只眼。

2.9　点炉前不开引风　刚着火引起燃爆

一、工程概况及发生问题的经过

某经济技术开发区的自备电厂，新安装3台蒸发量为75t/h、额定蒸汽压力为5.3MPa的循环流化床锅炉，3台锅炉采用流水作业安装，第一台先期进行烘炉、煮炉。

循环流化床锅炉是一种环保节能型锅炉，它燃用的煤种很杂，但是它的炉膛温度要求控制比较严，一般在900～950℃左右，否则容易引起结焦、熄火或发生其他的问题。

第一台锅炉的烘炉、煮炉工作，全是由施工单位负责操作的，在煮炉的第二天，因炉膛结焦比较严重，担心熄火，他们用长钢钎把结焦捅碎以后，并加了一层煤，企图调整好燃烧，可是没收到应有的效果，煤层反而把炉火闷熄了！

操作人员想，掏出未燃尽的煤和结焦，等炉子冷却以后，再重新点火，所以把炉子完全停了下来。

他们正在忙于处理时，项目经理看到了，批评他们不抢时间，拖延工期，责令赶快把炉子点起来！

为了把炉火点着，他们当即加柴、喷油点火，并给以小风量的鼓风。当点火油刚一喷入，马上就“呼呼”地着了起来，紧接着“轰轰”两声巨响，从烟道和麻石水幕除尘器内，向外喷射浓烈的粉雾、烟尘，呛人的烟气迷漫着整个锅炉房，现场一片狼藉。就在这时，有人果断地切断了有关设备电源，才未造成更大的事故。

事后经现场调查发现：

1）烟道被撕裂了一个长约1200mm的大口子；

2）麻石水幕除尘器被轰开了一个$1m^2$的大口子；

3）炉子本体的防爆门，在发生燃爆时未动作，致使炉膛四周的水冷壁中部向外鼓胀变形，弓背最大矢高约60mm左右；该处的刚性梁也发生了弯曲变形，弓背处的最大矢高有100mm左右。炉墙也发生了明显的鼓胀。

根据上述情况，建设单位和施工单位联合报告了当地锅炉压力容器安全监察部门。

二、造成燃爆的原因

（1）新安装的锅炉，烘炉、煮炉工作，由施工单位来进行操作是不合适的，因为他们对司炉不熟练，有关操作规程也不太了解，却要盲目上岗！

（2）重新点燃锅炉时，应该先开引风机运行一段时间，以排除炉膛及烟道内残存的可燃性气体，此后才可以生火。该事例中，施工单位没有遵守这些规定，第二次点火时，因为引风的时间不够，炉膛和烟道内残留的可燃气体，还滞留在其中，一遇明火则立即引发了燃爆事故。因水冷壁的弹性相对要好一些，所以其残余变形比较小些。

这是一起严重违章指挥、违反操作规程的事故。经锅炉压力容器安全监察部门、建设单位和施工单位共同商量决定，采取如下措施。

三、处理措施

(1) 刚性梁的变形，用冷调的办法进行恢复性校正；水冷壁可不作校正。

(2) 炉墙应进行补漏，风道进行部分拆除，重新安装。水幕除尘器被炸开的地方进行重新砌筑。

(3) 以上两项工作结束后重新进行水压试验、风压试验和煮炉，并办理相应的签证手续。

(4) 因此次事故带来的损失，全由施工单位负责。

四、应吸取的教训

(1) 安装的锅炉不管是烘炉还是煮炉，只要点火启动锅炉，应由建设单位各岗人员持证上岗进行操作，施工单位也应该培训部分司炉人员，参与试操作。绝不能无证上岗操作！

(2) 施工单位应编制烘、煮炉方案，并制订反事故措施，经过严格的审批后，强调其执行的严肃性。

(3) 各有关方面的人员应加强对规程、规范的学习。

2.10　灰渣保温好　炉排烧坏快

一、工程概述及问题发生的经过

某自备电厂内，装设两台蒸发量为 35t/h、蒸汽压力为 3.82MPa 的锅炉和一台 6MW 汽轮发电机组；锅炉已经安装好，只待连续 72h 满负荷试运行成功即可办理移交手续，但因发电机组及附属系统的原因，总是运行不到 72h 就出现故障，又得从头计时进行试运行，就这样停停打打、打打停停搞了两个多月的时间。

锅炉运行一直正常，没出什么故障，但是，既不能连续运行下去，又不能熄炉，每天处在要烧就烧，要停就停的等待状态之中；人们对锅炉的运行产生了松懈思想。

汽机系统的一切故障终于被排除，可以正常运行了，锅炉开始进入满负荷运行，在运行到第26h的时候，炉排突然断了，没法运行下去只好被迫停炉，满负荷连续72h联合试运行，不得不再次中断。

等炉膛冷却后，进去检查发现：炉排不止一处散架了，部分炉排片夹板与链条间的销钉变形脱落，几个落灰斗的积灰较厚，特别是靠炉后部的那个灰斗的积灰更厚，后轴下面的部分炉排被厚厚积灰所淹没。

二、造成事故的原因

链条炉排从后部的老鹰铁处卸渣后，即翻转下去，在风室中得到相对的冷却，现在因为积灰把其淹没，得不到应有的散热冷却，马上又经炉前轴翻转到炉排的上部载煤燃烧，如此周而复始。因较长时间在此恶劣的环境中工作，部分炉排夹板及销钉变形，被拉坏、有的则脱落，致使部分炉排散架而不能正常运行。

灰斗积灰出奇的厚，以至损坏炉排，这是一起罕见的责任事故。

三、处理措施

（1）掏尽落灰斗里的积灰。

（2）剔除已变形的炉排夹板和销钉，更换新的，重新安装炉排后，再进行试运行。

四、应该吸取的教训

（1）落灰斗的积灰本来不会太多，该事例中居然积到那么多，可见值班人员的责任心缺乏到了何等程度！加强职业道德的教育已经刻不容缓了。

（2）安装单位的监护人员一定要提高锅炉的运行管理水平，对运行人员的失职或失误，应能及时提出正确的意见。

2.11 煤质不符 轴温太高

一、工程概况及发现问题的经过

某重点工程是一个新建锅炉房，内装设9台蒸发量为35t/h，工作额定压力为 1.57MPa 的链条炉。锅炉，在施工的前期一切进展非常顺利，不管是锅炉的本体、辅助设备、各个系统的安装及有关试验等，经严格检验，没有发现低于标准的项目，工程指挥部的领导很高兴，决定把工作的重点转移到系统试运行上来。

因为是重点工程，一切都要高标准、高质量，烘炉、煮炉和试运行所需物资也要尽可能用好的，供应处早已把所需物资，送到了现场，都是好质量，一流货，没有半点马虎，一切都紧张有序地进行着。

在烘炉阶段，因为主要是用木柴烘炉，炉膛温度也不太高，煮炉阶段，因为蒸发量很小，烧煤时耗煤量也很少，炉膛的温度仍不太高，所以进展十分顺利，到调整安全阀和正式试运行时就出现了一些麻烦。

首先是司炉工反映，火焰分布不均，煤层刚进入炉内，马上就着火，炉前部的燃烧强烈，炉后部的燃烧很弱，即使是减薄煤层，也无多大的改观，甚至把炉前的风室基本关掉，也无济于事。

主要问题是炉膛的温度，前后不均，前高而后低；适当减少给煤量，控制炉前拱处的温度在正常范围内时，则锅炉的蒸发量达不到出力。为在额定压力下，达到额定的蒸发量，就需要加大给煤量，提高炉膛温度，此时炉膛的前拱温度就偏高。

因为是一台新锅炉，司炉工担心长时间温度偏高，可能将前拱烧裂，甚至烧坏，不敢贸然从事。

另一方面又认为：新锅炉要有一段时间才能全面掌握其性能，只能慢慢地摸索，不能操之过急。时间过了几天，几个操作班下来都是如此，新锅炉就是达不到额定出力，如达到出力，前轴温度就过高。

因为在规定的日子里没有完成试运行，指挥部开始过问此事，并要求抓紧时间。

现场的人员有些着急了，司炉工也有点沉不住气。粗略的分析后，他们认为：炉拱砌筑结束已一个多月了，又经过了烘炉、煮炉和试运行几天的时间，炉膛已经干了，是不会烧裂的了。为达到锅炉的额定蒸发量，应该可以提高炉膛的温度了，换言之，炉膛的前拱温度高一点也不会有大问题。

在这种思想的指导下，司炉工开始加大给煤量，提高炉膛的温度，效果十分明显，锅炉在额定压力下的额定蒸发量很快就达到了。各岗位的责任人员都在认真地工作，希望顺利通过连续72h满负荷试运行。

客观事实有时会与人们开玩笑，正当试运行开始计时到第54h之际，发现锅炉的前轴抱死，炉排停止了转动。无可奈何，只得紧急停炉处理，并正式宣告连续72h满负荷试运行失败。

二、造成此事的原因

(1) 检查施工记录和监检资料后，排除了因施工不当而造成抱轴的可能性。

(2) 从司炉工的反映和查看运行记录，可以发现；不管给煤量的多少，炉排煤层的厚薄如何，炉膛前部的温度总是高于后部，即使在前风室几乎全关的情况下，前部的温度依然高。在满负荷运行的工况条件下，就显得更加明显。这说明煤被送到炉排上，着火很快，没有预燃段，在还没有到炉排后部时，已基本燃尽，所以炉排前部的温度总要高于后部的温度。给煤量多时，导致前拱的温度超高，经过几十个小时后，这部分热量不断地传给前轴，使其超常膨胀，从而抱死。

(3) 因司炉工经多方调整，始终未能改变这种状态，说明煤种可能不适合该炉型。于是把煤样送去化验，其化验结果与锅炉的设计煤种相比，去之甚远；该炉设计燃烧用贫煤，而现在燃用的煤，发热值、挥发份、粒径级配都大大优于设计用煤。

(4) 物资供应处为什么没按照要求提供试运行所需煤种呢？据说是按领导指示，试运行的物资要尽可能用好的煤，故特地采购的大同烟煤。

三、解决办法及实施效果

在锅炉前轴安装恢复正常后，燃用锅炉说明书指定的贫煤，重新进行连续 72h 满负荷试运行。更换燃用煤种后，再启动时，非常顺利地通过了连续 72h 满负荷试运行。

四、应该吸取的教训

(1) 锅炉连续 72h 满负荷试运行，是考核锅炉能否满足设计要求的重要一环，必须严格按照锅炉的设计使用说明书的要求采购燃用煤，才能客观、公正地反映锅炉的设计、制造、安装质量。

(2) 锅炉在要进行连续 72h 满负荷试运行前，应该对拟用的燃煤进行分析、化验，做到心中有底，不能打无把握之仗。

(3) 应提高采购人员、司炉人员和其他有关人员的业务素质，做到唯实不唯上。

2.12　抓钩钉稀少　卫燃带坍塌

一、工程概述及发生事故经过

某煤气厂新安装一台蒸发量为 35t/h 的锅炉，采用轻型炉墙，炉膛内的卫燃带浇筑耐火混凝土。在正式进行筑炉施工之前，施工单位发现，水冷壁下部，所焊的抓钩钉较稀少，比他们以前施工过的同类炉子上的抓钩钉少，于是就向建设单位的基建科反映，建议增加抓钩钉的数量，并附了一份补焊抓钩钉具体位置的草图，供审批。

基建科长，是搞土建的，看过图后，拿不定主意，当时没在草图上签任何意见。总的态度是怕自己承揽责任，就顺便答复说：一是照图施工；二是等与锅炉制造厂联系后再说。

施工单位后来又催过几次，得到的还是既不明确、又不肯定的回答。

对施工单位而言，进度是十分要紧的，因为时逢冬季，再往后拖，就更不利于施工了。

另外的一个原因是：约定的合同工期是不能向后拖的，否则要罚款。

他们见催了几次得不到肯定的回答，以为建设单位对此事并不关心，何必自作多情呢，就确定按原图进行施工。

建设单位所在地的冬季，还是较冷的，白天最高气温在 8℃左右，早晚低一些，夜晚就更冷。工人们不是第一次干筑炉，操作熟练，为了抢时间，每天都加班，有时还把一些他们认为“较繁琐、但又不关大局的环节”也省了。当然也有过不得心应手的时候，他们采取了“一些措施”，使施工顺利进行下去。

经过一段时间的艰苦奋斗，筑炉工作结束了，烘炉、煮炉及连续 72h 满负荷试运行也过关了，隆重的交竣工仪式后，锅炉就顺顺利利地交付了运行。

可是运行不到两个月，锅炉出渣时，就发现有一小块、一小块的耐火混凝土渣土。从此以后经常发现，有时块数较多，较大。

操作人员反映，锅炉越来越不好烧了。又过了半个多月，情况更严重了，没办法，只好停炉。

随后的检查发现：炉膛内卫燃带耐火混凝土，已酥松，且有一部分已经坍塌，严重的地方露出了一段段斑驳的水冷壁管子，显然是炉墙出了重大的质量问题。

这一质量事故，引起了厂部的高度注意，他们立即找来锅炉制造厂和施工单位，要他们说明原因、分清责任。

二、造成事故的原因

在第一次调查、分析会议上，各执一词，都不愿承担责任，后来又召开过几次调查、分析会，总算基本统一了认识，原因归纳起来有以下几点：

（1）耐火混凝土的冬季施工、养护，有严格的环境温度要求：施工温度不能低于 5℃，并要在此温度以上进行养护，否则应采取加温措施。

该工程所在地的冬季气温较低，尽管白天施工时可能略高于

5℃，但一早、一晚的温度就达不到，尤其是深夜，气温就更低了，明显在5℃以下。在未采取加温措施的条件下，对凝结、固化、养护十分不利，严重影响了耐火混凝土的质量。

（2）在施工中，未按照耐火混凝土各组成成分的配合比，严格进行计量，而是根据经验估量，很不准确。在施工进程中，为了浇注的方便，采取的所谓一些“措施”——添加阻凝剂，使施工顺利进行下去！

就这样，使耐火混凝土的强度得不到保证，因施工的时间不一致，强度也不一致。

（3）施工单位不严格配比，随意改变混凝土的组分比，又不注重施工、养护各环节的环境温度的控制，施工质量失控，是造成此次质量事故的根本原因。

（4）另一个重要的原因是抓钩钉较少，施工单位也已看出来了，而且向建设单位的基建科提出过。基建科既没有及时与锅炉制造厂联系，也不给施工单位以明确的答复，是极不负责的表现。

施工单位为赶工期，不补焊抓钩钉，这就减少了耐火混凝土与水冷壁之间的附着力，是造成此次质量事故的一个重要原因。

三、处理措施

（1）责成施工单位对该炉的耐火混凝土进行全部返工，必须不折不扣达到现行施工验收规范要求。

（2）此次质量事故带来的一切损失，由施工单位负责80％；锅炉制造厂和建设单位各负责10％。

四、应吸取的教训

（1）这次质量事故的直接经济损失有几万元，间接损失就更大了，是一次重大的质量事故。必须加强人员素质的教育，提高他们职业道德水准和业务技术水平。

（2）锅炉制造厂如何对自己的产品负责、建设单位如何对自己的工程项目负责、施工单位如何对自己的工程质量负责，相互之间加强协调、配合，才能共同对国家财产负责！

2.13 过热器一处泄漏 蛇形管多根洞穿

一、工程概述及发现问题的经过

某厂为了解决生产用汽的问题，自筹资金建一个热电厂，第一期工程安装一台蒸发量为 65t/h、额定蒸汽压力为 3.82MPa 的锅炉和一台 6MW 的汽轮发电机组。土建、安装工程是由一个单位进行总承包的，因为资金到位，组织得力，工程进展非常顺利，比预定的工期提前 10 天具备供汽、发电条件。

建设单位送外培训的各岗操作人员，全部上岗作业，施工单位正忙着办理交竣工手续；双方都在满意地欣赏自己的劳动成果——观看蒸汽锅炉和汽轮发电机的运行。

该台锅炉为煤粉炉，微负压燃烧，以供汽为主，发电为辅，在生产淡季，则以发电为主，供汽为辅。它投入运行之初，一直保持着低负荷运行，司炉人员有时能听到炉内传出怪异而浑重的声音，因没出什么故障，也就习以为常了。

当运行到第三个月的时候，司炉人员在过热器附近，仔细倾听时，隐约能听到一种新的、连续的“嗞—嗞”声，但还没有发现其他的异常现象。

又过了一段时间，这种怪异的声音越来越清晰，在炉门和看火孔处，似乎能感觉到锅炉的正压燃烧。随着时间的推移，竟发现蒸汽温度不稳定，而烟气温度却有所上升；更有甚者，蒸汽流量与给水流量的差值在慢慢扩大！

等到不正常的现象引起了人们的警觉，在安排好一切后，他们正确地采用了停炉检查的处理措施。

当炉温降下来以后，他们进入炉内检查发现：过热器有一排的蛇形管，几乎在同一标高的地方，管子有一段很干净，没有积灰，仔细检查发现，它们都存在着不同程度的破损。显然，这些破损的地方有着严重的蒸汽泄漏现象。后来割下最里边一段过热器管子检查，发现管内有一个小钢球，其直径比规范规定采用的钢球直径要小！不禁使人大吃一惊。

二、造成事故的原因

（1）从过热器蛇形管相似的破损情况可以看出，是过热器管的最里边一段管子，先有了一个小的泄漏点，从此处向外急速地喷射出一股强劲的过热蒸汽，这股汽流持续有力地冲刷着与之相邻的过热器蛇形管一个固定的地方，时间一长，把这一处吹出了一个洞来！此处又发生严重的蒸汽喷流，它又锲而不舍地把与之相邻的过热器蛇形管吹出一个洞，就这样，又产生了一个新的蒸汽喷漏点！如此恶性循环，生生地把过热器吹得不能正常工作了。

（2）据事后的调查了解，安装单位对每一根过热器蛇形管都进行过通球试验和水压试验，这有施工记录可查。

但他们所用钢球，实际上是旧滚珠轴承的钢珠，其直径只有管内径60％左右！显然，不符合《电力建设施工及验收技术规范》（DL/T 5047—95），（锅炉机组篇）中3.1.4的要求。

过热器蛇形管的通球试验，是紧接水压试验之后进行的，他们在进行水压试验后，虽然也曾把蛇形管内的水放出来过，但因为空气压缩机出了故障，未把残留的水吹除干净。

在进行通球试验时，作业人员把管子的一端抬高，让钢球在管子里滚到另一端，再抬起此端，让其滚过去，至末端把钢球接住，他们能清楚地听到钢球在管子里滚动的声音。

有一次，他们没有在末端接收到钢球，在附近找，也没有找到，因为天色已晚，决定先下班，明天再找。

第二天来到工地，也没有找到钢球，他们把管子一端抬高、那端放低，来回倒来倒去，也没有听到钢球在管子里滚动的声音，于是断定钢球不在管子里了。丢了一个小小的钢球，也就不在意，不去再找了。

实际上，是因为管子里的水没有吹干净，晚上结冰，把钢球给冻住在过热器的180°拐弯处，所以没有被他们觉察到而已。

（3）当锅炉投入使用以后，一直在低负荷下运行，过热蒸汽的温度长期偏高。再是因为卡有小钢球的一段过热器管，蒸汽的流通截面大大减少，管子的热量不能像正常运行那样被蒸汽带走，其管壁长期超温，使管段内可能原来就有的砂眼被击穿，形成了一个小小的泄漏点，它由小而大。此处不断地喷射蒸汽流，吹穿邻近的管子，并如此恶性循环，才有上述惊人的一幕。所幸处理较及时，才未酿成更加重大的事故。

三、处理措施

（1）因锅炉发生事故时，还在保修期内，故责成施工单位把损坏的过热器修理好，并按现行施工验收规范进行施工和验收，直至合格。

（2）此次事故主要是由施工单位的过失酿成的，施工单位必须承担由此造成的一切损失。

四、应吸取的教训

（1）施工单位在进行锅炉受热面的安装施工时，除进行正常的通球试验、压缩空气吹扫和水压试验外，还应该对受热面管子的制造质量进行必要的检查，尽最大努力消除可能存在的质量隐患，如砂眼、重皮、锈蚀凹坑、机械损伤的裂纹等，以确保锅炉的运行安全。

（2）正式施工前的水压试验、通球试验和压缩空气吹扫都是十分必要的、不可或缺的。对每一个重要的工序，都应编制行之有效的作业指导书，切实加强过程控制的力度，以过程质量保证产品质量。

（3）在通球试验时，应根据蛇形管的直径和弯曲半径，选择使用的钢球，以确保管子的流通截面。作业时，要如数施放与回收钢球，缺一不可；否则得重新进行通球。

在上述第二项的工作结束后，应对管子的敞口进行有效的封闭，否则，在受热面的组合焊接时，还应该进行通球，以检验受热面管腔内是否又混入了杂物，严防堵塞管膛或减少流通截面。

（4）应提高司炉人员的操作水平，及时调整燃烧工况和各运行参数，不能让锅炉长期处在低负荷下工作，导致过热蒸汽温度偏高，这可能不仅仅是一种浪费的问题。

2.14　技术骨干内退　工程质量倒退

一、工程概述及发现问题的经过

某企业一台蒸发量为130t/h，额定压力为3.82MPa的锅炉，承包给取得这个级别的锅炉安装资格已很久的一个老单位A进行安装施工，据说该单位的老技工比较多，信誉也比较好。

年轻化后的A单位接到这台锅炉的施工任务，也很重视，集中优势兵力，打歼灭战，如期交了工。

可是，在满负荷连续72h试运行以后的第71天，使用单位发现省煤器蛇形管与联箱焊缝处渗漏，没几天就冲破了保温层的包围，向外漏水，发出尖锐的“呲—呲”声，这股细小的水柱，150mm左右长，青灰色，拖着一个灰白色的尾巴：汽雾。

使用单位找A单位，派人去看了，说：“这是个制造焊口，那是锅炉厂的事。与我们无关”。

找锅炉制造厂，说：“这是施工不当造成的，我们生产的这种锅炉，销售了几十台，从没这等事，请去调查或打电话查询。”甩下一串长长的用户名单，走了。

没法，只得停炉，为不给生产带来更大的影响，只得请A单位派人来处理。结果是用手工电弧焊，把漏的地方补焊了一下，说保证没事了。

过了两个星期，原来的漏口附近，又发现同样的问题，再次停炉，再次请A单位派人来处理，把漏口处补焊一通了事。

如此漏而补，补而漏，两星期左右一次，停炉十分频繁。

漏的焊口集中在上、下两级省煤器四个集箱两端的几个管子，两年多来，有的管口已不知补焊了多少次，被堆焊成一个小包。而且两次补焊的间隔时间更短了。

使用单位这次下决心，自己动手根治省煤器的漏水问题。

因为对A单位和锅炉厂的服务失去了信心，聘请了一位由市锅炉检验所推荐的、多年从事锅炉安装的工程师和一位焊接技师。

他俩先听取了有关情况的介绍，然后又仔细翻阅了锅炉图纸。在停炉检修期间，他俩先打开上、下两级省煤器的人孔，钻到里面看了一阵以后，又要求拆开省煤器尾部炉墙，又钻到里面去了。在外面的人也听不清他俩在里面嘀咕些什么，出来时，黑着脸，却一句话也不说，还不时地摇头。

他们钻到省煤器尾部烟道，看到了什么呢？

1）省煤器的蛇形管尾部，已经贴近炉墙，此处的炉墙是高铝浇注料的，很硬，如同混凝土，却有一排半圆形的坑坑，与省煤器蛇形管尾部180°弯头一一对应，还有几处已经剥落。

2）省煤器的合金钢管夹，不仅与省煤器的空心梁焊上了，而且有部分还与省煤器管子也焊上了。

此时，对省煤器的漏水问题，他们心中已经有了答案。

二、造成省煤器漏水的原因

省煤器管漏水的主要原因是安装质量问题，其次是制造质量问题，再就是使用单位自己的问题。为什么呢？

（1）省煤器的第一次漏水是这样形成的：

因为使用的燃料是高炉煤气，它的发热值较低，而锅炉却要作150t/h超负荷运行，而吸热面的面积并未因此而增加，大大增加的燃气的喷入量，在炉膛里没有被充分吸取的热量，致使水平烟道后的烟温偏高，所以省煤器管壁温偏高，管内的水温也偏高，导致蛇形管的膨胀量大。

这从省煤器里有时漏出的是水，有时漏出的是汽，这一点得到印证。

省煤器蛇形管本应向尾部自由膨胀，偏偏安装时把其管夹与部分管子给焊上了，因为管夹的下部与空心梁是焊固的，所以，省煤器管就只能向省煤器联箱一端膨胀。

虽然有的管子，尚可向其尾膨胀，偏偏又顶住了炉墙高铝浇注料，不能前进，所以只能向联箱一端膨胀。而联箱是被卡箍固定的，没有位移，致使管子与联箱焊接的焊缝，承受了很大的应力，到一定程度后，产生裂纹，漏水。

而联箱中部的管子焊口，因为联箱有一定的挠度，所以当时没有漏水。

这就是为什么在联箱两端漏口较多的原因。

（2）省煤器管短管头与联箱的焊接，在制造厂完成后，并经整体热处理的，在施工现场，省煤器蛇形管只与其短管对接，在这台炉子上看到的情况是，有一半短管子，不但与联箱的水平面垂直，而且蛇形管水平段与联箱间的轴线标高相差较小，它们拐弯的曲率半径也不大，基本没有柔性。

当省煤器管膨胀时，从靠炉内的一侧向外用力，此段管子根本无法吸收变形，所以硬生生地把力传到焊口上，并把它扳裂。

这是焊口总在炉内侧先漏的原因。

（3）第一次漏水以后，喷出的水有 6MPa 以上的压力，对相邻的焊口有较大的损伤，从而出现相邻管子相继漏水的恶性循环。

第一次焊口的补焊，做得很草率，没有工艺评定，没有焊后热处理。蛇形管与联箱两者的壁厚，相差很多，所以存在很大的温度应力。加之是角焊缝，受力性能不好，故没有多久又漏了。

漏了，补！补后又漏，都是角焊，都是在堆焊，几次下来，焊接处的金相组织发生了变化，所以越焊越糟，不可收拾。在焊接规范中规定，补焊不得超过两次，就是这个道理。

（4）另一个不可忽视的因素是，因超负荷运行，在联箱和蛇形管内的水流速度，比正常大得多，从而在联箱的两端，水流方向的突然改变，可能形成子涡流，并有相对死角。此处，因得不到应有的水流冷却，壁温比正常高些，长期在此工况下运行，焊缝处，因炉水的不断浓缩，使部分金属发生了苛性脆化，这里成了一个薄弱部位，故极易被扳裂。

这也是联箱两端频繁发生漏水的原因。

三、处理措施

(1) 修理省煤器炉墙，解除省煤器管夹与管子焊接的约束，让其自由膨胀。

(2) 不能长期在超负荷的工况下运行。

(3) 把同一级省煤器的上联箱标高提高，而把下联箱的标高降低，以增加此处蛇形管的柔度，以利吸取变形。

(4) 把省煤器联箱换掉；要不然，把上、下两级省器，靠联箱两边的蛇形管拆除，把留下管口堵死，因为联箱此处的金相组织已发生变化不可再焊接了。

经上述处理后，存在问题得到了解决。

四、应吸取的教训

(1) 一个企业领导，如果为了做工作省心，不分青红皂白，一刀切，把一部分中坚力量下岗，实际是对企业技术积累的浪费，最终损害的还是企业的利益。

企业职工年龄结构的改善，应与知识、技术的积累保持一个较好的接合点，不能顾此失彼。至少应加大年青人培训力度，使企业平稳过渡。

(2) 不管是锅炉制造厂还是锅炉安装单位，精益求精和诚信服务是缺一不可的。

2.15 平衡容器保温 水位监测失灵

一、发现问题及解决问题概述

蒸汽锅炉上的锅筒有 3 大安全附件：安全阀、压力表、水位计，它们是操作人员的眼睛，其工作正常与否，直接关系到锅炉的安全运行。

为监测锅筒的水位，一般有石英玻璃水位计、电接点水位计和平衡容器等。“双室型平衡容器”，因它的结构简单，被广泛采用。

某安装单位，在安装锅炉时，对“双室型平衡容器”进行了严严实实保温，并把下部的放水冲洗管接到了锅筒的下降管上！

试运行中，操作人员反映，除两个有安全隐患的问题外，其他都算正常。

这两个问题是：

其一，锅筒上几个水位计读数，与控制室的指示不一致，且有较大误差，严重影响锅炉的安全运行！

其二，在平衡容器的差压变送器放水管处，只能放出汽而放不出水来！

要求施工单位进行处理，因为是安全隐患，不排除是不能继续进行试运行的。

安装队很重视，认为“双室型平衡容器”是锅炉厂自己生产的安全附件，而且结构简单，不会有问题，而其他水位计则是配套产品，所以把精力放在排查其他几个水位计上。

因为每次处理，都要在停炉后才能进行，不是拆装水位计本身，就是拆装仪表、线路，就这样装了拆，拆了装，折腾了两个星期。

在冷态条件下，各水位计显示的读数是一致的，但在运行状态下，各水位计显示的数据，就不一样。

这说明问题依然没解决！锅炉存在的安全隐患，若不排除，那是重大的质量问题，队里急呀！

情急之下，只好电话求助于公司，请求锅炉工程师Y速来工地一趟。Y工程师到工地后，认真听取了队里的介绍，也觉得有点纳闷！

在查阅有关图纸资料和到现场去实地了解情况后，他果断地说：只要把“双室型平衡容器”的保温拆除，并把其下部的冲洗管改接到排污上，就没有问题了，就可继续运行了！

Y工程师的意见，人们在将信将疑的情况下实施了。再次投入试运行，居然一切正常，一举成功！

细心的施工人员，在惊叹之余，忙向Y工程师请教。

Y工程师说：造成工期耽误两个星期的表面原因，很简单，就是把不该保温的“双室型平衡容器”给保温了，并把其底部的冲洗水管接错了地方，接到下降管了。但是，其间更深层次的原因是：对“双室平衡容器”的工作原理不甚了解所致。

下面是Y工程师对“双室型平衡容器”的工作原理所作的说明。

二、“双室型平衡容器”的工作原理及不该保温的理由：

（1）“双室型平衡容器”的结构简单，主要由内、外两个套筒组成。从“双室型平衡容器”的外套筒上段，接出上管座，并与锅筒蒸汽一侧连通。管子的中心线，在锅炉的最高警报水位以上，并倾向锅筒。

“双室型平衡容器”的内套筒下段，接出下管座，并与锅筒的水侧连通。管子的中心线，在锅炉的最低警报水位以下，并倾向“双室型平衡容器”的内套筒。

“双室型平衡容器”的下底部有排污冲洗管，筒身蒸汽侧和水侧各有一根小管，分别与差压变送器相连。

锅炉运行时，“双室型平衡容器”内套筒的水位，因为连通管的作用，始终与锅筒的水位相一致，随锅筒水位的起伏而涨落。而“双室型平衡容器”的外套筒，与锅筒蒸汽一侧相通，蒸汽因筒体不保温而散热冷却，凝结成水。当其水位达到上支管内底时，自动流回锅筒。只要锅炉已经运行了一段时间，“双室型平衡容器”外套筒的水位，涨至汽侧小管底部后，则稳定不变了。它就成了衡量水位变化的一个基准压力面。

“双室型平衡容器”内的两水位，一个与上支管内底持平，而不变，另一个随锅筒的水位不断变化，它们的上表面，承受同一个蒸汽压力。

相同汽压下不同水位，形成水位压差，通过传感器和压力变送器，把两侧压差转换成电信号，输送到控制台。

这就是平衡容器的工作原理。

试设想，平衡容器若进行严密的保温，外套筒不能散热，蒸汽就无法冷凝成水，因而不能形成水压差。

在“双室型平衡容器”的外套筒内，因为保温很好，蒸汽不会冷凝成水，所以只有蒸汽压力，内套筒水一侧，是蒸汽压力加锅筒水面至差压计之间的水压力。

这两个的压力都是随时变动的，不存在基准压力面，所以不能准确判断锅筒的水位，只能反映锅筒水面，至差压计之间的静压。

所以，“双室型平衡容器”的外筒身是不应该进行保温的！

（2）那么，在平衡容器已经保温的情况下，放水管放出的为什么不是水，而是汽呢？

因为保温，外套筒里面是蒸汽，放出的是蒸汽不奇怪，而内套筒水一侧，因为有外套筒内蒸汽的保温，内套筒的水与锅筒内同一压力、同一温度的水。从放水阀放出来的是压力水，它进入大气中，必然产生二次蒸发，所以放出的也是蒸汽。

连接管未保温，则会先放出的是冷却了的炉水，一小会以后，放出的炉水就立即汽化，所以放出的也是蒸汽。

（3）“双室型平衡容器”的冲洗水管接到下降管，是不合适的，起不到应有的冲洗作用，因为下降管与锅筒水一侧相通，其相对压差较小。

这根放水管应该接到排污管或安全阀放水管上，一端是大气，压差大，才能起到放水冲洗的作用。

三、应吸取的教训

锅炉的一个小部件，不该保温而保温了的问题，看来很小点事，却影响整个工地半个月的工期！无论是经济上，还是社会影响上，都不是件小事！

其间反映出来的问题是职工的技术素质问题，也是单位在职培训的问题！

干什么事，要做到知其然，还要知其所以然，才能把事情做好。

由此可见，在职培训和自主充电，是何等重要啊！

2.16 热网管不冲洗 换热器被堵塞

一、工程概述及发现问题的经过

北方某地拟建经济技术开发区，要搬迁不少居民，结合城市发展规划，新建了一个较大的居民小区。为解决小区居民采暖问题，决定在其附近建一个集中供热厂，供热厂内安装三台 29MW 的高温热水锅炉，额定压力为 0.8MPa。

锅炉出来的高温热水，经热网送至换热站，经水—水换热器后，二次热水送小区作采暖用，一次水放热后，再回锅炉加热，循环使用。

居民小区已初具规模，搬迁的问题早已提到议事日程上来，供热厂才动工，给锅炉间、热交换站、热力外网和与之相关的公用安装工程，留下的施工时间只有四个月，工期相当紧。

需搬迁的居民，担心搬进新居后，供不上暖，要挨冻，迟迟不愿动迁。

领导担心，若供不上暖，居民在冬季不搬迁，开发区的一些项目，在明春就不能按时开工，将影响吸引外资，事关重大。

工程主管部门担心，若不按时供暖，就没法向领导和群众交代。

由于上述种种原因，工程主管部门要求施工单位，无论如何在当地冬季采暖开始期之前，达到向居民小区供暖的条件！施工单位一再声明，难以实现，但不顶用，没有办法，只得硬着头皮答应“争取”。

在锅炉、设备到货不及时的条件下，他们确实已经尽了最大的努力，节假日从没有休息过，晚上经常加班抢工期，到 11 月 14 日工程进展已经达到了如下的程度：

锅炉整体水压试验、烘炉结束，煮炉已进行了一天，还差两天；安全阀还未进行调整，连续 72h 满负荷试运行，当然也还没有进行。

换热站所有设备单机试运结束，尚未进行系统联动调试。

热力外网的试压、保温已经结束，尚未进行水冲洗。

根据上述现场情况，施工单位说：11 月 15 日送暖还不具备条件，再过一个星期则有可能，请求顺延几天。但工程主管和上级部门都不答应。

他们说，“只要不出安全问题，即使是象征性的送暖，也得送！哪怕送几天再停下来，也是按时送暖了！这是‘取信于民’的大问题，没有商量的余地。至于工程上的未尽事宜，等采暖期过后再处理！”

“上帝”的态度如此，再多说也没有用，施工单位只得顾全大局，只有表态：“送！按时送！”

根据现实条件，经他们与工程主管部门商议，达成如下文字协议后，于 11 月 15 日正式向小区供暖！

1）提早结束煮炉，逐渐减弱燃烧，加大排污和给水，直到肉眼观察，排污水尚可为止，以此作为煮炉合格。

2）在对外供热时，须调整安全阀合格，接着进行连续运行，如达到 72h 及以上时，算作连续 72h 满负荷试运行合格。

3）鉴于现场水源，不能满足冲洗管网要求的实际情况，而工程又急需投入运行，决定热网管道暂不冲洗，在运行中加强监视，及时对除污器进行清洗，必要时，充分利用旁通管，也不得中断供热。投入运行以后，即算热网通过了验收，合格。

这是一个双方均可接受的协议，皆大欢喜。

工程主管部门抓工程得力，按时送了暖，为领导分了忧解了难，让居民纷纷如期搬进了新居。

施工单位则把一些应做还未做的工程内容，提前办理了签证认可手续，何乐而不为呢？

可他们的笑容并未维持多久，取而代之的是现场没完没了的抢修、居民无休无止的怒骂、领导有条有理的批评，从此他们陷入了无边无涯的苦海之中！

先是热网的除污器老堵，每隔几个小时就得清洗一次，里面的铁锈、泥砂什么都有，一会装，一会拆，哪像是搞工程的呢？

工人十分烦！

接着是换热站的板式换热器老堵。众所周知，板式换热器是由一些压有许多波纹形凹槽的板串组成的，通道的截面很小，极容易堵塞。一次水和二次水的通道都被焊渣、铁锈和泥砂堵塞过，时间稍长，堵塞就严重，系统阻力增大不说，热交换的效率明显降低；再久点，就不能维持正常的工作了，必须进行清洗！板的清洗很麻烦，板间的密封垫拆、装，得像绣花一样，极容易损坏垫片。

在那寒冷的冬天，给工人不知带来多少不必要的困难！

接着就是，热网有的阀门关闭不严，到处漏水！最后是，锅炉的排污阀堵塞，导致锅炉水质越来越坏，糟糕透了，致使锅炉水位计连通管被堵塞，引起水位失真，因不能读出实际水位，将危及锅炉的安全运行，最后只得被迫停炉！

在那寒冷的冬季，小区的居民在挨冻，他们没有得到应有的温暖，心凉透了。

二、处理措施

（1）此事经媒体曝光以后，引起了社会的广泛关注，在政府各级监察机构的强力干预下，勒令停炉！最终还是按程序把未做的工作做好后，才允许锅炉投入运行。

前后延误了一个多月的时间，给人们的生活带来了极大的不便，也给工程本身留下了隐患，既造成了不良的社会影响，也造成了一定的经济损失。

（2）这是一起社会影响很坏的事故，后来对工程主管单位、施工单位和工程监理单位进行了通报批评；对有关责任人进行了行政处分。

三、原因分析及应吸取的教训

（1）这里的工程主管部门，无视国务院令第549号，《特种设备安全监察条例》和《锅炉安全技术监察规程》以及有关部委颁发的施工验收规范和技术管理标准等，把长官意志当作“圣旨”，在条件不具备的情况下强令送暖。表面上是为了居民，要

"取信于民"，而实际上损害了群众的利益，在寒冷的冬天，居民并没有得到温暖，工程本身也受了严重的损失，吃亏的还是老百姓！

（2）这是一起典型的不按建设程序办事的事故，若他们肯听施工单位的一句劝告，跟居民说清楚，过一个星期再送暖的话，该事故本来是完全可以避免的。施工单位不坚持原则，以为办了验收签字手续就可以了，结果还是没脱得了关系！

2.17 接缝渗液泛黄　烟囱脱皮掉渣

一、工程概况及发生问题的经过

某供热厂的一个100m高的圆形烟囱，下底内径为10m，上口的内径为5m，自锅炉投入运行两年多以来，就发现筒身渗白色液体，一道一道的，比较有规律，时间一长，就泛黄，并越来越明显，时间越长越厉害。

一次烟囱的红色指示灯坏了，派工人上去更换，发现烟囱的外表，有不少的部位变酥了，用手轻轻地一抠，就能把水泥抠下来。他反映这个情况后，厂里还几次专门派技术人员上去看，证实是水泥有了不同程度的腐蚀，再不处理，就会脱皮、掉渣。

厂里对这件事很重视，请了好几位专家来分析、论证，得出的结论是：该厂燃用的是含硫量较高的煤，加之水幕除尘的效果不佳，烟气水分较大，烟气中的硫，遇水变成了稀硫酸，尽管浓度很低，但在其长期作用下，对烟囱有了较严重的腐蚀。另外，因为煤在燃烧时，释放到烟气中的还有浓度不等的二氧化碳和氮化物，它们遇水汽后的生成物是碳酸和硝酸，尽管浓度很低，但在其长期作用下，对烟囱有了较严重的腐蚀。

这种腐蚀应该主要对烟囱的内壁，为什么对烟囱的外壁也这么厉害呢？而其他燃用相同煤种的供热厂，他们的烟囱，为什么没有发生这种事呢？

这是因为烟囱的施工质量不好，所造成的。长此下去，更为严重的是将使烟囱的钢筋受到腐蚀，其后果将不堪设想。

这一下，把厂方给吓坏了，只好马上从两个方面进行根治。

第一，改用含硫量较低的煤，要求操作工人精心作业，尽可能使煤能燃烧充分，并要求改善文丘里管和水幕除尘器的工作，使除尘效果更好一点。

第二，就是找原来的烟囱施工队，追查他的施工质量，如果真是他们的问题，则要求进行赔偿。

找出施工烟囱的交工验收资料、找出他们的施工日志，并请当时的基建指挥部的成员与施工队的有关人员，一起回忆当时的情况，经过长达几个月的探寻，总算把事情弄清了。

二、造成事故的原因

(1) 因为100m高的烟囱施工，危险距离就有10m，安全距离随着高度的增加而增大，烟囱的施工后期，安全距离需要近30m。而该供热厂用地十分紧张，所以，厂房紧凑得不能再紧凑了。

烟囱与露天布置的锅炉同时施工，安全距离不够。而此烟囱并未先期开工，以腾出作业面，这是一个失误。

在烟囱与锅炉施工全面展开后，烟囱施工的安全距离得不到保证，所以烟囱往往在晚上施工，而白天停下来。这样就在烟囱筒身留下了不少施工缝。

(2) 该施工队，能承担烟囱施工的就那么10来个技工，每天晚上8点多钟，干到第二天清晨6点半左右。先浇筑的混凝土，过了近13个多小时，凝固了。晚上接着干时，他们没有很好的进行处理，就浇筑，所以，在烟囱的筒身留下了许多的施工缝。

每次刚上班，干劲十足，一车一车的混凝土浇下去，在烟囱壁厚度的空间里，有的地方空气来不及排出，在结合面上形成了许多气孔、甚至蜂窝，混凝土结合不牢。红砖内衬的施工就更不用提了。

运行后，个别地方率先形成了通道，在烟气中稀薄的酸液作用下，通道里就会渗出白色的液体来，随着腐蚀越来越严重，所渗出的液体越多，时间一长，变黄。

在筒身形成一道道依施工缝而生的斑纹，间距差不多，所以有规律。

（3）他们对烟囱筒身施工尚且如此，对烟囱普通黏土砖内衬的砌筑和夹层膨胀珍珠岩垫料的施工就更加粗犷！

灰浆不饱满，随处可见，致使烟气渗漏，所以产生了上述可怕的景象。

三、处理结果

供热厂坚持说，烟囱里的钢筋已有腐蚀，对烟囱的安全和厂里的生产构成了严重的威胁，所以该烟囱早晚是要拆除重建的。

而这期间必影响全厂的生产，要求施工队至少赔偿重建一个烟囱的费用。

施工队承认施工质量有问题，但认为不是主要的，关键问题是该厂的烟气处理不好，对烟囱的腐蚀造成的。

如不燃用高硫煤，烟气中不会含那么高的硫；如果除尘好的话，烟气中生成酸的气体就会少许多，也不会构成对烟囱的腐蚀，所以不同意理赔。

在没办法的情况下，对簿公堂，判断结果是：施工单位对该供热厂，赔偿人民币40万元。

四、应吸取的教训

（1）搞工程施工，是一门实用科学，谁违反了，谁就要受到惩罚。该施工队不按施工程序办事，不严格执行施工验收技术规范，烟囱施工中竟敢留大量的、接合面不经处理的施工缝，受到惩罚，咎由自取。

严格说，烟囱的施工是不应该间断的，如果施工间断了两小时以上，接着施工时，应很好地处理接合面，消灭施工缝。

（2）供热厂对施工单位的管理，如果注意一点，在烟囱筒身中，就不会留下那么多的施工缝了，就不会有那么多的渗漏处了！

（3）烟气处理不好，渗漏又发现得太迟了！看来供热厂的生产管理，必须加强科学管理，只停留在口头上是不行的，是要吃大亏的！

2.18 烟道为何积水

一、关注的问题及其严重性

随着经济发展，锅炉的燃料呈现出多样化的态势，燃用高炉煤气、焦炉煤气和天然气的锅炉愈来愈多，锅炉的参数也越来越大。

燃用天然气的锅炉在运行时，出现过了一个不容忽视的问题：锅炉烟气出口至引风机之间的烟道内积汇了很深的水，严重威胁着锅炉的安全运行！

第一个是在试运行阶段，架空烟道内积水！就连引风机机壳内，将近淹了半腔！

首先，人们怀疑是某个部位严重漏水，要不哪来那么多的水呢？但又想烟道里流通的是100℃左右的烟气，又不与水道相通，水从何处而来呢？令人费解！

在未弄清楚原因前，试运行组，果断做出决定：先停止锅炉试运行！排出积水，以查找漏水根源。

他们在烟道最低处，“加焊两根 $D80$mm 管子往外放水，水流得哗哗的！”经过一段时间，发现烟道里水位在明显降低，又过了一段较长的时间，水基本上放尽了！

由此可知，没有明显的漏水补充。再经仔细检查，也确实没发现泄漏点，施工负责人算是基本放心了。

在另一个锅炉工地，也出现了类似的问题。锅炉运行半个采暖季后，埋地的钢制烟道内积水，并约占去了烟道流通面积的一半！

首先，人们也是怀疑某个部位严重漏水，要不哪来那么多的水呢？

他们采取了几乎相同的处理措施：先停止锅炉运行！排出积水，以查找漏水根源。

他们打开烟道人孔，由小型水泵往外抽水，过了一段较长的时间，水基本上放尽了！

由此可知，没有明显的漏水补充。再经仔细检查，也确实没发现泄漏点，施工负责人算是基本放心了。

但是，水从何处而来？积水问题得不到满意的处理，锅炉就不能进行安全运行！这成了压在人们心头的一块巨石！

有经验的工程师到达现场后，肯定了他们停炉放水的措施，指出烟道积水只要能及时排除，就不会构成安全威胁。然后他较详细地对烟道积水进行了解释。

二、锅炉烟道积水的分析

(1) 锅炉烟气中都含有水蒸气，只是多少不同而已

锅炉烟气中都含有水蒸气，它的来源有两个，一个是燃料原来吸收的水（物理含水量）；一个是燃料燃烧时，氢与氧发生反应，生成的水。因燃烧放出大量的热，温度高，水就以水蒸气的形态存在于烟气之中。

燃料燃烧时生成水的多少，是由释放出可燃氢含量的多少决定的。

煤（碳）的主要成分 C（碳）、灰分和极少量的氢。高炉煤气或焦炉煤气的主要成分是一氧化碳（CO），其次是氢（H_2），有的也可能含极少量的甲烷（CH_4）。而天然气中甲烷（CH_4）含量占其总量的 95%以上。

下面是不同燃料成分，在氧气中燃烧的化学反应式：

碳、一氧化碳在氧气中燃烧，除放热外都不生成水：

$$C+O_2 = CO_2 \quad 2CO+O_2 = 2CO_2$$

氢气在氧气中燃烧，除放热外，还生成水：

$$2H_2+O_2 = 2H_2O \tag{1}$$

式中　$2H_2$：　$2\times1\times2=4$　　或 2 摩尔

$2H_2O$：　$2\times(1\times2+16)=36$

根据化学知识，从 (1) 式可知：

即 2 摩尔（kg）的氢气（$2\times22.4=44.8Nm^3$），燃烧后，除放热外，能生成 36kg 的水。

甲烷在氧气中燃烧，除放热外，也生成水：

$$CH_4+2O_2 = CO_2+2H_2O \quad (2)$$

式中 CH_4：1摩尔

$2H_2O$： $2\times(1\times2+16)=36$

根据化学知识，从（2）式可知：

即1摩尔（kg）甲烷（合22.4Nm^3）燃烧后，除放热外，还生成36kg的水。

从以上论述可知，燃煤炉烟气中含水蒸气最少；锅炉燃用的煤气，因氢（H_2）含量不少，所以烟气含水蒸气量也不少；燃用天然气的锅炉，烟气中含水蒸气量最多。

（2）燃煤锅炉烟道中，为何见不到水

锅炉用煤（如京西烟煤），主要由可燃成分碳（C）和不可燃的灰粉（A）组成，约占煤的90%以上，碳（C）在燃烧时不会产生水！

煤中的氢（H）含量很低，不超过1%，燃烧时生成的水也很少。

燃煤中的水分（W），主要是物理含水量，约占总量的5%至8%左右。

在煤燃烧后，这些水都是以水蒸气的形式存在于烟气之中。

而煤渣灰和灰粉，除大颗粒的落下外，其余的粉尘，随热风上升，悬浮于烟气中，它们吸收烟气中的水蒸气，所以，烟气在达到除尘器之前，烟道中并见不到水！

在电除尘器的极板上，粉尘结块，证明粉尘吸收了烟气中的水分。

（3）锅炉燃用天然气，烟气中含有多少水蒸气

某供热厂所装$Q=35$t/h的蒸汽锅炉，燃料为天然气，其中甲烷（CH_4）含量为95.95%；单台锅炉天然气的消耗量为：2470Nm^3/h；锅炉出口的排烟温度为：138℃。

烟道和烟囱都为钢制，烟囱有80mm厚的岩棉保温层，埋地钢烟道有80mm厚的珍珠岩保温层，钢制烟道顶部离地面

200mm，没有排水设施。

运行半个采暖季后，埋地烟道内积水，竟淹没了烟道 50%以上的通流断面面积。

为什么会有这多么水呢?

根据化学反应式（2）可知：锅炉每燃烧 22.4Nm^3 的甲烷气，就会产生成 36kg 的水；为方便起见，我们来计算锅炉运行 1h，燃烧天然气中甲烷，能产生多少水蒸气。

$$36\times(2470\times95.95\%\div22.4)=3808.9\approx3809\text{kg}$$

锅炉运行一天，烟气中的水蒸气量为：

$$3808.9\times24\approx91416\text{kg}$$

通过计算可知，这台 Q=35t/h、燃用天然气的蒸汽锅炉，运行一天，产生的水蒸气约为 91t，它比燃用煤或高炉煤气、焦炉煤气，产生的水蒸气量大得多。若锅炉的容量大，在同等条件下，产生的水蒸气量，将会更大。

烟气中的水蒸气绝大部分，随烟气从尾部烟道，经引风机，通过烟囱向外排出。在烟气流过省煤器、空气预热器，再经烟道的过程中，有较强的热交换，烟气就会因散热而温度降低，当其温度低于对应压力下水蒸气的冷凝温度时，在烟道的内壁上就会冷凝成水而滞留下来。这与房间的玻璃上在冬季产生冷凝水是一个道理。

（4）烟道内可能产生多少积水

锅炉燃料一定，烟气中的水蒸气含量变化不会太大，但其凝结成水的多少，则取决于以下 3 个因素：

一是炉膛排烟温度的高低；二是省煤器的换热面积及进水温度高低；空气预热器的换热面积及进气温度的高低；三是烟道保温效果的好坏。

从上述锅炉烟道积水的两个事件来看，积水是一个必然的事情。

一个发生在新装锅炉刚开始试运行期间，锅炉运行参数远未达到额定值，排烟温度较低；此时锅炉给水的除氧设备、加热设备还没正常运行，锅炉给水温度较低；加之在冬季试运行，气温低，空气预热器的进气温度低。

几个因素凑在一块，使本是对锅炉给水和送风加热的省煤器、空气预热器，却蜕变成了“烟气”的冷却器！使原本温度不高的烟气，温度大幅下降，从而使烟气中的部分水蒸气冷凝成水而滞留下来！

从式（3）的计算中得知，一台蒸发量为35t/h、燃用天然气的锅炉，其烟气中每小时携带的水蒸气有3809kg，哪怕只有1%的水蒸气凝结成水，每小时所生成的水也有38kg！一天就是38×24=912kg！

一天就有近1t冷凝水，如果烟道绝热效果差一点，每天凝结的水则更多！它们不断汇聚，流至烟道的低洼处！

所以在烟道的最低处，要焊两根D80mm的水管，排除烟道内的积水，水流得哗哗的，那是必然的事。

锅炉天天运行，半个采暖季下来，冷凝水占去烟道约50%的流通面积，那也是必然的事！

在合适的坡度下，烟道里的冷凝水，流至引风机机壳内，把部分叶片淹没在水中，那不必奇怪。

三、原因分析及处理措施

在知道燃气锅炉烟气中含有水蒸气的机理后，不同的锅炉，烟道积水的成因还是有所不同的，处理措施也各异。

第一个事例，发生在试运行阶段，冷凝水是必然会产生的，只要在烟道最低处加装一个控制阀门或装一个小小的水封溢流管井就可解决问题。

第二个事例，发生在锅炉运行半个采暖季之后，是因为该锅炉工程地处北方冬季气温很低，长期在超负荷、低于额定压力的工况下运行，所以产生大量的冷凝水汇集。

眼下是先用小水泵，把埋地钢烟道的积水排尽，然后恢复到锅炉的额定工况下运行就可以了。若要长期在大负荷、低压力下运行，则应在埋地烟道底部，另设集水井，装小型抽水泵间歇抽除积水。

四、结论及应吸取的教训

(1) 锅炉烟气中必然夹带水蒸气，其多少与所用燃料的含氢量和物理含水量有关。若处理不当，烟道中会产生冷凝水，严重时，将威胁锅炉的安全运行，必须引起高度重视！

(2) 燃气（天然气或煤气）锅炉烟道中积水，可从以下三个方面着手解决：

一是，设计者对烟气能产生冷凝水的认知深度或重视程度要加强，盲目套用燃煤锅炉的烟道结构，是不行的。所选保温材料的性能不好，保温层的厚度不够，绝热效果欠佳，会导致冷凝水产生。

再就是对烟道中能产生冷凝水，要预先采取排放水的辅助措施，不致积水成患。

二是，施工方面的原因，保温层结构的施工质量，必须达到设计和国家有关标准的要求，不致因绝热效果不好，从而产生冷凝水。

三是，运行管理方面的原因，应按照锅炉产品的说明选用燃料，尽可能按额定参数运行！

(3) 应吸取的经验教训：

其一是，锅炉烟道、烟囱的保温，十分重要，其主要作用不是防烫！设计者和施工者，都必须高度重视，否则，烟气中夹带的水蒸气大量析出，会占去烟气的流通面积，影响锅炉的正常运行。

其二是，要提高对燃用煤气、天然气锅炉燃烧理论的认识，当烟道有积水时，应具体问题具体分析，冷静应对！

其三是，我国的煤、煤气、天然气的含硫量都较高，在空气中燃烧，产生大量的硫氧化物、氮氧化物。若烟道积水，烟气中的硫、氮氧化物溶于水而生成酸，对钢材有很强的腐蚀作用，故必须高度重视！

2.19 组合平台沉降 锅炉钢架变形

一、工程概况及发现问题的经过

南方某大型企业，为扩大生产，需要建一个自备供热厂，内设两台额定蒸发量为 130t/h，额定蒸汽压力为 3.82MPa 的锅炉。

因为单位大而全，所以，三位监理工程师和二位现场指挥部的成员，都来自本单位，还在该单位同一部门工作过，相互之间很了解。

该供热厂的土建工程，发包给了外地一位个体老板，安装工程由当地一个安装公司承担。两个施工队伍，互不统属，又从未配合过，对各自的工作风格，只能在施工中进行了解。

当安装单位进入现场时，锅炉设备已经到货，厂区已基本平整，锅炉的钢筋混凝土基础已浇注好，能看到锅炉基础区与紧邻的自然地面之间有一条十分明显的分界线，回填土比自然地面低一些，这是自然塌落、坐实所形成的，其表面结了一层半干不硬的壳！因为锅炉的钢架已运到现场，他们要在此将其组对成榀，然后吊装就位。

按安装工艺，他们把一台锅炉的八根立柱和相应的横梁，在地面组对成四榀，一榀一榀地吊装就位，再分别把有关的联系梁和拉条安装上，使它们形成一个整体。因为施工场地狭窄，四榀钢架，只能按吊装顺序，一榀一榀地摞起来组对的。

组对前，他们根据每一榀钢架的长、宽尺寸，布置了 12 个井字形支墩作为组合架，每个支墩都是用道木搭成，各支墩的顶部垫上型钢，并用水准仪找平，以控制钢架在一个平面内。因一榀钢架宽度为 8800mm，长度为 32600mm，所以有一部分支墩，布置在未扰动的自然地面上，另一部分支墩，则布置在锅炉基础区的回填土层上。

他们在每一节钢柱的中心线上，打上了“洋铳眼”，以此作为调整找正锅炉钢架的标记。在开始组焊第一榀钢架不久，刚点焊上一部分钢柱的对接焊缝，天下起了雨，只得被迫停工，没想到这雨下的没完没了，一连4天，都没法施工，到第5天，总算放晴了，焊工接着上次未焊完的活，继续干，并把所有横梁、拉条之类都焊上，组成了一榀成型的钢架。

接下来几天，就是第2榀、第3祸、第4榀钢架摞在前一榀之上，相继组对焊接成型。每一钢柱的上部都系了缆风钢绳，以调整钢架的垂直度；每一钢柱下部的适当位置，都焊上了临时牛腿，以利用千斤顶调整各柱的标高。

吊装的那一天，他们租了一台最大起重量为100t的汽车吊，一个上午，就轻而易举地把4榀钢架吊装就位了，因为进展顺利，每一个施工人员都十分高兴。

可是到调整钢架的垂直度时，他们遇到了麻烦！每一榀钢架的垂直度都大大超标！因每一根钢柱由四节短钢柱相接焊成，形成了折弯，有两榀折向炉膛外，另两榀折向炉膛内！无论怎么用缆风绳调整，也垂直不了，8根钢柱中，不垂直度最小的也达到了28mm！大大超出了《电力建设施工验收技术规范》（DL/T 5047—95）（锅炉篇）中“立柱不垂直度，最大不超过15mm”的规定。

这是一个十分棘手的质量问题。

他们经过冷调、热调等一番折腾，总算是调整到了规定的范围之内，让人们长长地松一口气。随着工程的进展，锅炉本体的重量在不断增加，三个月过去后，锅炉监检部门在一次例行的抽检测量中发现，锅炉8个钢柱上的1m标高线不在一个水平面内，说明锅炉基础有沉降，锅筒一侧的钢柱比其他的钢柱多沉降了5mm左右！这引了有关方面的重视，下令严密监视。

此后，安装单位，每个星期一，进行一次例行的观测，到锅炉进行连续72小时满负荷试运行时，八根钢柱中最小沉降量达到了3mm，最大的沉降量达到8mm！要进行处理几乎是无能为力的事，只能静观其变。

这是一个十分头痛的质量问题!

二、出现质量问题的原因分析

(1) 土建施工时，锅炉的基础没有处理好，造成了锅炉钢柱的不均匀沉降。

因地质条件不太好，锅炉的钢筋混凝土基础施工时，开挖较深，一般在 3m 以上，南方地下水位高，浇筑混凝土基础柱时，没有采取井点降水，而是采取不断排水的办法，勉强保证了施工的顺利进行。

基础成型以后，又连续下雨，土建技术人员虽然担心混凝土基础底板下的素土层被水泡软后，影响施工质量，要求及时回填土。初时，指挥部的成员和监理工程师们都不同意，要求他们按规矩进行，不仅回填土的湿度要符合要求，而且必须分层夯实或压实，每层的厚度不宜超过 300mm! 这是十分正确的。

雨在不断地下，土建的工程技术人员很着急，但老板一点也不着急。下午下班时，把指挥部成员和监理工程师邀了出去，吃个便餐，共同研究研究、一块放松放松，并辅以百试不爽的办法，因为措施得力，结果通融成功。

尽管第二天仍下着雨，但没有挡住土建老板的推土机，司机连续两天的冒雨作业，一车一车的稀泥土，很快把两台锅炉基础区的回填土填好了! 什么回填土的湿度呀，分层呀，夯实呀，那是本本上的事，实际工程中，只要监理工程师和指挥部的成员认可，条条框框是可以打破的! 并因此留下了组对平台的支墩和锅炉钢柱不均匀沉降的隐患。

(2) 在组对钢架时，12 个用道木做成的支墩平台，一部分设在未曾扰动的自然地面上，另一部分设在回填土层上，因四榀钢架每一榀的重量在 11800kg 至 13500kg 不等，其总重量 50 多吨，所以每一个支墩需承受 4000kg 多的负荷，在这么大的力的作用下，因为回填土层在连续下雨的情况下，不断沉降，致使原来已经找平的支墩，不平了!

经过 4 天下雨后，焊工继续施焊，他们没有再次检验测量

12个支墩是否仍在一个平面内，每一个钢柱是否仍保持在一条直线上，就盲目施工，所以在接下来的钢柱组对焊接时，出现了折弯！并严重超标！

（3）在未扰动的自然地面上，用道木搭设井字形支墩组对平台，最底层的道木可以少几根，但是在回填层搭设的支墩，还是一样多，就不行了，因为回填层的土表耐压能力要比自然地面的承压能力差得多，这要经过计算，来确定道木与地表的承压面积！他们没有这样做，导致各个支墩受力不均，产生了不均匀沉陷，致使本在一个平面内的12个支墩顶部，不在一个平面内了，使钢柱也不在一条直线上了，故钢柱出现了折弯！

（4）在下雨前，各钢柱在一条直线上，是经过检验的，下了几天雨，接着施工，不再经过检验测量就接着施工，是酿成此次质量事故的直接原因。

三、处理措施

（1）对各个钢柱进行局部加热处理，利用其温度应力，对钢柱进行调整，使其达到规范要求，在一榀钢架的两个钢柱，同时进行校正调整，避免产生扭曲。

实施虽然较费工费时，校正又很困难，但还是达到了要求。

（2）对锅炉的沉降问题，交工后委托建设单位继续观测，不仅在土建工程款中，额外扣除了数量可观的保证金外，还责令土建老板立了如下字据：日后，因锅炉基础的不均匀沉降，引起的一切问题，由其负责处理或赔偿！

四、应吸取的教训

（1）指挥部成员和监理工程师，应该是严把质量关的，却经不住眼前蝇头小利的诱惑，拿工程质量作儿戏，这是值得深思的，必须引起各级领导的警醒！

（2）作为安装施工单位，对每一个环节都不能掉以轻心，质量检验部门，不能形成虚设，要真正负起应有的责任！12个支墩平台，有几个沉降了，影响了产品质量，居然未被发现，等吊装后找正钢架时才发现，这是不可思议的事！是业务水平问题，还是工作责任心的问题?

2.20 化验前做手脚 施工后伤脑筋

一、工程概况及发现问题的经过

某安装单位在施工1台锅炉时，钢架和膜式水冷壁，都采用地面组对成型，整体吊装的方案。膜式水冷壁是由$\phi60\times3.5$mm管子组成，管轴中心节距为80mm，左右侧水冷壁每片72根管子，净宽5740mm，上、下联箱间管子长度27500mm；膜式壁的向火面，在下联箱以上5000mm高的范围内，布置有75mm厚的莫来石浇注料，作为卫燃带，在鳍片管上焊有销钉，以固定浇注料；膜式壁的炉外一侧，用120mm厚的硅酸铝、钙板作为绝热保温层，在鳍片上现场焊拉钩钉，固定硅酸铝、钙板。

为减少高空作业，他们在预先搭好的组合架上，组对焊接膜式水冷壁，单片水压试验合格后，进行向火面75mm的莫来石浇筑，然后将整片膜式水冷壁翻转过来，焊鳍片上的拉钩钉、刚性梁耳板和刚性梁，并安装炉墙上的有关门、孔类金属零件。

一切就绪后，在适当位置焊上几排临时吊耳，作为正式吊装膜式水冷壁的吊点，以便膜式水冷壁整体起吊就位。

在莫来石浇注料施工前，监理工程师几次催要莫来石浇注料的报验单，拖了一段时间后，材料负责人报去了一份产品合格证和一份化验单，两者的各项指标几乎一致！监理工程师说：你们抽样、送样时，我们不在，也没在送样委托书上签字，这份化验单，只能算为一份送样检验报告，而不是见证取样化验报告，所以不代表该批材料合格，不同意用在正式工程上。

施工队长认为，有了化验报告，且指标合格，监理工程师暂时不同意没有关系，经过一段冷处理后，先用上再说，到时没有什么问题，还不是用上了也就用上了！

在正式对莫来石进行浇筑时，筑炉班的工人感到莫来石的粉料粒径太粗，施工时的和易性不好，而且初凝的时间很短，进行压光时，总觉得抹不开！经过一番努力，在下午下班前把它干完了。当天晚上，班长还来检查过两次，对“细小裂纹”，他采取了撒灰、洒水、压光的办法，一律将其按发丝形裂纹处理了。

第二天一早，队长到工地一看；整个卫燃带的莫来石浇筑料，表面光滑平整，很满意。又过了两天，他命令：把膜式水冷壁翻过身来，进行下一个工序的作业。

他们采用的办法是，在水冷壁的长度方向上等距系四道钢丝绳，每道钢丝绳的两边都可用滑车进行绳长的调整。上部的两道钢丝绳用一汽车吊的挂钩挂着，下部两道钢丝绳用另一汽车吊的挂钩挂着；两汽车吊协同作业，将膜式水冷壁水平抬离组合架后，用滑车放长同一边的钢丝绳，使水冷壁侧身直立，调整位置后，让其缓缓下降，使水冷壁的一侧落在组架上，并顺势把其向另一旁拖动，使其徐徐翻身下落在组合架上，确认无误后，进行水冷壁炉外侧零件、构件的焊接施工。

在进行这一面的施工作业时，人员在上面走动，有时还在上面敲敲打打，时有较大的震动发生。第一天下来，筑炉班长特意走到水冷壁的下方，仔细观察了一番，发现有较长的“发丝形裂纹”，他没有吭声，认为“发丝形的裂纹”规范是允许的，即使要处理，也不难。

第三天，筑炉班长又去察看，发现裂纹，在发展，不管是长度、宽度，都比原来明显了，但他还是沉住了气。等水冷壁炉外侧的金属零件和吊装用的临时加固件，全部焊接完毕，大家全力准备明天把水冷壁吊装就位。

此时的筑炉班长还是有点不放心，再次钻到水冷壁底下去检查，他看到的是一条条清晰的、又不十分规则的细小裂纹，中部两条，几乎从左到右横向贯通！筑炉班长的心头掠过一丝阴影，但他还认为不会有大问题，仍然坚持没有向队长和质检员反映。

对水冷壁的吊装，他们采用的是弹性吊装法，即几组吊点受力，在吊点与吊点之间的水冷壁管子，允许一定的弹性变形，当吊装作业结束时，管子会自动恢复原来的直线状态。

当吊装指挥下令将水冷壁缓缓水平提起，刚离开组合架200mm左右时，监理工程师和筑炉班长，不约而同地钻到水冷壁的下部去进行检查，正当他俩还在指指点点商量着什么的时候，吊装指挥人员，急令他们火速撤出。

随即几声清脆的哨声，水冷壁在慢慢地水平上升，人们可以清楚地看到，巨大的水冷壁似乎变成了一张“硕大的铁弓”，弓至弦的最大距离有600mm左右，气势特别壮观！人们都在仰头观看，其中看得最仔细的，当数监理工程师和筑炉班长。

只见监理工程师在不断地指指点点，而且声量越来越大，筑炉班长不停地点头称是，声阶在不断地降低，最后干脆不吱声，听任监理在那儿嚷嚷。

当水冷壁吊装就位以后，他们从爬梯登上去，作再次的检查和观察，结果不言而喻：水冷壁5000mm高、75mm厚的卫燃带莫来石浇注料，有多条从左到右贯穿的裂纹，从表面到里层裂透，宽度在2～4mm左右，还有十多处交叉的短裂纹，长度不等，但宽度却差不多，在裂纹交汇处的小块浇注料，多处被挤压、变酥、掉渣！形成一个个不规则的三角形窟窿，十分扎眼。

这是一起筑炉施工的质量事故，莫来石浇注料的卫燃带，不合格！

二、造成事故的原因

(1) 莫来石浇注料，是从一个小厂采购而来的，没有产品质量证明书，只有该厂自己的产品合格证。在采购合同的技术要求部分只写了“应达国家有关标准的要求”，而未将锅炉炉墙图纸要求达到的具体技术数据，写进行合同；结果成为了不受技术标准约束的材料。

(2) 来料的抽样，是供货商和采购员送去的，化验报告，实际是对厂家合格证指标进行的检验，而不是按图纸要求指标进行检验。尽管出具的结果说是合格的，而实际上未达到应有的要求。

(3) 该批莫来石所进行抽样检验，从报告上看，检验报告只对送去的样品负责，并不代表该批材料合格，因为他们是送样检验，而不是见证取样化验！在样品的化验委托书上，只有采购员与供应商的签名，而未见到筑炉技术人员和监理工程师的签名。所以该化验，是没有实际意义的！

（4）该施工队长不听监理工程师的劝告，在报验未被批准的情况下，执意先斩后奏，企图造成既成事实的做法，是这次事故的主要原因。

（5）直接原因是：筑炉班以前没有施工莫来石浇注料的直接经验，对其是否达到了要求，心中无数，处于一种盲目施工的状态中。当莫来石浇注料施工结束后，曾把水冷壁翻过身来，此时浇注料层在下方，受拉，上面有人作业，因为组合架的挡距大，水冷壁的挠度就大，所以把其撕拉裂了。

三、处理措施

（1）立即停止使用该种材料，已入库的，作退货处理；对已经用在工程上的，一律报废，作彻底返工。

（2）重新采购原材料，由专业技术人员对材料的各项技术指标把关。

四、应吸取的教训

（1）材料采购如果一任供应商牵着鼻子走，不是在工程质量上出问题，就是在工程造价上出问题，最终可能让人出问题！

（2）抽样化验与见证取样化验，两者性质不同、意义不同；施工人员如果是不懂，还可以通过学习掌握，最怕的是懂了，故意混淆两者的差别，从中作弊！

（3）在施工中发现了问题，不及时报告、处理，心存侥幸，是绝对要不得的！筑炉班长是最早知道问题的，不采取有效措施，所以问题越来越严重，以致酿成事故，造成重大经济损失。质量检验部门必须加强对过程的监督与控制。

2.21　清洗不彻底　运行留后患

一、工程概况及发现问题的经过

某安装公司接到一台 130t/h 蒸汽锅炉的安装业务，建设单位是一个县级小厂，资金不十分充足，他们期待锅炉投运后，收回投资，再陆续付清工程款。所以在签订安装合同时，就加进了如下内容：不给工程预付款，只要设备到齐，施工单位不得因工程款的原因，而影响施工进度。所有工程款，按月报量，付60%，余款在投产一年后付清。并规定：因施工质量引起的问题，由安装单位终身无偿保修。

施工单位因为任务不足，违心地签订了这份不那么平等的合同。

安装单位进厂时，土建施工已全面展开，到处都堆着开挖出来的土方，但锅炉基础已经做完，锅炉设备也在陆续到货。什么锅炉钢架、水冷壁管排、联箱及部分辅机设备，随处可见，有的还被开挖出的土方掩埋了一大半。

由此可见，建设单位的工程组织是不得力的。

安装单位在锅炉钢架组对就位时，就催促建设单位，按施工顺序及时组织设备进场，回答是："你们先把已到的部件安装好，余下的就会到了，不会影响你们施工的"。

可是锅炉钢架就位以后，也没有见到有新的锅炉部件运来；施工单位想组对水冷壁，因各片水冷壁不是少上半部，就是少下半部，总不能凑成一片成型的水冷壁。

多次催促，毫无结果，原来是货款没支付到位，锅炉厂拒绝继续供货。

在这种无可奈何的情况下，安装单位不得不停工待料，后来干脆只留下少数几个工人看场，其余的人全撤了。

过了半年多，锅炉部件基本到齐，建设单位通知复工，才又开始作业。早到的锅炉部件，在工地日晒、雨淋、土埋，有的锈蚀得已相当严重。

复工近一年，各方竭尽全力合作，锅炉总算通过了连续72h满负荷试运行，交给了建设单位，亦即后来的使用单位。

锅炉投运半年以后，安装单位经常去追要所拖欠的工程款，但总是不能如愿，相反，有时还可听到一些有关工程质量不太好的议论。交工后的第八个月的一天终于听到了有关锅炉爆管的消息！出了事故，建设单位按合同精神，邀施工单位工程技术人员去现场察看，一起分析原因，以利进行抢修。

在现场看到的情况是：有一根水冷壁管爆管！割下来一段管子，可以清楚地看出，管膛内有一层水垢。

在分析事故原因的会上，安装单位的技术人员，认为事情比较简单，这是水质管理不善，造成炉管结垢，局部过烧后引起的爆管。

所以在会议开始的一段时间，不发言，而让使用单位自己去找原因。那边几次催促，他们几次推辞，不愿意在这时对别人说三道四。

最后还是锅炉间主任带头发言了，他说：这次爆管事故的发生有两个方面的原因，其一是水质管理有问题，致使炉管结垢，这是直接原因。

另一个重要原因是，安装质量存在爆管的隐患，从锅炉投入使用以来，我们就发现锅炉的排污不好，到后来越来越严重。小水垢不能及时排出，在炉内结成大的、厚的水垢，才导致爆管，这是主要原因。以前也向安装单位的领导反映过这些情况。

使用单位的人发言，基本上都附和这种意见。

这是施工单位的人始料未及的，他们这时才奋起反驳，据理力争，再三陈述各种理由，以说明此次爆管与施工质量无关，企图挽回被动。

两者的意见相左，经过一番争论，双方同意把排污管割下来验证。结果是：水冷壁四个下联箱的排污阀前，有一段 $\phi57\times3.5$mm 钢管，里面基本上是水垢、焊渣之类。

见到此情此景，施工单位的人则有点不知所措，使用单位的人较得意，他们进而要求把每个下联箱中部短管的闷头割开，作进一步的检查，结果发现里面又全是泥砂、铁锈焊渣和水垢！这还有什么话说呢？再解释也是苍白无力的！只得承认是煮炉后没有清理干净；继而承认此次事故由双方共同负责。

二、造成事故的原因

（1）建设单位在锅炉部件进场后，没有很好的保管，尤其是中间又停工几个月，水冷壁管有的被泥土掩埋，管膛中进入了不少泥砂。安装单位在组对焊接时，对管膛虽然进行了通球，但未清扫干净。

（2）煮炉后，本应对各处管膛内作彻底冲洗，直到排水水质符合要求，施工单位做了，但没有按《电力建设施工及验收技术规范》DL/T 5047—95（锅炉机组篇）中 10.4.10 的规定，“彻底清扫内部附着物和残渣”，没有割开排污管和联箱下闷头短管，把冲洗至此处的污物清理出来，因此造成了淤堵。

（3）这次事故，非常明显，是使用单位的水质管理不善造成的，对施工单位而言，是因为他们在安装过程中，没真正按施工验收规范办事，为锅炉的运行留下了隐患，事实上恶化了炉水管理。

三、处理措施

由安装单位把锅炉进行恢复、修理，由使用单位对锅炉进行水压试验后，重新煮炉直至合格。应特别重视日后的水质管理。

四、应吸取的教训

（1）使用单位必须加强水质管理，严格取样、化验制度。

（2）安装单位如果不老老实按施工验收规范办事，最终吃亏的还是自己。

2.22 砌筑三项失误，炉墙四周掏空

一、工程概述及发现问题的经过

某施工单位安装了一台蒸发量为 65t/h 的煤粉锅炉，额定压力为 3.82MPa。光管式水冷壁和锅筒都悬吊在炉顶钢架上，沿垂直方向，向下膨胀。该锅炉的炉墙为砖砌轻型炉墙，护板框架式结构，向火面为普通耐火砖，中间层为硅藻土耐热层，次外层是矿渣棉保温层，再外层是钢制密封护板。

水冷壁管穿过炉墙后，与布置在炉墙外侧的下联箱连成一个整体。

经过一段紧张的施工，到了烘、煮炉的阶段。为了使炉膛升温平缓，他们宁愿把烘炉的时间拉长一点，决定利用厂区现有的低压蒸汽进行烘炉，锅炉的整个受热面变成了散热面，有如低压蒸汽采暖一般；前两天，蒸汽用量很小，以后才慢慢地加大，水冷壁的最高温度在100℃左右。

烘炉第一天，值班员发现：水冷壁下联箱膨胀指示器，只在水平方向有动作，而垂直方向基本没有动作；而水冷壁上联箱的膨胀批示器，在水平方向和垂直方向都有所动作。

值班员把这一不正常的情况向队长B作了汇报，B回答继续观察。

第二天，与第一天没有多大的变化，到第三天情况大不相同了，主要是上联箱的膨胀指示器，非常清楚地表示，水冷壁不是在向下膨胀，而是在向上膨胀！

值班员领B队长去察看：左、右水冷壁四个上联箱都是如此。这时，B的心里掠过了一丝阴影，因为炉温不太高，水冷壁管向上膨胀的量较小，B队长仍怀疑，在锅炉冷态时，工人没有认真把膨胀指示器的指针归到零位，除此之外他找不到更合理的解释。

接下来的十来天，基本保持第三天的样子，比较稳定，事态没有继续发展，B队长更加相信了自己的判断：膨胀指示器的指针，在冷态时没有归零！

至此，B队长放心了，也没有想，还应采取什么处理措施。

接下来是进行碱煮炉，首先用重油，随后投入煤粉，炉膛温度比烘炉时高多了，水冷壁的膨胀量也比以前大多了，水冷壁下联箱的膨胀指示器的水平方向指示正常，而垂直方向还是基本没有动作！而水冷壁上联箱的膨胀指示器，水平方向指示正常，而在垂直方向，不应该有动作的，却向上膨胀了16mm，上联箱明显上抬了，这是非常严重的事态！

B队长还是不能解释这种反常的事情，为了遏制水冷壁向上膨胀，他在上联箱的两端，各加了一个小角钢支撑，一头焊在钢架横梁上，另一头顶住上联箱，企图迫使它向下膨胀，但无济于事！因为角钢有一定的倾斜度，水冷壁向上继续膨胀时，把它顶崩了！

这无疑是对B队长的一次严重警告，他不敢继续煮炉了，无可奈何，只得降温停炉，并把情况如实向上级反映，等待有关技术人员前来分析处理。

锅炉工程师A来到现场，与有关人员进行了交谈，了解到：在锅炉生火之前，确实把膨胀指示器指针归到了零位，而且烘炉、煮炉过程中，水冷壁联箱的膨胀指示，除下联箱没有向下膨胀的指示外，其余的都有动作，最大的问题在上联箱向上膨胀，并且随温度高低不同而有所不同。

接下来A工程师在锅炉上上下下看了几遍，从外部没有发现异常；回到住处，把锅炉本体图纸翻了个够，也没看出什么破绽。这也不是，那也不是，剩下一个可能，就是出在施工中了！这是他最不愿意看到的事。但到底问题出在哪里，他又一时说不清，至少是说不准确。

A工程师与B队长商量，要求他熄灭炉火，等到温度降下来以后，到炉膛内去进行检查检查，借以发现或者排除一些问题。

熄火停炉后的第四天，他们到炉膛里检查时发现：

1）水冷壁的拉钩已基本回到了耳板长方形孔的中下方，这是正确的。但也说明一个问题，如果不停炉处理的话，水冷壁向上膨胀，有可能把拉钩从炉墙上的拉脱，破坏炉墙。

2）水冷壁管的下端，穿过炉墙的部位一点动静也没有；而冷灰斗前、后墙上所留的膨胀间隙，很不规矩，一是间隙宽度不够，中间还夹着两条填充膨胀缝用的、未完全燃尽的纤维板条，大约有12mm厚；二是不直，形成了不规则的波浪形！这显然是施工的随意性带来的后果。

A工程师决定把问题锁定在筑炉的施工质量上。

当他把施工班组的工人召集起来，说明开会的意图时，遇到了意想不到的情况：

A工程师要求把下联箱处的炉墙刨开，证实一下，是不是下联箱被顶住了时，筑炉班一片哗然，有的工人认为他找不出水冷壁向上膨胀的根源，就来找筑炉班的麻烦。

要不是B队长拿冷灰斗膨胀缝的质量问题镇住他们，会议还真不知要开成什么样子！

B队长的行政命令发挥了作用，筑炉班班长C，默许了刨开部分炉墙。

但是来到炉子跟前，等气割工把钢护板割开后，谁也不动手刨炉墙，一个个站在那儿，表情各异：C班长漠然无语，A工程师焦虑不安，B队长一脸愠色。

B队长用不满的目光扫视周围的人，仍无动静，他终于沉不住气了，愤愤然操起铁镐，使尽全身之劲，狠狠地刨着联箱之下的炉墙，没刨两下，青年工人来抢镐头干，他也不给，不一会一个约为500mm×400mm的方洞被刨了出来，B队长俯身看了看，猛的直起身来，把铁镐一丢，冲着C班长吼了起来：

“没问题，没问题！你自己来看看，有没有问题！”

C班长一惊之余，蹲身一看，不禁变成了一个红脸关公：真是红砖把水冷壁管子顶住了！

A工程师还想仔细了解一下情况，被B队长拉住，并撂下一句话，“走，我们走！还怕他们不去处理！”

情知理亏的C班长，默默跟着来到现场办公室，饱受了一顿责怪之后，B队长要他每个下联箱处的炉墙都刨开来检查一遍。

结果都是一个样：水冷壁管被顶住了！

A工程师一直在炉子跟前，有一个现象令他感到奇怪，水冷壁管向下膨胀受阻才能向上膨胀，多大的力啊，为什么垫在水冷壁管下的砖头，连一块也没有被压碎呢？是不是还有其他的原因呢？

他把这个担心告诉了B和C。

此时的C对A已是心悦诚服，很痛快地说：“你说可能是哪儿有问题，我们就刨哪。”

A仍用商量口吻说，怀疑水冷壁管穿过炉墙处的耐火混凝土块。图纸的意图是，它应该随水冷壁管的膨胀一块儿上、下运动，现在它未动，可能也有卡阻。

在冷炉期间，如果我们不把可能的问题都排除，炉子再点火后，想来处理，就麻烦了，那我们真丢人啦！

意见得到了采纳。首先，他们试着凿开一个地方，发现有问题，再凿开一个地方也有同样的问题：

耐火混凝土相互运动的间隙，有如冷灰斗的膨胀缝一般，宽度不够，所填充的纤维板条，已变得歪七扭八！最令人难以置信的是，耐火混凝土里的钢筋，伸出头来，有的竟然与锅炉的钢架点焊上了！四周一个样。

问题找出来了，经过处理后，锅炉再次点火启动时，水冷壁的热膨胀总算恢复了正常，B队长大大松了一口气。

二、发生问题的原因

（1）水冷壁管与联箱焊接时，为增大联箱壁上的孔桥（俗称鼻梁），把开孔沿联箱的圆周方向，错开了一个适当的角度。所以下联箱处穿越炉墙的管子，上、下错开了一个距离。故管子下面的砖“有眠有斗”，即有平放的，也有侧着立放的，都与管子底部有一定的距离。施工时，工人没有很好地看图，把侧砌的砖正好垫在管子下了，没有留膨胀间隙。

（2）他们在施工20mm宽的膨胀缝时，为了省事，用两条6mm厚纤维板叠合起来，填充其中，所以只有12mm，厚度不够。在混凝土浇灌时，纤维板条受到混凝土的挤压，变成了歪七扭八，所以留的膨胀缝也就歪七扭八。

最为严重的是，纤维板是吸水的，它吸收了水泥浆后，犬牙交错，咬合在一起了，给两块该产生相对运动的混凝土块，带来了难以克服的阻力。

（3）筑炉班在施工耐火混凝土时，为了固定钢筋骨架，临时把它与锅炉钢架的横梁点焊上了，而在浇灌混凝土后，又没将其解开。

致使这块本应产生运动的混凝土块，被钢筋兜住，和水冷壁一起，被固定在锅炉骨架上，而不能产生向下运动。

由于以上三个原因，都把水冷壁限制在它的初始位置，受热膨胀后，不能向下运动，只能向上运动。所幸发现尚早，未造成重大损失，但这是一个重大的安全隐患！

三、处理措施

（1）将水冷壁下联箱处的炉墙掏开，按原图示位置，留出膨胀间隙，一眠一斗把砖砌好。

（2）把靠炉墙外侧的混凝土块打掉，按原图示位置，做好迷宫式密封缝，并留出足够的膨胀间隙，重新浇灌混凝土。

（3）把所有点焊在钢架横梁的混凝土钢筋，全部解除约束，让其能够随同水冷壁一起伸缩。

四、应该吸取的教训

（1）这是一起施工责任事故，第一个原因，是没有看懂图或者未仔细看图造成的，如果他们懂得水冷壁受热后，在此处有热位移的话，是不会用砖把水冷壁管顶住的。

由此可见，职工教育是何等重要啊。

（2）下面的两个原因，纯属工作责任心的问题，膨胀缝应留够宽度是常识，但他们在施工时，图省事，用两条纤维板一塞了事，未料到其跑模和吸收水泥浆以后，粘到了一起，变成了犬牙交错的形状，相互咬合，难以产生相对运动；把钢筋点焊在锅炉骨架上，理应在混凝土凝固后拆除，但没拆。这用一个责任心不强，能包涵得了吗！

（3）责任心、技术水平、敬业精神、职业道德，每一项都有具体内容，要真正落实，不是一朝一夕的事，这是一件长期而又艰巨的任务，每一个企业负责人都不可懈怠。

2.23 膜式壁管直接插入锅筒孔焊接的无奈

一、锅炉安装出现问题简介

某个有经验的锅炉安装单位，接到 3 台燃用天然气锅炉的安装任务，工期特别紧。其锅炉型号为 SZS35-1.6-Q，双锅筒纵置式水管锅炉，采用膜式水冷壁，全焊接结构，卧式 D 型布置。

上锅筒通过大量的蒸发管（对流管）支承在下锅筒上，下锅筒通过支座支承在地基上。膜式水冷壁管和对流管都是 $\phi51\times3.5$mm 的管子。除前、后水冷壁的第Ⅱ屏带联箱外，其余膜式水冷壁管（包括对流管），都是直接插入锅筒 $D52$mm 的孔内，焊接连接的。

各片膜式水冷壁都分屏，各屏的水冷壁管子，最少的 11 根管，最多的 25 根管，按组装件供货。

安装队在施工前就向甲方反映："……单屏膜片水冷壁十几根至二十多根 $\phi51\times3.5$ 的管子，要同时恰好插入上、下锅筒管孔内，进行组焊，不是轻易能做到的事，……！"

甲方负责施工管理的代表，以为安装队在讲条件，为可能拖延工期找借口。就拿出锅炉产品说明书给安装队看，这上面不是明写着："本锅炉结构紧凑，现场安装快捷方便，安装周期短"嘛！你们不是个有经验的安装队吗，怎么被这台小锅炉难住了呢？

施工单位在无可奈何的情况下，只得继续按程序施工下去。到了要安装膜式壁时，他们把甲方管理施工的代表请到现场实地察看，让他们对膜式壁管不能插入管孔内安装，有个真切实感的认识。

至此，甲方也感到问题的严重性，才放下身段，与安装队商量处理办法。因为，施工队与锅炉厂没有合同关系，厂方没有义务回答任何问题，尤其是涉及锅炉的质量问题。

最后决定由施工队以工作联系单的方式发给甲方，再由他们转发至锅炉厂。工作联系单的内容是这样的：

……膜式水冷壁管，要求插入锅筒管孔内焊接。因每个管屏的各根管子与上、下锅筒的对应管孔尺寸不相匹配，基本都错位，而无法正常安装。请提出解决办法。

怎么能安不上呢？锅炉厂不相信！

并在回函中表示：请安装队认真阅读有关技术文件，按图施工！

这种不太礼貌的举动，对施工单位略有刺激，但他们还是耐着性子向甲方提出，要求锅炉厂派技术人员到现场解决问题。

经过多次发电邀请，该厂领导终于带领设计、质检和有关工程技术人员前来，了解、处理可能的问题。通过现场实地察看和多次会议，安装单位根据国家有关标准和锅炉厂供应的图纸资料，与他们开展了认真的讨论、交流。

最后，锅炉厂，不得不接受安装单位的分析意见，承认膜式水冷壁设计有失误，愿意委托安装单位进行返修，并承担不能顺利安装的责任。

下面是他们对问题进行的讨论与分析。

二、膜式水冷壁不能正常安装的主要原因

(1) 选用的各个标准之间，误差不匹配：

根据锅筒管孔和膜式水冷壁的制造标准，各自的允许误差：

从上、下锅筒图纸可知："锅筒按技术条件按《超声波测厚反校准规范》JJF 1126—2004 制造验收"的；从水冷壁图纸可知：水冷壁"管屏按 JJF 1105—2004 制造验收"。

其实，就是以机械行业标准"焊制鳍片管（屏）技术条件 JB/T 5255—1991"和"锅炉管孔中心距尺寸偏差 JB/T 1623—1993"（注：现已废止）等同转换的企业标准。

下面，以管轴节距为 90mm 的管屏与管孔为例，并摘录其有关允许误差作说明，见表 2.23。

允许误差　表 2.23

名称	规格（mm）	管子、管孔的允许误差（mm）	相邻管子、管孔中心距的允许误差（mm）	边沿两管子、管孔中心距的允许误差（mm）	
				11 根管	25 根管
管子(屏)	51×3.5	±0.51	≤3(平面瓢偏≤6mm)	≤3	≤6
管孔	52	+0.4	纵向±1.5(环向±2)	±2.5	±3

从上表可以看出，膜式水冷壁管子与它对应的一排管孔，其允许误差是不相匹配的。

(2) 管屏管子，难以同时插入上、下锅筒的管孔内

在管子外径为 51mm，与管孔内径 52mm 的标准状态下，单根管子插入管孔，管壁四周只有（52－51)/2＝0.5mm 的间隙。若组成管屏，管子向两边只有 0.5mm 的调整空间！

在管子外径为 51.51mm，管孔内径为 52mm 的极端情况下，管壁四周只有（52－51.51)/2＝0.245mm 的间隙。若组成管屏，管子向两边只有 0.245mm 的调整空间！

假设有一个管屏，只有 2 根管子，它和对应的管孔，在标准状态下，只要有 0.5 mm 以上的相对误差；在极端情况下，只要有 0.245mm 的相对误差，要想把这个管屏的 2 根管子，同时插入上、下锅筒的对应管孔内，就难以做到！

何况，从上表所列的允许误差可以看出，相邻管孔中心距允许误差，为±1.5mm，而相邻管子中心距允许误差，为≤3mm，即在±3mm 之间！即使其中一根，管轴中心与管孔的中心（线）完全重合，当管子中心距出现最大正误差 3mm、管孔中心距出现最大负误差 1.5mm 时，那怎能装进去呢！当管孔距是负误差 1.5mm，而对应管子中心距也是负误差，为 3mm 时，又如何装进去呢？两者都是最大正误差也不行！当然还有其他误差的组合情况。

其所以不行，是因为都超过了管子与管壁之间的可调整空间。

两根管子的管屏尚且如此，更多根管子组成的管屏，就更难

了。尽管管子、管孔和管屏可能都在各自的正、负允许误差之内，但它们之间有多少种误差组合和误差积累呀！要想把管子装进去，那就是难上加难了！

这还只是制造时管子、管孔、管屏的允许误差，如果加上其他制造误差和安装时的允许误差，要把一个管屏的管子，同时插入上、下锅筒的管孔内，简直是不可能！

（3）上、下锅筒的安装允许误差都超过 0.5mm

从《锅炉安装工程施工及验收规范》GB 50273—2009 中，可以看到：

上、下锅筒之间垂直方向距离的允许偏差：±3mm；

上、下锅筒横向中心线相对偏移的允许偏差：±3mm；

这些都可能超过管子与管孔间的可调整空间！

（4）膜式水冷壁的其他尺寸偏差

膜式水冷壁管屏生产出来以后，管子及其相互位置已确定，而影响膜式水冷壁管子不能插入管孔的主要偏差还有：

管屏平面的两条对角线的不等度（≤5mm）、管屏平面瓢偏量（≤6mm）、上、下两个弯角的准确度、管端管口中心连线直线度以及这两条线的相互间的距离等等，它们之中，任何一项的偏差，都可能远远大于 0.5mm！某几项相互叠加后，就更大了。

所以说，锅筒管孔与膜式水冷壁管的误差，不相匹配！尽管它们都可能达到了各自的制造标准，在不做技术处理的情况下，是不可能将整个管屏的管子同时插入上、下锅筒对应的管孔，进行装配的！

锅筒是关键部件，其上的管孔及其相互位置，不可能再调整，为了使膜式水冷壁管能插入锅筒管孔内，只能拿水冷壁膜片开刀，做所谓的“技术处理”。

（5）对膜式壁进行处理也非易事

锅筒上的管孔及其相互位置，已经固定死了，不可能调整，有多大误差，只能承认既成事实，而对膜式水冷壁做技术处理，谈何容易。

因为各屏水冷壁管的膜片（鳍片）都焊好了，刚度大，而管屏上、下两端，未焊鳍片的部分留得太少：

右水冷壁的上、下管端只有 214mm 没焊膜片；隔墙水冷壁上管端只有 141mm、而下管端只有 183mm 未焊膜片；左水冷壁上管端只有 100mm、而下管端只有 132mm 没有焊膜片！

最长的也只有 214mm，没有多少可调的余地。

对于拼接过有联箱膜式水冷壁的人们，可能会说，把管端的鳍片，割开 300～500mm，不就成了！

不成呀！因为：

对接膜式水冷壁管，上、下两节都是自由的，一个焊口的两边，都可割开 300～500mm，来调节两者间的相互位置，对正好一根，点焊上一根，可逐一进行；整屏管子可全部点焊好后，再进行正式焊接。

而该锅炉的膜式水冷壁管屏不同，要靠调整膜式壁管子，去就合上、下两排固定死的管孔。而且还必须是管屏一端的十几根甚至几十根管子，要全部、同时插入各自的管孔内，只要有一个地方卡壳，整屏管子就不可能装进去呀！

换句话说，这种管屏的安装，比对接两端有联箱的膜式水冷壁管屏要难得多！

锅炉产品设计说明书上宣称的：“本锅炉结构紧凑，现场安装快捷方便，安装周期短。”哪里有点根据呢！

三、处理办法

在安装单位有理有据的分析面前，锅炉厂家终于承认了他们的失误，答应采取技术措施进行处理，并委托施工单位实施。凡由此而发生的费用和产生的质量后果，一切由锅炉制造单位负责。

所谓处理措施，其实是没办法的办法，就是把一个水冷壁管屏，割作 3～5 根管一组的小管屏，沿管轴把膜片全割开，然后把管屏两端管子间的膜片再割开 500～700mm。再根据锅炉筒上的管孔，对管轴中心距进行调整！费了九牛二虎之力，才把一小屏的管端插入锅筒管孔之内！

整个锅炉的膜式水冷壁，因设计的失误，使得安装队只能一小片一小片地艰难安装上去。

把管屏割成了零碎的小条条，一个个地安装，再一个个地拼接，不仅增加了不少焊缝、耗费了不少材料、也耽误了不少工日！此外，该锅炉燃用天然气，炉膛的密封问题也引起了有关方面的格外关注。

四、有益的启发

从该锅炉膜式水冷壁管安装和鳍片焊接这两件事，应得到的启发是：

（1）对安装工程施工技术人员来说，不但要熟悉安装施工规程、规范，同时还应了解有关锅炉的设计标准，遇到问题，在与制造厂、甲方、监理和监检单位的讨论中，才有更多的话语权。并赢得尊重、信誉和信赖。

（2）对锅炉制造单位而言，要多多了解安装现场实际情况。若采用膜式壁管屏的管子，作为一个整体，直接插入锅筒管孔焊（胀）接的话，是不适宜的！

2.24　设计欠稳妥　阀门齐扳断

一、工程概况及发现问题的经过

某供热厂内准备安装5台单机容量为29MW、设计压力为0.8MPa的高温热水锅炉，一期工程，安装3台。

每台锅炉的主出水管为$\phi219\times7$mm，相互之间的间距为6m，五台锅炉共用的热水母管为$\phi500\times10$mm，它在锅炉房内的直线管长约35m，管端用盲板封焊。各台锅炉的出水阀紧贴锅炉钢架布置，出水管与母管中心标高相等，水平正交连接，出水阀至母管中心距离约为3m。

从锅炉房至热交换站间的一次水，采用循环水泵进行强制循环。

第三台锅炉的烘、煮炉工作和前两台锅炉的连续 72h 满负荷试运行都进行得比较顺利，在第三台锅炉进入 72h 满负荷试运行的第 26h 的时候，因电器原因，突然停泵，在锅炉房值班的人员突然听到“轰”的一声巨响，紧接着从 3 台锅炉的主出水管内“哗—哗”向外喷着汽水！因为水的汽化，刹那间，整个锅炉房，热雾蒸腾，一派迷茫，什么也看不见，只听到值班人员惊恐的询问与呼叫，顿时乱作一团。

所幸电器连锁起了作用，才没造成更大的事故。

经事后检查发现，3 台锅炉的主出水阀全被扳断了！

1）3 台锅炉的主出水阀，阀体法兰颈部都齐刷刷地被扳断，而且都是崭新的灰白色茬口。

2）各台锅炉共用的出水母管，在水平位置上向盲板一端窜动了 100mm 左右，盲板有非常明显的起鼓现象。

3）各台锅炉的主出水管、主出水阀及共用的出水母管，都是按工艺设计图纸进行施工的，母管在锅炉房内的部分，其热位移全采用自然补偿。

二、造成事故的原因

(1) 因为三台锅炉的主出水管与出水母管采用水平正交连接，主出水阀紧贴锅炉钢架，以其作为支撑。

而主出水阀至出水母管轴线的距离只有 3m，对 $\phi219\times7$mm 的管子而言，其刚度是很大的。

另一方面，出水母管在锅炉房的部分有 35m 左右，热位移全采用“自然”补偿。在实际运行中，三台锅炉的出水管，成了事实上的固定支架。当母管有热位移时，这三根主出水管承受着巨大的热应力，因为主出水阀紧贴锅炉钢架，没有活动的余地，所以它承受的弯曲应力最大，出水阀处在一种极不利的工作环境之中。

(2) 在连续 72h 满负荷运行进行到第 26h 的时候，锅炉共用的出水母管已有了设计工况的最大热位移，主出水阀也正处在极不利的工况之中。此时因电器故障，突然停泵，由此引发了水击！

1）出水母管的管端盲板，因承受不住巨大的水击冲击力而起鼓变形。

2）主出水阀因承受不了巨大的冲击力和巨大的弯矩而被生生地扳断。

3）在阀门被扳断的同时，出水母管借水击的惯性，向管端窜动，几经抖动而最后静止下来。这就是母管向管端位移了100mm左右的原因。

三、处理措施

（1）经建设单位、设计单位和施工单位共同协商，由设计单位对主出水管的布置进行修改，把其与出水母管的连接改为弹性连接，满足能吸收母管热位移的要求。

（2）设计修改方案由施工单位实施，所损坏的阀门，由建设单位提供；因水击损坏的管道部件和引起水泵停机的电器故障，也由施工单位进行处理。

四、应吸取的教训

（1）设计、施工单位应自觉提高业务水平，认真地进行图纸会审，把问题尽可能多地消灭在施工之前。诸如此事例中的管道问题，本不难发现却未能发现，直到发生水击才暴露出来，酿成了重大事故。

（2）对可能发生水击的管道，应装设水击消除装置。

（3）应严把设备、材料进货关，对不能满足使用要求的设备、材料绝不能有丝毫的大意，否则酿成的后果是不堪设想的。

2.25 煤斗螺栓遭锈断 司炉工人被活埋

一、工程概况及发生问题的经过

某厂，位于气候潮湿的南方，他们有一台蒸发量为35t/h链条炉排锅炉，因长期燃用含硫量较高的煤，投入运行7年，就要进行大修。

与施工单位签订了大修合同，其主要工程内容是：更换对流管、整修炉排和部分炉墙、炉拱。施工一切很顺利，到进行连续72h满负荷试运行的第三天凌晨，却发生了谁也意想不到的事故——钢煤斗竟整体塌落，活埋了一个工人！

该锅炉的落煤斗煤一直下得不很顺畅，如果煤的含水量稍高，有时就要用东西敲打煤斗，施以振动，煤才能溜下来。几年来，操作工人倒也摸清了它的脾气，习惯了。

这次进行连续72h满负荷试运行，由该厂锅炉车间的各岗原班人马操作，轻车熟路，无不认为成功在握。

谁料第三天凌晨，因为煤斗的煤下得不十分顺畅，两个操作工人施以振动之法，不见明显效果。经商量，决定由一个人到上面去捅一捅，因为煤斗里煤太满，上面的人，捅了捅不见松动，于是两人分工，一个人在上面捅，一个人在下面敲，一时还未见效果，两人更加忙乎，使出了最大的力气，在那里鼓搅，敲呀，捅呀！捅呀，敲呀！

突然一声巨响，整个煤斗连大半斗煤全塌了下来，一股脑儿砸在下面敲击煤斗的工人身上，他连一声也没有喊出来，就被埋在煤里面了！在上面捅煤的那位工人，被这响声惊呆了，“呼啦——”而上的煤粉把他裹在当中，他只觉得眼前一团漆黑，呛得喘不过气来！他吓得不知所措，只是本能地一跳，企图闪过一旁，谁料却重重地摔在楼板上！

但他很快就回过了神，急忙大叫下面工人的名字，没有听到回答。

他拼命往楼下跑，并撕破嗓子大喊：“煤斗塌了！快来救人啦！快来救人啦！”他的喊叫声惊动了所有的人，值班的人员实行了紧急停炉，大家风一般地赶到了出事地点，不顾一切地扒煤救人。

人们经过十多分钟的紧张拼搏，终于把那位工人从煤堆里扒了出来，并火速送到了附近的医院进行抢救。可惜，因头部受伤过重和在煤里被埋的时间过长，缺少空气而窒息，呼吸道和肺里还吸入了大量的煤粉，最终抢救无效死亡。

二、造成事故的原因

(1) 根据现场勘察和调查，发现钢煤斗是用 44 根 M16 的螺栓吊在输煤层楼板下的，煤斗的上方是一个矩形敞口，焊有∟75×75mm 的角钢法兰，穿螺栓与楼板的预埋件相连接，两者之间垫石棉绳作密封。

(2) 悬吊钢煤斗的 44 根螺栓绝大部分已被锈断了，极少数几根还未全断的螺栓，也仅只有一丝丝连着了。因不堪钢煤斗及大半斗煤的重负、不堪捅煤和振打的冲击，致使全部螺栓彻底断裂，钢煤斗突然垮塌了！

从 44 根螺栓的断口可以看出，仅有三两个是新茬断口，其断口端呈锥形，锥尖的截面不过 $1mm^2$ 左右，其余螺栓的“断口”端全呈尖锥状，其实早已断了！

在钢煤斗垮下来之前，就靠那三两个还有一丝丝连着的螺栓和煤斗下端搭在锅炉上支撑着，苦撑着，捅煤和振打只不过是加速了煤斗的垮塌罢了。

(3) 那么煤斗的悬吊螺栓为什么会锈成这个样子呢？这是因为该厂地处南方，气候潮湿，钢煤斗长期装盛含硫份较高的煤，游离的二氧化硫，与潮湿的空气接触，生成稀硫酸，有很强的腐蚀性。用作密封的石棉绳与空气中的稀硫酸接触，渐渐潮湿，日趋相对“饱和”，这就等于螺栓长期“浸泡”在稀硫酸中，日深月久，就把 44 根螺栓逐渐腐蚀断了。

钢煤斗上口的法兰处，在平时检查、检修时，从未顾及到，即使检查，也是难以发现，谁能想到 44 根 M16 的螺栓会断呢！

麻痹呀，麻痹！麻痹酿成了大祸！

三、处理措施及应吸取的教训

(1) 对此次事故作好善后处理以后，重新安装一个新煤斗。

(2) 要求设计者对煤斗的承重结构作改进，更换螺栓的材质。设计时不仅要对现实负荷进行应有的计算，还应考虑工作环境下的化学腐蚀后果，以确保安全生产。

(3) 在日常的生产管理中，不可掉以轻心，对影响生产的每一个环节都必须严加监控，不留隐患。

2.26 质量踩红线 安全涉风险

一、工程概况及发现问题的经过

某城市需建一个供热厂，内装两台额定蒸发量为130t/h的燃气锅炉，采用交钥匙的方式，对外招标，经过激烈的竞争，某单位为开拓该地的业务计，以较低价位以总包身份中标。供热厂内的设备订货与土建、安装施工，由其对外分包。这个单位是第一次当这样的总包，他们盘算着，在低价位中标时的“让利”，得由各分包来承担，所以在发包时使劲压价，以求有所盈利。

在锅炉招标时，许多锅炉厂，都认为标价太低，这笔业务难以做成，故采取各种方式撤标，最后有家生产任务不大景气的锅炉厂，他们想着今后的合作：抱着只要“第一笔生意亏得不太多，争取能保本，就做!”的宗旨，勉强接受了这笔业务；在制造锅炉时，当然处处精打细算。

某个有经验的安装单位，接到了这两台额定蒸发量为130t/h的燃气锅炉的安装业务。在作施工准备时，他们发现，该炉较同等蒸发量的燃煤锅炉要高一些，悬吊式锅筒的中心标高为29500mm，8个钢柱每个长度为32000mm，用厚度为16mm或14mm的钢板加工而成，其横断面为370mm×250mm。各横梁的断面不等，除承重梁外，一般的梁和斜拉撑，都是用双槽钢合面焊制而成的。主要梁与柱子的交接处，用牛腿后再加筋板连接，其他的则是在双槽钢中，夹焊一块12mm厚的钢板，与柱子相焊接固定。

等到锅炉设备相继入厂时，安装单位觉得锅炉的钢柱怎么这么单薄呢，一个个心里有了疑问。到锅炉钢架组对时，这种感觉愈加强烈，他们以非正式的方式向总包方提出，得到的回答是：“锅炉制造厂家又不是第一次生产锅炉，本体如有质量问题，则是由他们负责，你们只管照图施工！”

到锅炉钢架分片吊装就位以后，但还留着吊装口的两根横梁未焊上，施工单位感到情况较严重，又以口头的方式，再次向总包提出，回答还是与以前一样。

等部分梯子平台就位以后，除吊装口的两根横梁还没装上，8根钢柱的底板尚未与基础焊固以外，锅炉钢架已基本组成了一个闭合的框架，人们可以顺梯子，上到钢架的高处了。只要登到一定的高度，就能明显感觉到钢架在晃动，以标高17m和标高14m处晃得最厉害。施工单位为了做到说有实据，特邀总包方和锅炉厂家驻工地工程师，到炉子上去感受了一下钢架的晃动。在地面架设经纬仪，对晃动最大的部位进行了观测，得到数据是：在14m标高处的摆幅为35mm；在17m标高处的摆幅居然有75mm之多！随即以文字形式向指挥部报告，同时将文稿电传给了锅炉制造厂。

过了两天锅炉厂的电复收到了，说“锅炉钢架是经过设计电算的，没有问题，若有晃动，是因为部分横梁还未装上的缘故，等全部安装完以后就好了。”

但安装单位还是不放心，到了要吊装水冷壁时，他再次旧话重提，向总包打报告。总包又将此报告原封不动地电传给了锅炉制造厂。

第二天，回答的电传又到了，还是说不会有问题，并附有一些计算资料！

没办法，施工单位只得硬着头皮吊水冷壁，采用了多种临时加固措施，并加强了监视。但钢架的摆幅并没有因此而有所减少。

与此同时还发现，只要用缆风绳稍微紧一紧，钢架就可以十分柔顺地摆弄过来好几厘米，工人们形容其像面条一样。所以水冷壁只吊入炉膛，而不正式就位，它们分别以下联箱着地，半倚半靠在炉膛各面钢架旁，下一步是准备吊装锅筒。

锅筒是该锅炉最重的大件，23000kg，施工单位的工程技术人员丝毫也不敢马虎，在没有其他办法的情况下，他们对锅炉钢架进行了简略的校核性计算，发现锅炉厂设计人员对钢架柔度的取值，突破了规范的允许，其柔度比规定的上限，还大了一点！

施工人员因为有亲临其境的感受，再加上理论上的计算，不敢对锅筒这个大件贸然起吊！

他们要求锅炉设计人员到现场，催了多次都未得到肯定的答复，最后还是由指挥部出面，组织总包和安装分包一起到锅炉厂去了一趟。

有关工程技术人员与设计者一起进行了磋商，锅炉厂终于承认有问题，最后决定由设计者采取补救措施，使问题得到了解决。

二、处理措施

（1）除斜撑和拉条与柱的连接仍用辍板之外，所有横梁与柱的连接，在梁下加牛腿。

（2）在标高为 12000mm、17000mm、22800mm 处，除原有部分平台外，围绕锅炉钢架的四周敷满 1000mm 宽的平台。所有平台的框架加装立杆与斜撑，有如水平放置的桁架一般，全与钢柱焊接。这样锅炉钢架在高度方向上，等于加了三道钢箍，借以增强锅炉的刚度和稳定性。

以上方案实施后，收到了明显的效果，大大降低了锅炉钢架的晃动，减小了摆幅。

三、造成该问题的原因

招标、投标未按客观经济规律办事，不合实际地压低价格，厂家想尽办法，确保所谓的“质量成本”，涉险对技术标准、规范，踩红线，闯红灯造成的。

四、应该吸取的教训

（1）不按客观经济规律办事，就可能造成严重的质量隐患！最终将得到客观规律的惩罚！该锅炉的设计者可能体会最深。

（2）该锅炉安装单位能秉正执言，是难能可贵的。我们要大力提倡对工程质量负责，就是对人民财产负责的精神，要大力提倡对合作者负责，也是对自己负责的敬业精神。

2.27 防护不到位 损伤即发生

一、工程概况及发现问题的经过

西南山区某县，为适应改革开放、发展经济的形势，要兴建一个中小型火力发电厂，内装两台 130t/h 的中压锅炉。经过经济技术比较，决定订购沿海某锅炉厂的设备，因为两地火车不能直达，除了需转换几次火车后，还要用汽车倒运，很不方便，故约定由锅炉厂用汽车直接运送。锅炉钢架等已先期运到了，并正在进行组对安装，为赶上施工进度，锅筒必须在春节前运到现场。

锅炉的大部件，是 ϕ1600×46mm 的锅筒，长 11500mm，重 22500kg，材料为 20g；锅筒的合金钢吊挂装置：两副 16Mn 的链板、30CrMo 的吊杆及紧固螺母等组合件，还有一些体积较小的炉墙金属件，与锅筒共用一辆加长的平板车运输。

为避免锅筒下部的各短管与车底相接触，同时也是为了增强锅筒运输时的稳定性，锅筒底部垫有两档与车底等宽的马鞍形道木，道木与锅筒通过扁钢抱箍紧紧地连成一体。锅筒吊装到运输车上以后，锅筒的合金钢吊挂装置：链板、吊杆等组合件和小体积的炉墙金属件，塞于锅筒之下，因为有道木等的限位，它们没有一一再作固定。

运送锅筒的平板车，出发的第一天，路程较平直正常，司机们较熟悉，第二、第三天从丘陵进入大山区，几百公里土石公路，依山而修，盘旋曲折、路狭坡陡，一边是陡峭山崖，一边是深不见底的山沟，习惯于平直的公路上行车的司机，在天寒地冻的山区行车，提心吊胆，眼睛睁得圆圆的，脚也不敢稍离刹车板，生怕一不小心，摔下深沟。

汽车在频繁启动、刹车中颠簸行进，放在锅筒下的部件，则在不断地前后窜动！虽然车速慢，发车后的第三天傍晚还是到达了目的地。锅筒直接拉到锅炉钢架旁，卸在工地，以方便施工吊装。

安装工地等着安装锅筒，施工单位把锅筒用卷扬机拉到了钢架下。在准备吊装前，进行了较仔细的检查，发现锅筒外表的侧下方、平行锅筒纵轴方向，靠近某条焊缝处，有一条较深的沟痕，鲜明瞠亮，最宽处有22mm，长度有420mm，经测量最大深度有4.2mm。

他们做了设备缺陷记录，并通知了建设单位和锅炉厂驻工地代表。

锅筒是锅炉中最重要的承压部件，有这么长而深的沟痕，都认为是比较严重的问题，建设单位和锅炉厂驻工地的代表第一反应，是施工单位在卸锅筒时，把其划伤了！应由他们去处理！

施工单位要他们列举理由，锅炉厂的代表说：锅筒制造工序是：在焊接成型、无损检验合格、水压试验合格后，再刷油漆的。如果是锅筒制造留下了这么大的缺陷，而不被发现，并发运出来，这是不可能的。

何况沟痕里没有油漆，而且鲜明瞠亮，所以不是制造缺陷！

即使是锅筒的装卸过程中，划出的沟痕，也只能是垂直锅筒纵轴、沿其圆周方向的沟痕，也不会是平行锅筒纵轴方向的沟痕呀！所以，这条沟痕，可能是在地面拖运过程中产生的！

解释似乎充分而有力，建设单位的代表也附和这种看法，施工单位的人员，除了说我们将其拖拉这么点远，不可能造成这么严重的损害，但也拿不出更有力的反驳意见。

只有A工程师一个人，悄悄地走到锅筒跟前，再次仔细地进行观看与思考。他们终于发现了有利于施工单位的线索，并迅速把有关人员请到现场，共同进行分析。

他指着锅筒上两道油污说，这是吊装时留下的印痕，因为新钢丝绳是进行过涂油保护的，用其吊装时，一般会留下油渍，大家都同意他的分析。

然后他指着锅筒沟痕的边缘，要大家仔细观察，他说：“这里有油浸的痕迹，如果钢丝绳的油痕在先，划痕在后，那么沟痕边不可能有油痕，因为机油只能从锅筒表面浸润。而此处的油痕已浸润到沟痕的表面，说明划伤的沟痕在先，而吊装在后！

如果是在锅筒刷油漆后、装车前刻划的沟痕，没有这种水平刻划的机会。那么只能是在卸车前被刻划出来的，也就是说在运输过程中，两个物体相互挤磨刻划出来的！

能把锅筒划出这么深的伤痕，其硬度与锅筒硬度差不多或更大，在它的表面也应该有被磨出的痕迹”。

大家也同意这种分析，经过回忆，可能是吊挂装置与锅筒混装所造成的。于是把吊挂装置找到，一起察看，结果不言而喻：有一根吊杆顶部锋利的边缘被磨秃了，而且锅筒上沟痕的弧度与吊杆的圆度也相吻合，这证明工程师的判断是正确的。

锅炉厂的驻厂代表，在不争的事实前，只得承认在运输过程中损伤了锅筒。

二、原因分析

吊杆的材料为 30CrMo，其硬度 $HB\leqslant229$，而锅筒材料为 20g，其硬度 $HB\leqslant156$，两者相差很多，在装车时，它们紧紧贴在一起，在运输过程中，因山路坡度大，冬天路滑，司机频繁启动与刹车，使吊杆在两档马鞍形的道木中，来回窜动，在几百公里的行程中，紧贴着锅筒不断地磨，结果刻出来了这么深而长的沟痕来！

三、处理措施

（1）将锅筒缺陷报锅炉压力容器安全监察部门备案。

（2）由锅炉制造厂出具修复技术措施，到锅炉监察部门备案后，由施工单位在现场进行修复。具体办法是将沟痕内部及其周围的油污清洗干净，进行氩弧补焊，在着色检验合格后，将其修磨平滑过渡。

四、应吸取的教训

（1）锅炉质量形成各个过程，都必须在控制中进行，并注意成品和半成品的保护，否则，随时都可能造成质量隐患！

（2）一旦出现了质量问题，一定要进行冷静的分析，不能根据想当然或臆断，得出不合实际的结论。

2.28 减温器注水就泄漏 制造厂检验却合格

一、工程概述及发现问题的经过

某大型钢铁企业为了扩大生产规模，要新建一个锅炉房为热力鼓风站提供热源，锅炉房内设 4 台 130t/h 的蒸汽锅炉，额定蒸汽压力为 3.82MPa，过热出口蒸汽为 450℃。所产蒸汽经表面式减温器减温后，送鼓风站。

该减温器随锅炉一起供货，工作压力分两个部分，汽侧的压力为 3.82MPa，水侧的压力为 6.4MPa。根据其图纸说明，水侧的试验压力为 9.22MPa。

随产品带来的技术资料齐全，产品合格证、焊口的无损检测和各阶段的水压试验报告一样不少，并有完备的签字手续，这给了用户很高的信誉感。

因为当时的工期很紧，有的施工人员看到这么齐全的资料后，就准备直接安装上算了，待进行系统试验时一起做压力试验，但工程技术人员并没迁就这种做法，坚持要求在地面做完压力试验后，再进行安装就位。

工人无奈，只得按程序进行。

汽侧和水侧按压力不同，准备分别作水压试验。

向水侧灌水时，他们发现从减温器的汽侧短管接出口处有水流出，还没有太在意，在随后的加压中，从那里流出的水更大了，而且稳不住压！只得泄压，对它进行抽芯检查。

等打开后一看，不禁使那些原不准备打压，就要安装减温器的人们大吃了一惊：减温器两根 $\phi57\times3$mm 的进、出水主管上，有两个不大规则的椭圆形小孔，其长轴约 7.5mm，短轴约 4.5mm，水在从那里慢慢地渗出来。

使人们不解的是，为什么经过 9.22MPa 水压试验的减温器，不加压就会漏水呢？不相信它已进行过水压试验吧，有试验报告为据！相信吧，漏水是铁的事实，绝不容置疑！这只有制造厂家才能解释得清。

该厂驻工地代表，面对如此场面，一时无言以对，他只得迅速将此事向厂里作了客观的反映，得到的指示是把盘管外的护板，拆下来作进一步的检查。

在检查中，人们与图纸对照，发现护板上的所有疏、排水孔，本应是直径为 40mm 的冲压孔，而实物却是用氧——乙炔焰割制而成的不规则的、近似于圆的孔洞，大小不一，边缘参差，在两根 $\phi57\times3$mm 的进、出水主管上，除了那两个不可思议的小洞外，还有多处被氧——乙炔焰扫伤的沟痕，一般有 1mm 左右深，沟痕旁边留有明显的被火焰燎烤过表象。

同批发来的其他 3 台减温器，也有程度不同的类似质量问题。

二、造成事实的原因

厂家下面的解释被认为是合乎逻辑的。

厂里赶制这 4 台减温器时，是按批量加工的，当进、出水主管以及从其上接出的 68 组 $\phi14\times2$mm 的螺旋盘管，焊好以后，确实是经过了 9.22MPa 的最终水压试验的检验，并且是合格的，所出具的试验报告也是真实的。

但后来发现汽侧护板上没有加工疏、放水孔，要拆下来很不方便，临时决定，用氧——乙炔焰割制。因气割工人，没有把握好，火焰不慎把减温器的进、出水主管给割出了小洞，同时还把其他的部位给燎烤坏了，因为最终检验试验已做，没再做水压试验了。

因工地急需，就把它们按合格产品发出了。

三、处理措施

（1）对同一批 4 台减温器都作抽芯和重新进行水压试验检验。

（2）对减温器上的孔洞和被火焰烧坏的地方。委托施工单位进行焊接修补，并经无损检验合格，此后再作9.22MPa的水压试验直至合格。

四、应吸取的教训

(1) 锅炉压力容器等承压设备的制造、安装质量，直接关系到人们生命财产的安全，来不得半点偷懒和侥幸，任何不负责任的行为，都可能酿成事故，造成巨大的损失！

(2) 有关承压设备的制造厂家，必须建立并不断完善质量保证体系，使其持续有效地运转，并应不断改进工艺，加强工艺过程的质量控制，严肃工艺纪律，杜绝一切可能的漏洞，严把质量关，把人民的生命财产安全真正放在心上，落实在行动上。

(3) 4台减温器同时出现类似的质量问题，给该制造厂带来的社会影响是极坏的，他们在警醒之余，会思考着什么呢？

安装单位的部分人，在事前不准备做检验，就想直接安装减温器，得到了应有的教训。另一部分人坚持做检验，并发现了减温器的重大质量隐患，从而赢得了重视工程质量的信誉。

这两者之间，各应从中得到了什么启示呢？

答案是共同的——质量是企业的生命！

2.29 空预器里外通气 施工者上下补漏

一、工程概述及发现问题的经过

某新装锅炉的尾部设有两级空气预热器，每级有四个预热器管箱，每一个空气预热器两管板间的管子为$\phi 38\times3.5$mm。施工单位在进行进货检验时，对随设备带来的技术资料和试验检验报告，进行了认真的清点和登记，一切都齐全，合格。

根据《电力建设施工及验收技术规范》DL/T 5047—95中2.8.1.1条的规定："检查管子和管板的焊接质量，必要时，进行渗油试验检验其严密性"。但到底什么是必要时呢？没说，那只能靠施工人员在现场根据实际情况作出判断了。

此处的空气预热器，外观质量可以，各种资料齐全，可以不做煤油渗透试验。但施工单位的技术人员认为，空气预热器如果存在渗漏点，在日后的运行中，易造成腐蚀，使渗漏越来越严重，对空气流量和空气温度有影响，进而影响锅炉的效率。所以，他们抱着对用户负责的态度，决定做煤油渗透试验。

首先他们在空气器的管板外端涂刷上白粉，待其干后，再在管板的里侧用板刷刷上煤油，静置10分钟后进行检查，结果大出他们所料，煤油从管板与管子的结合部渗出的不在少数，干白粉出现了一片片的湿印痕，经点数，一个空气预热管箱一般都有50多个漏点。8个空气预热器的渗漏试验做完后，总计共有398个漏点。说明该空气预热确实存在较严重的质量问题，他们迅速把问题反映到了空气预热制造厂家。

二、产生质量问题的原因

空气预热器厂，是某锅炉厂的横向联营生产厂，但并未真正列为该锅炉厂质量管理体系之中，也就是说，空气预热的质量并没有受到有效的监控，产品生产出来后，就直接发往用户。

这次生产的几台空气预热器管箱，他们按照惯例，把重点放在空气预热器管板孔的加工制作上，穿管后，在管端与管板的接触面间用手工电弧焊沿圆周方向一焊了之。

以前生产的锅炉，在别的安装工地，因没有刻意对空气预热器进行煤油渗透试验，所以其质量问题，没被暴露出来，从而把他们质量意识薄弱的问题给掩盖了，他们还以为自己的产品是信得过的产品！

这既是一个具有讽刺意味的事实，更是一个值得思考的问题。

三、处理措施

由空气预热器生产厂家委托施工单位在现场补焊，再作煤油渗漏试验检验合格后，才能安装。

四、应吸取的教训

(1) 不管是哪个生产厂家，如果有分承包方的话，一定要把他的生产全过程纳入自己的质量体系，使其处在受控状态之中，才能真正生产出合格的产品。

(2) 不管是生产厂家还是安装单位，对质量形成的每一个过程，都必须真正受控，不能放松。

试想，如果空气预热器出厂前，认真做过检验和试验，就不会出现这样大面积的质量不合格的现象。如果安装单位轻易相信了所出的资料，不再做煤油渗透试验，则放过了一个重大的质量隐患。

所以产品质量是全员、全过程都必须高度重视的问题。

2.30 4台炉墙两面裂 一样宽度一样高

一、工程概况及发生问题的经过

某具有规定资质的安装单位，安装过许多不同型号的锅炉，经验比较丰富，从没有发生过问题。有一次他们接到一个新的工程，要在一个供热厂内安装4台SHL35-1.57-P同一型号的锅炉。

这种型号的锅炉他们以前没有安装过。

在查阅随机技术文件时发现：锅炉设计总图上没有加盖锅炉压力容器安全监察机构“审查批准”的监检章。

向有关方面提出后，得到的回答是：这种型号锅炉的前身是该厂一种定型的中压锅炉，在征得行业主管部门和当地锅炉压力容器安全监察机构的同意后，去掉中压锅炉的两级过热器，便改造成为现在这种低压锅炉，所以安全上是不会有问题的。

建设单位、安装单位和当地监察机构在得到锅炉厂家及其省级主管部门的书面承诺后，答应在锅炉总图“审查批准”签章办理期间，边等边进行安装施工。

施工单位因为是第一次安装这种锅炉，又遇到上述的情况，所以他们的准备工作做得比较充分，施工也更加小心谨慎，直到烘、煮炉以前，工作进展都非常顺利。

烘、煮炉工作也是严格按事前制订的烘、煮炉技术方案进行，并加强对炉体的各部位的监视。值班人员在烘炉的后期，在锅炉左、右炉墙的中部各发现了一条细小的裂纹，约 1mm 宽，已有 1m 多长，其与水平方向成 75°～85°的夹角斜向上方。随着烘、煮炉工作延续，裂纹的宽度、长度都在继续发展，等到连续 72h 满负荷试运行快结束时，已变成了一条宽 4mm、长约 2m 的非常显眼的裂纹了。熄火停炉后，该裂纹基本能自动闭合，不仔细检查是不容易发现的。

人们以为是烘炉不当出现的问题，作为一个较大的质量问题，记录在第一台锅炉的工程档案里，对此，施工单位感到一种无奈。

后 3 台炉的施工他们更加重视了，所用砌筑材料都经严格检验把关，烘炉严格控制升温速度，炉火缓缓而升，每一步工作都有建设单位代表或监理人员的签字，共同把关。

但是，每台炉子的左右两面炉墙的裂纹依然如故，基本上是在同一部位，同样宽度，同样长度。

说明这中间有某种必然的因素在起作用。

施工单位经过认真分析，觉得造成炉墙裂纹的原因不在自己。于是提出如下意见，并得到了各当事方的同意。

二、造成炉墙裂纹的原因

（1）直到锅炉安装结束，尚未出具锅炉总图上应有的“审查批准”签章手续，说明这 4 台经改造的锅炉，不能算是真正的定型产品，还可能存在这样或那样的不足。有些必要的手续，要在有关检验、试验结果出来以后才能办理，实际上是试制产品。

（2）把原来定型的锅炉去掉过热器，改为一种新炉型，其炉膛内的温度升高，所以炉墙吸收了比原来更多的热量，超过一定的限度后，所以导致炉墙开裂。

（3）在有关单位对该改型锅炉热工性能试验结果没有做出之前，不能完全肯定锅炉产品的结构是合理的。所以每一台炉子的同一部位出现了同样的问题。

三、解决方案及实施措施

（1）经过一段时间后，在有关方面认真组织下，对该改型锅炉进行热工性能测试，结果证明其热强度太大。

该改型锅炉还应作进一步校核计算，修改设计经过有关监察机构审查批准后，才可生产该型号的锅炉。

（2）对已出现的裂纹作修补，以防过多的冷空气渗入，降低锅炉现有的热效率。

（3）在今后运行中，应减弱燃烧，并根据具体情况适当调整运行参数。

2.31 共振声威远 分治设备宁

一、工程概述及发现问题的经过

某供热厂准备安装的锅炉，是一台新型号的锅炉，第一次投入生产。为确保工程质量，工艺设计和工程施工都是请有经验的单位进行的，前期工程进展得很顺利，建设单位很满意。

这种锅炉的尾部布置着二级空气预热器和二级省煤器，两者一一相间，空气从第一级预热器出来，通过“旁通风管”绕过省煤器，进入第二级空气预热器；这是一种典型的布置形式，从设计和安装的角度看，不存在难度。

就在这个轻车熟路的地方，让施工单位吃够了苦头，也长了不少的知识。

施工单位按图施工，一切进展顺利，各转动设备的单机空载试运行也已合格，正准备烘炉。

谁料想鼓、引风机一开，空气预热器和风管振动特别明显，风管一起一伏，呼颤呼颤的。而且在锅炉尾部发出响亮的、尖锐的嚣叫声，当风门挡板开度为85％左右时，振动的嚣叫声最大，就是在很远的地方也难以忍受这种噪声。

经建设单位、设计单位和安装单位会诊，初步断定是安装原因所致，要求施工单位对空气预热进行彻底检查，并用角钢作肋，对风管进行加固。必要时，可以对空气预热器进行重新安装。

尽管工作量很大，施工单位还是很快地、认真地实施了这一个方案，每完成一步都进行签证。

可是到第二次启动风机时，情况并没有得到改善，响亮的、尖锐的嚣叫声，依然困扰着人们，但基本排除了是因施工质量，而引起振动和嚣叫。

人们开始把注意力集中在共振上，并从设计、制造方面去寻找产生共振的原因。

二、造成嚣叫的原因

在分析会上，大家对该新型号的锅炉，第一次生产，可能还有一些问题提出质疑，要求进行完善。

工艺设计者坦诚承认，并非第一次做锅炉房工艺设计，风管系统是套用其他类似工程的，只是适当地调整了一下尺寸，没作详细的设计计算。

根据上述情况，大家一致认为是风压、风量、风管截面和空气预热器的管子之间的关系，没处理好，发生了共振。并要求设计者进行计算验证，改善设计。

与会者也提了不少合理化建议。

三、处理措施

（1）在风管上加焊角钢箍，以增强其刚度，减少振动；在风管的拐弯处加设导流板，以减少紊流与风管的振动。

（2）在空气预热内增焊分隔钢板，把从风管来的风，分作两个流通通道，从空气预热器内通过，以减少造成的共振。

（3）以上两条，分别由设计单位和锅炉厂出图，施工单位按图施工后，再启动风机，前述问题得到根治，效果很好。

四、应当吸取的教训

（1）设计单位不能图省事，科学的问题是不能取巧的，必须踏踏实实地工作，否则会出现难以想象的问题。

（2）施工单位的技术人员，必须加强理论修养，对工程质量问题才能作出正确的判断，不致作无用功。

2.32 锅炉出力不足 蒸汽温度超标

一、工程概况及发现问题的经过

某钢铁企业为了扩大生产，需要新建一个热力厂，设计规模为两台同一型号的燃气锅炉及其与之配套的所有辅助设备、管道、电气系统。

锅炉燃用本厂炼钢的副产品高炉煤气和焦炉煤气，为确保锅炉的可靠运行，以重油作为辅助燃料。

锅炉的额定参数：蒸发量为150t/h、蒸汽压力为3.82MPa、过热蒸汽的温度为450℃。

该锅炉制造厂，生产这一型号的锅炉还是第一次，锅炉尚未经过正式热工测试。

为满足生产需要，业主要求，第一台锅炉在钢架到货后，210天送出合格蒸汽，另一台锅炉可以滞后45天送出合格蒸汽，此后25天，办理完两台锅炉的交工验收手续。

某安装公司，与之签订了这份工期紧张的工程合同。业主与锅炉厂家和施工安装单位签订合同时，都规定了十分明确的违约惩罚条款。

同时，与锅炉制造厂家的合同还另有类似的严格约定：其一是，锅炉必须能作110%的超负荷运行；其二是，不得因供货而影响施工进度。

施工前期，一切进展顺利，各种中间检验、试验齐全，手续完备。但到了第一台锅炉连续72h满负荷试运行时，遇到了他们从没有遇到过的麻烦，锅炉的负荷上不去！

当焦炉煤气的燃用比例提高时，情况稍有改善，但不管怎么用心调整，其最大出力只能达到110t/h左右，若再提高负荷，则过热蒸汽温度严重超标，操作人员不敢贸然再往上提高负荷，所以连续72h满负荷试运行，一直没法真正进行。

从第一次点火以来，两个多月的时间，一直维持在低负荷状态下运行，以期调整出最佳运行工况，要不就是停炉分析处理问题。

他们最先怀疑是温度、压力、流量等一次仪表有问题，继而怀疑二次电信号变送线路有问题，后来又怀疑是炉膛负压与二次配风的问题。

经过一个多月的反复调试，排除了他们怀疑的各种可能后，还是没能解决问题。

安装、调试和使用单位的人们，开始对锅炉本体的设计提出了质疑，并对造成过热器蒸汽温度超标的原因作了认真分析。

认为在给水温度、炉膛负压、二次配风、燃料供应等都正常，且温水已全开的情况下，锅炉出力不足，而过热蒸汽温度超标的原因，至少是如下几个问题中的一个：

1）是水冷壁的辐射吸热不够，燃气燃烧散发出来的热量，不能有效地被带走，这不是水冷壁的吸热面不够，就是水冷壁管内的水循环不够，致使炉膛出口的烟温过高！

2）是过热器的受热面过大或是蒸汽在过热器管内的流速偏低，从而使过热蒸汽在此过程中吸取于过多的热能，导致过热蒸汽的温度超标！

3）该炉除了为点火和稳定燃烧，而配烧3.5％的焦炉煤气外，主要燃用高炉煤气。此种煤气的热值低，含可燃性气体的比例也很低，而含惰性气体和不可燃性气体的比例却高。高炉煤气在进入燃烧器之前没有预热，所以其着火速度相对较慢，当其进入炉膛扩散而充分燃烧时，火焰高温中心上移，致使炉膛出口烟温偏高！这里隐含一个安装气体燃烧器的设计高度问题。

安装、调试及使用单位的有关工程技术人员，取得一致意见后，正式通知锅炉制造厂家，来协助解决锅炉出力不足的问题。锅炉制造厂的技术班子，先后专程来过三次。

锅炉设计人员来到现场后，开始也有多种怀疑，经过他们跟班调查、了解和亲自测试，排除了因安装、调试和操作不当而引起锅炉出力不足的原因。

他们与安装、调试和使用单位的有关工程技术人员，召开过多次研讨会，虚心听取了各方的有益建议。在最后一次回去十天后，他们承认锅炉设计存在不足，并提出了解决办法。

二、处理措施

(1) 将低温过热器的蛇形管，去掉一个回程，以减少吸热面，确保过热蒸汽不再超温。

(2) 更换面式减温器，增大其热交换的面积。

(3) 在炉膛内增设一组水冷屏，一方面，可适当阻碍火焰的高温区上移，另一方面，可增大辐射受热面，吸收热量，降低炉膛出口烟温。

经各方讨论决定，上述三个解决办法，按顺序一个个实施，在没有办法情况下，才三个都用上。结果只实施了前两个，就基本解决了问题，锅炉出力能达到 159t/h，过热器温度也不超标，效果较好。

因为加一组水冷屏的难度较大，而锅炉出力又基本达到了要求，所以不再实施。

三、应吸取的教训

(1) 燃用高炉煤气的锅炉，对某一个锅炉制造厂而言，可能以前没有生产过，新设计时，应认真吸取其他厂的经验。自主开发，也不等于不与外界交流，重走前人走过的弯路。

(2) 设计人员一定要密切联系实际，深入现场，才能设计出更好的产品。

2.33 鳍片的最高许用温度

一、问题的引出

(1) 某安装单位在安装 SZS35-1.6-Q 锅炉时，在图号为(×××GS11—0) 上看到，前、后水冷壁的Ⅰ屏、Ⅱ屏和右侧水冷壁三者，在其上、下各围成了一个类似“刀形”的部位，该区域的尺寸分别为：572mm×286mm 和 501mm×362mm，按该图技术条件 4 注明，采用厚度为 5mm 的 Q235-A. F 钢板，在现场切割封焊，同膜式水冷壁一样，在炉膛外侧进行保温。

从“锅炉热力计算汇总表”（×××GS—JS2H）上查得，该“刀形”部位的炉膛烟气温度为 1118℃。

安装单位认为：该处钢板的作用不完全同于水冷壁管上的鳍片，该钢板的主要作用是密封；而鳍片的主要作用是把吸收的热量传给水冷壁管内的汽水介质，当然它也起密封作用。而这块“刀形”板，太宽，它“在此处既无水冷却，又无风冷却，用 Q235-A. F 钢板，因吸收的热不能有效散失，有可能被烧坏！”。

因这个问题，引起了他们对膜式水冷壁鳍片，所用材料及其最高使用温度的关注。

(2) 膜式水冷壁的优点及膜片（鳍片）的选材原则

采用膜式水冷壁，锅炉的受热面构成了一个整体，全钢结构，真是铁桶一般，其稳定性、安全性和密封性，是砌筑炉墙结构无法比拟的。

燃料在炉内燃烧放出热量，它们以辐射、传导和对流的形式进行传递。鳍片和管壁吸收辐射热，通过传导，传递给管内介质。介质则以对流和相变的形式（汽水混合物）带走热量。

增设膜片（鳍片），就是增大受热面，从而提高了吸热效率。

为了提高热效率，增设膜片（鳍片），增大辐射吸热面积，如果鳍片太宽大，它所吸收的热量，若不能及时带走，并得到应有的冷却，则有可能被烧坏，能否找到一个最佳点呢?

这个最佳点，《蒸汽锅炉安全技术监察规程》（96 版）第 45 条，给了我们一个既原则又具体的答案，摘录如下：

膜式水冷壁鳍片与管子材料的膨胀系数应相近，鳍片管（屏）的制造和检验应符合 JB/T 5255“焊制鳍片管（屏）技术条件”，鳍片宽度应保证鳍片各部分在锅炉运行中的温度不超过所用材料的许用温度。

这里有两层意思：应有条件地限制鳍片的宽度；再就是使其得到必要的冷却，以确保工作温度不超过它的许用温度！

这个“规程”，是技术法规，是制造单位要重视的问题，也是安装、使用单位要特别关注的问题，各有关单位都必须严格遵守！

二、SZS35-1.6-Q 的膜片（鳍片）材料如何

有关 SZS35-1.6-Q 锅炉，膜式水冷壁的相关数据，在水冷壁（×××GS11—××）36 张（A4）图纸的材料表上，都标注得十分清楚：

管子为 ϕ51×3.5mm、材质为 20 号钢；

管子间膜片（鳍片）厚度为 5mm、材质为 Q235-A.F 沸腾钢；

水冷壁管管轴节距有 90mm、110mm 和 120mm 三种，屏与屏之间的边沿管，节距最大为 150mm。也就是说，膜片（鳍片）的宽度分别为：39mm、59mm、69mm 和 99mm。

在“锅炉热力计算汇总表”（×××GS—JS2H）和“锅炉受压元件强度计算书”（×××GS—JS3）上，查到如下数据：

理论燃烧温度：1991℃；炉膛出口烟温：1118℃；对流管束出口烟气温度 320℃。

水冷壁计算介质温度：206.339℃；水冷壁计算壁温：266.339℃。

厂家技术开发部发回的工作联系单第 3 条，写道：“……鳍片顶端最高温度 301℃，……”

它表明，布置在炉膛四周的膜式水冷壁，在锅炉运行时，工作环境温度不低于 1118℃，膜片（鳍片）本身的工作温度在 266.339℃至 301℃之间！

选用 Q235-A.F 沸腾钢做水冷壁的鳍片是否合适，主要取决于其最高许用温度！

带着这个问题，他们查阅了有关技术资料（如：JB/T 4735—97、GB 50316—2000、《小型热电站实用设计手册》），找到一个基本一致的数据：

碳素沸腾钢 Q235-A. F 的使用温度为：0～250℃；

也就是说，Q235-A. F 钢的最高许用温度为：250℃！换而言之，鳍片在锅炉运行时的工作温度超过了它的最高允许使用的温度。

这个结果，使他们感到意外。觉得该型锅炉水冷壁膜片（鳍片）的工作温度，高于其最高许用温度，涉及锅炉能否长期安全可靠运行的问题，是个较麻烦的事！

在纳闷之余，他们以向用户高度负责的态度，向甲方陈述了自己的看法。并希望他们把这个信息反馈到制造厂。

三、处理措施

得到上述信息后，锅炉厂做出了积极回应，迅速派技术人员到工地处理此事。

在与该锅炉设计师进行交流时，他十分诚恳地说，因为以前用 Q235-A. F 沸腾钢做鳍片，并没有出过大问题，所以，未加思索还用了它，没想到一时疏忽，酿成了一个大麻烦。

以前之所以没出大问题，或许是膜式壁管的管轴节距小、鳍片窄，工作温度低些所致，也有可能是用户没有把问题反馈回来所致。

总之，问题客观存在，原因是：犯了经验主义的毛病，采用宽度较大 Q235-A. F 沸腾钢做鳍片。第一，没有核算其工作温度是否在最高许用温度之下；第二，即使核算了，当时确实也没有 Q235-A. F 沸腾钢，最高许用温度高于 250℃的资料！所以责任在厂方。

这是非常诚恳的态度。同时，他们对施工单位科学、认真的态度给予了高度的肯定和赞扬。并对产品问题采取了三项处理措施：

其一，对上述“刀形”部位的设计进行修改，把用厚度为 5mm 的 Q235-A. F 钢板封焊，改为用厚度为 5mm 的 1Cr13 耐热钢板封焊。

其二，因为锅炉安装在进行中，膜式壁鳍片不可能改了，只能承认既成事实。所以承诺：在日后的正常运行中，凡因鳍片被烧坏引起的损失，由锅炉厂负责。

其三，设计师表示了对施工单位意见的高度重视，许诺：在以后制造同型号的锅炉时，改用许用温度相当的材料。

以上三条，锅炉厂都出具了应有的资料文件。

四、应吸取的教训

施工人员对相关的技术规程、标准、规范要通晓，熟练掌握，在与制造厂、甲方单位的交流探讨中，才能为改进、提高产品质量，提出建设性的意见。并因此赢得尊重、信任、信誉和更多的市场。

锅炉设计人员，对每一个技术细则，都应做到一丝不苟，否则，可能会出现不可预料的问题，甚至事故。

2.34 在辨析中加深对《蒸规》的理解

一、问题的起因

某安装单位承接到一个工程，共有 7 台 SHS35-1.57-Q 蒸汽锅炉的供热厂，经过紧张的施工，一切顺利。就在锅炉将要进行联合试运行的重要时刻，被“特种设备检验、检测中心”（以下简称特检中心）特检员紧急叫停，不让继续进行下步作业！

特检员叫停的主要原因是：锅炉主给水管的材质问题，说选用的管材与《蒸汽锅炉安全技术监察规程》（以下简称《蒸规》）的要求不符！必须进行整改。

几经交涉，特检员始终坚持：必须整改！

所谓整改，就是要把 7 台锅炉的主给水系统管道拆除，采购符合《蒸规》要求的管子，重新安装，才有可能进行下段的工作。

如果把已安装就绪的管道，推倒重来，本身就是一个重大的安全质量问题！这使施工单位、设计单位和业主都感到为难。为取得一致意见，他们开会研究此事，会上，各方表达了自己的看法，认为没有违反《蒸规》的规定。

施工单位表示，他们按图纸要求，采购材料，实施安装，没有错，如果真要拆下已经安装好的管道，再采购管子，重新安装的话，不能按期交工事小，不能按时供暖才是大问题。

设计单位表示，他们是按有关设计规范进行设计计算的，选材没有问题，完全可保证安全运行，不存在什么隐患，更不是什么错！如果业主有新的要求，出书面通知，可进行设计修改，但不是改错。

业主更感到无奈，投资搞民生工程，错了吗？重新采购管子再安装，一二百万的资金，就这样打水漂，是闹着玩的吗？

显然，各方对管材不符合《蒸规》要求，必须进行整改的意见，都表示不可接受。但特检中心是安全监察执法单位，他们的意见，又不敢不听呀！

最后决定，以安装单位为代表，就《蒸规》的有关规定，与特检中心进行交流、探讨。

二、工程参数与《蒸规》有关条文

（1）该供热厂选用的锅炉，主要参数是：

锅炉型号为 SHS35-1.57-Q：	燃用天然气
额定蒸汽压力：	1.57MPa
额定蒸汽温度：	饱和温度
给水温度：	104℃

因为锅炉生产的蒸汽，要与城市热力外网并网，所以锅炉实际运行时：

设计压力（相对）：	1.0MPa
设计蒸汽温度：	184℃
主给水温度：	104℃

锅炉主给水管道的工作压力为 1.7MPa，设计图纸标明选用 GB8163（10 号 20 号）碳素钢管。安装单位按图纸要求，采购管材，并已施工结束。

（2）特检员的依据：

特检员紧急叫停的依据是：《蒸规》“第 23 条 2 中的表 2.34 锅炉用钢管”。

现将正式条文摘录如下：

2. 钢管

锅炉用钢管 **表 2.34**

钢的种类	钢号	标准编号	适用范围		
			用途	工作压力(MPa)	壁温(℃)
碳素钢	10,20	GB8163	受热面管子	≤1.0	—
			集箱、蒸汽管道		
	10,20	GB3087 YB(T)33	受热面管子	≤5.9	≤480
			集箱、蒸汽管道		≤430
	20G	GB5310 YB(T)32	受热面管子	不限	≤480
			集箱、蒸汽管道		≤430

他们认为：GB8163（10 号、20 号）碳素钢管只能用于工作压力 $P\leqslant 1.0$MPa 的锅炉及其工艺管道上，而不能用在 $P=1.7$MPa>1.0MPa 的主给水管道上！

并以《蒸规》的第 2 条为依据，作解释。

“第 2 条　本规程适用于承压的以水为介质的固定式蒸汽锅炉及锅炉范围内管道的设计、制造、安装、使用、检验、修理和改造。……”

主给水管属于锅炉范围内管道，在《蒸规》的“条款修订说明”中有明确界定：

“关于锅炉范围内管道的界定问题，对于有锅炉房的锅炉，一般指锅炉房内的承压汽水管道（包括分汽缸），对于露天布置的锅炉，一般指与锅炉相连的主蒸汽管道、主给水管道和再热蒸汽管道等。”

主给水管道工压力 $P=1.7$MPa>1.0MPa，选用 GB 8163

(10号、20号）碳素钢管，“未满足规程要求”！故判定在整改合格后，才允许进行下一步作业！

他们所列的理由似乎较充分、有力。

若这样处理，就等于安装单位得把已安装好的管道拆下来，采购新的管子再安装。这样一来，不仅是不能按合同工期进行试运行，更糟糕的是不能如期向各社区供暖！

(3）安装单位对条文的理解

安装单位根据《蒸规》，认为锅炉给水管的选材，符合“规程”要求，其理由是：

《蒸规》的第2条中所说的“锅炉”及“锅炉范围内管道”，是两个不同的概念。

锅炉是指由锅炉制造厂生产的、一般是指从给水平台的给水调节阀到主蒸汽出口阀的那部分设备，俗称锅炉本体。

锅炉范围内的管道，是锅炉房内由工程设计确定的、经现场施工安装的那部分承压汽、水管道。

锅炉和锅炉范围内的管道都应接受安全技术监督，但对它们的要求是有区别的，不能用对锅炉本体管子的要求，作为对锅炉范围内管子的要求！

安装单位认为，现在不是主给水管道属不属于“锅炉范围内管道”的问题，而是属于“锅炉范围内管道”的主给水管道，应不应该按锅炉本体管道的要求来进行监督检验的问题。

他们指出：《蒸规》第23条2中“表3-2锅炉用钢管”，是专指制造锅炉本体所用的钢管，是对锅炉制造厂选用“受热面管子”、“集箱、蒸汽管道”所作的具体约束，如果这些管子的工作压力$P \leqslant 1.0$MPa，就可以用GB8163（10号、20号）碳素钢管，如工作压力$P > 1.0$MPa，就不能选用GB8163（10号、20号）碳素钢管了！

这不是对“锅炉范围内管道”选材而言的！

《蒸规》如果需要对“锅炉范围内管道”进行约束的话，《蒸规》表述得非常明确。不是直接写成“锅炉范围内管道”，就是把锅炉范围内管道的具体名称写出来，一目了然。

在《蒸规》中，这样的例子很多，条文对“锅炉范围内管道”表述很清楚，不致和锅炉本体概念混淆。

现将有关条文摘录如下：

1.1 第107条金相检验的试样，应按下列规定切取：

1. 锅筒、集箱，从每个检查试件上切取一个试样

2. 锅炉范围内管道、受热面管子，从每个（套）检查试件上切取一个试样：

3. ……

1.2 第180条……如采用同一根蒸汽母管时，较高压力的蒸汽管道上必须有自动减压装置，…… 可以由总的给水系统向锅炉给水。

1.3 第181条 锅炉给水系统应保证安全可靠供水。

……给水系统……由锅炉房设计单位按设计规范确定。

1.4 第196条 检修人员进入锅炉内进行工作时，……

在进入锅筒（锅壳）内部工作前，必须……将其他运行锅炉的蒸汽、给水、排污等管道全部可靠地隔开，……。

上述带下划线的管道，是《蒸规》所指的“锅炉范围内管道”。符合《蒸规》“条款修订说明”“关于锅炉范围内管道的界定……。”

如果《蒸规》没明确指出时，则不应用推理的方法去认定，更不能把已经确定为“锅炉范围内管道”，当作锅炉本体管道来进行监督检验。

(4)《蒸规》的相关条文是一个有机的整体

正因为上述理由，《蒸规》的第23条中的表3-2“锅炉用钢管”，是专指锅炉本体的“受热面管子、集箱、蒸汽管道”，而不包括“锅炉范围内管道”：主给水管道！

假如，这一条也真的包括对“锅炉范围内管道”的约束的

话，规程就会像上述条文那样，明确表述。

在《蒸规》“条款修订说明”对“第 23 条 2. 钢管”的说明中也能找到佐证，现将正式条文摘录如下：

三、钢管

（1）对于 1.0MPa 以下的锅炉用管件材料，新增加了 GB8163“输送流体用无缝钢管”中的 10、20 号钢管，此项增加主要是考虑到小型低参数锅炉一般安全裕度大，且这两种牌号的试用效果可以，增加后，在保证安全的前提下，可降低锅炉的制造成本。

从此条说明中，可以清楚地看出：这“第 23 条 2. 钢管表 3-2 锅炉用钢管”是对制造锅炉而言的，而非对“锅炉范围内管道”（包括主给水管道）而言的！

要不然何来“降低锅炉的制造成本”呢？

如果这一条真的包括对“锅炉范围内管道”（包括主给水管道）的约束的话，就应该说降低锅炉工程的造价，而不是说“降低锅炉的制造成本”了！

退一万步讲，就算《蒸规》“第 23 条 2. 钢管 表 3-2 锅炉用钢管”也是对“锅炉范围内管道”（包括主给水管道）的“硬性”约束的话，在《蒸规》的第 24 条，就表现出了一种“弹性”，现将正式条文摘录如下：

锅炉受压元件代用的钢板和钢管，应采用化学成分和力学性能相近的锅炉用钢材。

锅炉受压元件和重要元件的材料代用应满足强度和结构上的要求，且须经材料代用单位的技术部门（包括设计和工艺部门）同意。

由此可知：即使按特检员的说法，就算《蒸规》“第 23 条 2. 钢管 表 3-2 锅炉用钢管”也是对“锅炉范围内管道”（包括主给水管道）的“硬性”约束，必须用 GB 3087-或 YB（T）33-（10 号、20 号）碳素钢管作为主给水管的话，那么，《蒸规》第

24 条，就留有选择代用材料的空间。

此工程的主给水管道，压力 $P=1.7$MPa，而介质温度只有 104℃，管子又不与火焰接触，完全可以用 GB 8163-(10 号、20 号）碳素钢管代替 GB 3087-(10 号、20 号）碳素钢管，作为主给水管道的管材。

何况第 181 条规定："……给水系统……由锅炉房设计单位按设计规范确定。"

所以，选用何种管材做主给水管道，属于设计单位的权限，

只要根据工艺管道的介质工作压力、温度和管子是否与火焰接触等使用环境，认真按照有关设计规范、技术标准，对管子进行设计计算，确定的管材，就能满足安全使用条件。

选用 GB 8163-(10 号、20 号）碳素钢管，作为主给水管道，并未违反《蒸规》的有关要求，完全能满足安全使用的条件，所以无须拆装整改。

四、商讨的结果和感言

（1）经过几轮的讨论及心平气和的交换意见，虽然未取得完全共识，但特检员不再坚持下达拆除主给水管道的整改通知单，而是把他对主给水管道材料的关注和设计单位表示管道设计符合规范、不存在安全隐患等内容，写入会议纪要，存入锅炉档案。

主给水管道不需拆除，照常使用，工程可继续进行。

（2）安装施工技术人员，对有关规程、规范要有较深入的理解，在与外界交往中，敢于表达自己意见，要相信：在技术法规面前人人平等。

（3）因锅炉设计、制造、安装 、使用和监察单位的个人，在环节中所扮的角色不同，以及各人的工作经历不同，有时，对条文的理解会有所不同。到底谁的理解更准确，只能通过学习、讨论、交流来寻求正确的答案。

2.35　安装进口机器设备　必须办理安检商检

一、工程概况及发现问题的经过

沿海某市，有一个企业，每年都是所在市的财税大户，在那里，他较别的企业往往容易得到理解和支持。有了某种困难，一般由中层干部出面，找市主管部门就能解决。有了重大事情，企业头头直接找该市主管领导，就可商量解决。

所以该企业某些管事的人，多多少少有了点特殊思想。

一些由政府部门监管的、该办手续的事，他们不那么放在心上。有时是先斩后奏；有时口头上打个招呼，如果追上门来，再补办手续；也有早就把事办完了，你不追不问，我就不理了。

这年，该企业投资近两亿，搞技术改造，扩大生产。他们从国外引进一条先进的自动化生产线及全部配套设备，为了早日发挥投资效益，从立项审批到开工，从设备进场到设备安装，所有内、外要办的手续，一路绿灯。

一些牵涉到施工安装方面必办的手续，甲方有人陪着去办，甚至由他们代办，施工单位，只需把工程质量搞好，把工程进度搞上去就行了。

来此施工的是一个从外省引进的安装队伍，每天只管加班加点干活，抓进度、抓质量。他们从来没碰到过这样好的甲方。

在安装工程进展到快一多半的样子，一天，省锅炉压力容器安全监察处的A处长和该市对口部门监察科的B科长，率专业技术人员，到工地检查工作。

经过两个多小时的巡视，发现该工地除进口的自动线主机设备外，还有进口的锅炉压力容器等辅机设备，它们是：3台30t/h的蒸汽锅炉、几十台蒸汽烘缸、2台分汽缸、4台汽水分离器、4台压缩空气贮罐；以及压缩空气管道和蒸汽管道共4000多米。

检查组的成员对安装的进口锅炉、压力容器和压力管道，实物工程质量，表示肯定。希望看到与之相关的工程技术资料，是信得过的，至少是过得去的。

省厅锅炉压力容器安全监察部门监察处的A处长，与施工单位负责人C只进行了简短交谈，便径直切入主题：安装的现场质量记录资料，今天不检查，只要求施工单位出具下列资料：

蒸汽锅炉安装许可证；

压力容器和压力管道安装许可证；

进口锅炉和压力容器的安全性能检验和申报批准的手续；

锅炉和压力容器、压力管道的报装手续。

此时的A处长，显然胸有成竹，而B科长和安装现场负责人C，却有点不大自在。

但C还是大大方方地要资料员去准备上述资料。

去了老半天，只拿来了两份资料：一份是“压力容器和压力管道的安装许可证”，一份“锅炉安装许可证”。

A处长接过来一看，只有“压力容器和压力管道的安装许可证”是符合要求的，“蒸汽锅炉安装许可证”已超过有效期两个多月！

催要的其他资料，没有。

A处长请安装现场负责人C说明原因，并做出合理的解释。

安装现场负责人C说：我单位“蒸汽锅炉安装许可证”的换证审查，已经通过。因全省要在规定时间统一颁发所换的新证，所以暂时还使用旧证。如果必要，可以请我省锅炉压力容器安全监察处来个证明。

至于其他资料，因为有的手续不是由我们经手办的，所以资料不在我们手中。

过几天，我们将把该准备的资料收集齐全，送贵处审查。我们还将邀请有关经手人，就中间的一些具体情况，向贵处汇报。

做得不妥或不对的地方，请处长多多包涵。

事情至此A处长已无可奈何，责令停工。随后到建设单位，就一些必须引起注意的问题，作了详细说明，要求有关方面合作，绝不可掉以轻心。

施工单位有点沉不住气，向指挥部有关负责人讨主意，得到的回答是：施工照样进行，其他事情，等我们向领导汇报后再说，事情就这样搁下了。

此后，一连半个多月，A处长只接到该企业工程负责人的两次电话。

第一次说，施工单位不办理锅炉、压力容器和压力管道的报装手续，是错误的，请A处长照章办事，该批评，就批评，该罚款，就罚款，使他们受到教育。

其次，还得请处长高抬贵手，补办一下该办的手续，可千万不能影响我们的工程进度啊。

第二次电话，主要是对进口设备，未经安全性能检验，就进行安装作出解释。

其主要理由是，这些配套设备，名义上是进行口设备，都是外商在大陆的分厂生产的，虽然产品商标是外国的，实际上相当于国产设备，所以没经海关，作安全性能检验。

至于，那3台30t/h进口烧油锅炉，报关、安全性能检验等，因资料比设备晚到，所以暂时未报，等收到后，一定及时报送。

因为没有进口设备安全性能检验资料，报装手续一直没办下来，但工程却一直没有停。很快到锅炉要进行试运行的时候，该办的手续还是没办，该准备的资料还是不齐全。

期间，A处长，催过，并重申，手续不全，必须停止继续安装施工，但没有收到应有的效果。

在这种情况下，该省锅炉压力容器安全监察处报质量技术监督局后，发了一个措辞严厉的通报。就该工程有关方面，违反《中华人民共和国进出口商品检验法》、国务院令549号《特种设备安全监察条例》、《蒸汽锅炉安全技术监察规程》和一些相关的地方性行政规章等，做出处理：

1）对该工程提出暂停施工的决定，其进口锅炉、压力容器等，必须在手续补办齐全后方准继续施工。

2）对该市的锅炉压力容器安全监察和检验机构提出通报批评。

3）对在该工程进行安装施工的单位，除提出通报批评外，严令不得在该省再承接锅炉压力容器和压力管道的安装施工任务。

4）该通报抄送给了：国家和该省出入境检验检疫局、国家和该省、市质量技术监督局，同时还抄送给了施工安装单位所在省的有关厅局。

二、该事发生的原因

（1）工程的建设单位，只求把工程搞上去，早日发挥经济效益，不以法规为念，不照章办事。总以为在该地可以特殊点！

（2）施工单位，不能坚持正规的程序，只知道用户是“上帝”，他要怎么干，就怎么干，不知道人间的“上帝”也应该遵守政策、法规！

三、应该吸取的教训

（1）法制观念的普及和提高，不能停留在口头上，要经得时间、地点和人物的考验。

（2）施工单位被责令退出一个省的施工，是罕见的，损失太大！绝不是咎由自取，有他的无奈，也还有其他值得思考的问题。

2.36 化验单不干不净 原材料亦假亦真

一、工程概述及发现问题的经过

某用户需要一台锅炉，与某锅炉厂签订了采购合同和技术合同，其中有锅炉投产后，如达不到现行规范、标准要求时，则有权要求赔偿的条款。

这个要求不高，锅炉厂认为绝对有把握。

在施工问题上，供求双方有不同的看法：锅炉厂提出由他们的施工队来进行安装，更可以保证质量和进度，对今后的测试有利。而需方则认为，自己有施工队伍，可以承担施工，供方没再坚持自己的意见。

所以由谁来施工的问题，并没有成为他们合作的障碍。

一切配合得挺好，一切都很顺利，就是连续 72h 满负荷试运行，也比较顺利，锅炉就投入了正式生产，真是皆大欢喜！

锅炉厂认为这次合作很成功，大抵过了三个月就提出做热工测试的问题，只因为用户方抽不时间而未实现。

随着时间的推移，锅炉间的操作人员时有不同反映，并越来越强烈，集中在一点上，总说在那里工作，太热了！这引起了厂领导的重视，所以主动催办对锅炉进行热工测试的事，当然一拍即合。

没多久，锅炉厂方邀请测试人员来到该厂。谁知测试组长到锅炉房一转悠，就要打道回府，并说：

“这个测试不用做，做也是白做，肯定不合格！不要说对锅炉进行热工测试，只怕连交工、验收水平都不一定达到了！”

语出惊人，这可引起了使用单位的高度注意，主管基建的厂长说：“我们与锅炉厂之间，可是有合同条款约束的啊！达不到现行规范、标准要求时，我们有权要求赔偿。”

测试组长说：“这不是锅炉制造的问题，是安装施工的问题！”

使用单位的厂长只好打圆场：“先不做热工测试可以，但请把锅炉现在存的主要问题告诉我们。”

测试组长说：“这台锅炉的主要问题，初步判断是筑炉、保温不合格，致使锅炉炉墙温度过高，你们去摸摸，就知道了。这台锅炉炉墙表面的温度何止 50℃呀！肯定超标了。所以应先查查施工的质量。等这个问题有了结果后，再来做测试才有实际意义，如果现在做了，也不能代表锅炉真正的热工性能”。

后来，人们找来红外线测温仪，测炉墙的外表温度，果如其言。

问题本来不复杂，于是，他们开始了清查施工记录和有关检验、试验报告的原始资料。以为一下就可以找到问题的所在。

谁料，竟没有找到明显的证据，清查的结果是一切都合乎要求，签字手续齐全，检验、化验报告也无可挑剔。

一天，技术科的助理工程师H，在科里突发灵感，“既然判断保温材料有问题，而化验单却说是合乎标准要求的，据说，现在库房里还有剩下的复合硅酸盐保温板，不是只要把它再化验一下，就可以相互验证了吗。”

这个意见被采纳。

新的化验结果出来以后，与原来的化验结果一对比，有了很大的出入，主要是导热系数的差值较大，如果用的是这种复合硅酸盐保温板，则显然是不合格的。

这种复合硅酸盐保温板的导热系数，原来的化验结果是0.038W/(m·K)，H工程师新送去的化验结果是0.075W/(m·K)，两者相差太远，根本不可能是同一种复合硅酸盐保温板。

这一化验结果遭到基建科长的极力反对，他的理由是：“谁可以证明现在库存的这种保温材料，就是有在锅炉上的那种保温材料呢？既然不是同一种材料，怎么就说用在炉子上的保温材料不合格呢！”

主管基建的厂长却说得洒脱得多：“我们不要先下结论，就认定是什么原因，还得分析分析，两次都是一个地方化验的，其中有没有哪一次出了错呢？可不可以再送一次去，叫他们重新化验，或送到另一个地方去化验。”

只得第二次又去化验。

这次化验的结果出来以后，简直让人难以理解，这种复合硅酸盐保温板的导热系数居然变成了0.037W/(m·K)！

导致锅炉外墙温度高的原因，似乎又与复合硅酸盐保温板无关了。

厂领导感到有点茫然，这时技术科长提出了一个谁也不能说

“不”的办法：“打开水冷壁的护板，取两份样，进行编号，各由两人分别送到两个不同的化验单位去化验，坐得结果，再用他们的结果进行比对。”

早上送去的，晚上八点多，两处的化验结果出来，复合硅酸盐保温板的导热系数基本上是一致的，在0.072W/(m·K)至0.077W/(m·K)之间。

至此，保温板不合格的议论才告一个段落。

二、原因

事后了解，基建科长在采购时，因为经不住推销商口若悬河的介绍，信誓旦旦的保证，灵活“不变的”手段，请示过主管厂长后，就决定订购此人的复合硅酸盐保温板了，并且深信不会有问题。

在没有化验之前，就把它用在工程上了，当质检科要求进行化验时，他才送去，但结果是导热系数为0.075W/(m·K)，不合格！

这时他有点坐不住了，去找推销商，那人笑了笑，不就是要一张合格的化验单嘛！明天给你送来，这就使复合硅酸盐保温板的导热系数变为了0.038W/(m·K)！并成功地办理了各种签证手续。

三、应吸取的教训

（1）不经评审的采购合同，是酿成工程事故和诱发腐败的一个病灶，只有下大力气才有可能得到根治。

（2）材料不通过应有的检验、试验，就贸然用在工程上，是豆腐渣工程不绝于世的一个重要原因。只有各级质量部门真正负起应有质量职责，才有可能杜绝豆腐渣工程。

（3）化验单位出的化验单，是要负法律责任的，但愿清清楚楚的化验单也是清清白白的，干干净净的。

2.37　卸甲被拉开，柱子被砸断

一、工程概述及事故发生的经过

某个具有一级总承包资质的施工单位，承建一个热电厂，因工期要求紧，土建、安装从一开工就要抢工期，所以交叉作业特别多。

主厂房内的锅炉设备基础是最先施工的，交安装验收合格后，安装人员把锅炉钢架在组对平台上，组焊成几片后，再一片片地立到基础上，然后焊接横梁，把它们拼装成一个整体。

因为交叉作业多，为了减少现场的交叉作业面，钢架在组对成几片时，工人把形状相同的两片钢架（面对面的两片钢架）叠合起来组对，因搁置联系梁的牛腿碍事，不能很好叠合，只有把它们背靠背地叠合在一起进行组焊；钢架的组焊平台设在紧邻锅炉厂房的外侧。

第一片钢架要吊装时，土建还在进行主厂房的钢筋混凝土柱子和屋架的施工。厂房的钢筋混凝土柱子，采用独立的杯形基础，其时柱子间的横梁尚未全就位。

该锅炉的第一片钢架，高 26m，宽 6.6m，重 8 吨多，因为塔吊的水平臂伸至锅炉基础的上空时，其吊装能力已接近极限，就采用另一汽车吊协助吊装，具体的做法是：用钢丝绳环扣分别系住该片钢架的上部横梁和下部横梁，上部的绳扣挂在塔吊的吊钩上，下部的绳扣挂在汽车吊的挂钩上，它们协同把钢架从组合平台上水平吊起后，塔吊慢慢上提，汽车吊则徐徐顺着钢架调整位置，在整个吊装过程中，让锅炉钢架在空中基本保持约 45°的角度，向锅炉基础方向缓缓移动。

两台吊车刚把第一片锅炉钢架的方位调整好，下端离开地面大约 1m 左右，塔吊收钩上提，在将钢架调整为与水平面成 45°的时候，系在钢架下部的钢丝绳突然“唰——”地滑了出来，只见那片钢架“呼——”的划着圆弧跌落下来，“铛——铛——”几下，狠狠地拍在厂房钢筋混凝土柱子上！

汽车吊因突然卸去重负，猛的后仰，差点儿被颠翻了！那台塔吊非常厉害地摇晃了一阵之后，总算停止了下来，勉强站稳了脚。要不是钢架在划着圆弧跌落时，两根柱脚已接触到地面的话，塔吊早就栽倒了！在场的人无不惊骇万分！

在现场发现：

1）当时塔吊重心已明显偏移，只靠右边的轮子承受压力，道轨下沉，另一边的轮子已不再受力，道轨和枕木几乎看不到受压的痕迹。现场指挥让塔吊司机慢慢松钩，使钢架斜倚在厂房的钢筋混凝土柱上，这才使塔吊恢复到正常的状态，几个轮子受力基本一致。

2）被拍打的钢筋混凝土柱子，尽管其断面有 1200mm×600mm，在其根部，还是被砸出了三道清晰可见的裂纹，最宽的有 2mm 多宽，混凝土柱子显然是断了，其杯形基础杯口的角部，出现了更宽的裂纹！

系在钢梁下部的钢丝绳，为什么会突然滑出来呢？

二、造成事故的原因

（1）因为形状相同的两片钢架，是背靠背组对焊接的，搁置联系梁的牛腿也就相背，所以在吊装时，就有一片要翻个身以调整朝向。如果，塔吊的吊装能力很大的话，待钢架吊在空中转个方向是十分方便的，现因塔吊的吊装能力略显不够，他们采用了在钢架刚吊离平台就翻身的办法，来调整它的朝向。

在转向的过程中，钢架的牛腿，把系在钢架下部横梁上的钢丝绳挂着了，拧了一下，将系于半自动卸甲横销上的钢丝绳扣，绞到了“U”字形卸甲的直段上。因为选用的半自动卸甲的横销尾部不带螺纹，所以在继续吊装的过程中，钢丝绳扣就生生地把卸甲的“U”字口给掰开了！绳扣迅速从卸甲中滑落，致使汽车吊不再负重，所以钢架就“呼——”的划着圆弧跌落下来，狠狠地砸在离它最近的厂房钢筋混凝土柱子上！

（2）这是一起典型的违反操作规程的事故，因为在一般情况下，是不允许使用无螺纹卸甲的，必须使用时，也得有可靠的安全保证。从卸甲被拉开口来看，它的实际负荷，超过了它的许用负荷，由此可见，选用此种卸甲是有问题的，不安全的。

（3）安装过程中，负责吊装指挥的人，没有对可能发生的情况，进行全面的观察、掌握，并采取有效的处置措施。如钢丝绳扣被绞到了卸甲的直段上，而没有引起重视，因为错过了处理的时机，酿成了此次事故。

三、处理措施及应吸取的教训

(1) 对那被砸坏的钢筋混凝土柱子和它的杯形基础，全部换掉。

(2) 对钢架进行校正，经锅炉安全监察部门、建设单位、锅炉制造厂家和安装单位的共同协商，同意继续使用。

(3) 一切经济损失由安装单位自负。

(4) 提高操作者的技能，对他们进行业务教育，是任何时候也不能放松的，提高他们对工作的责任心和对紧急事态的处置能力，不是一时半会能解决了的，必须常抓不懈！

2.38 违章吊装 损失惨重

一、工程概况及事故发生的经过

20 世纪 80 年代中期，南方沿海的经济发展很快，电力供应跟不上，所以小型火力发电厂兴建得特别多。

某安装公司抓住了这个机遇，他们承建的任务也是一个接着一个，有时甚至显得技术力量不够，工程技术人员，要同时担负几个工地的技术指导工作，穿梭似的来回奔跑。工人中的技术骨干，也是各个工地抢着要，有时不得不由公司来进行调节调配。

这年年中，他们在干一个新建的电厂时，在其附近，又接到一个火力发电厂的扩建任务。

这个扩建的电厂，厂前有一条公路，厂后有一条河流，两者都是主要的运输通道。为沟通水陆运输，从厂后建了一个简易的码头，在厂西侧围墙外，修了一条约 6m 宽的临时砂土“公路”。公路的左边是电厂的循环水管道，右边是相邻的另一个工厂的围墙。

该电厂燃用的煤主要从水路运来，直接从船上用皮带输送到干煤棚，输煤廊和扩建端都在厂区西侧，锅炉间与汽机间的西端外墙与厂区西侧围墙之间，仅留了一条可通行小汽车的便道。

当锅炉间与汽机间的西端外墙起来以后，是不能从这条小便道运进大型机具设备的。

在签订该扩建工程的施工合同时，规定所有的设备，由建设单位运进现场，随着工程的进行展，绝大部分设备都已安装就位，除一台出力为 150t/h 的除氧水箱，因为制造原因曾退货，新的还没有运抵现场外，再没大件设备要进入现场了。

此时，锅炉间和汽机间西端外墙已砌好，在用的大型施工机具，都是可以拆卸，化整为零从那条小便道退场的。

扩建电厂施工，锅炉大件的吊装，主要由一台最大起重量为 35t 桅缆式吊车来完成的。该吊车的主杆高 42m，回转臂长 48m，主杆、回转臂的断面都是 900mm×900mm，四角用四根 ϕ133×6mm 的圆钢管制成。

根据场地的实际情况和工程中的最大起重量，负责设备吊装的工程师，在施工组织设计时，通过计算，就把吊车的位置确定好了。布置停当后：吊车的底座，用封底钢丝绳固定，主杆用六根缆风钢丝绳用地锚拉紧固定，缆风绳之间的最大张角为 120°，回转臂左右摆幅，靠两根牵拉钢丝绳牵引。

在前一段的吊装实践中，没有发生过任何问题，证明其设计是合理的。

锅炉大件基本吊装完，准备拆卸吊车退场时，建设单位通知，被退货后新换的除氧水箱，已从制造厂发出，再过两天就到了。因为沿着西侧的围墙根，有两条露天敷设的 ϕ630×16mm 循环水管，担心过车时被压坏，所以不拆开围墙，把车开进工地，准备把车停在西侧的围墙下。请施工单位，暂时不拆卸吊车，帮助把除氧水箱吊入场地之内，然后吊装就位。

等净重 18000kg 除氧水箱运到后，沿围墙根它能停靠的地方，与吊车主杆的最小距离有 20m！而此时要吊起这个庞大的设备，不仅吊车的吊装能力快到了极限，而且回转杆要摆到超出原设计张角之外进行吊装！

工地施工负责人A与起重班长H商量后，觉得吊装位置不好，于是向建设单位解释说：吊装的工程师不在现场，不通过计算，不敢贸然用固定的桅缆式吊车进行吊装。最好还是去租用一台汽车吊，来完成这个任务。

建设单位的现场指挥，十分爽快地讲："就这点事，不用再推了，吊完以后，晚上我做东，请吊装班的工人，再额外意思意思，不就行了吗。"

就这几句话，把工地负责人说动了，答应了；并通知起重班长，做好准备，明天吊装除氧水箱。

第二天清晨一上班，起重班长H带领全班8位成员，早早地来到工地。班长看到回转臂摆不到除氧水箱的位置，便令人把1号缆风绳松开，挪到另一个地方（令其为1′号），用5t倒链把其张拉紧，其他则未作调整，如图2.38-1。班长开始指挥，进行吊装除氧水箱的作业。

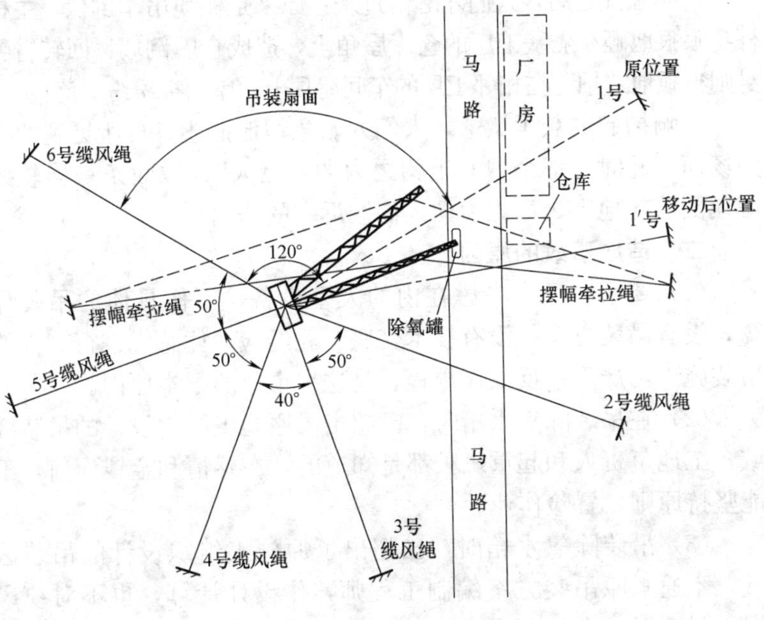

图2.38-1 吊装示意图

随着一声清脆的哨音，除氧水箱缓缓提起，吊离拖车200mm高以后，停在空中，经检查，未发现异常，拖车开走。接着班长H发出收钩上提的指令，当除氧水箱上升到4m左右时，又稍停了一会。还是未发现异常，班长吹哨，发出摆臂指令。

随着回转臂的两根牵拉钢绳，一根放松，一根收紧，回转杆刚一摆臂，除氧水箱晃动着向东漂移，随即桅杆吊车的底座向后搓动，瞬间，桅缆式吊车轰然倾倒，传来一阵隆隆巨响！卷起一股冲天的灰浪！

安装工地和隔壁工厂的工作人员，听到巨响后，胆子大的，一个个呼叫着，没命地往外逃；胆小的，一个个吓得魂飞魄丧，腿脚发软，哪里还知道躲闪！邻厂有6人，被从砸坏的屋顶上掉下来的混凝土块击中，险些断送了性命！邻厂那边传来撕心裂肺的嚎哭声和呼救声……。

一阵骚乱之后，人们才醒悟过来：原来是桅缆吊车倒伏，主杆杆身狠狠地砸在隔壁工厂的仓库屋角上，造成仓库倒塌！回转臂臂身则狠狠地“拍”在相邻工厂的车间屋顶上，屋面板纷纷塌落！

巨响扬起的灰尘微落，人们开始急切地描述各自所见到的悲烈场面。此时，那个曾有千钧之力的“巨人”，像面条一样软瘫瘫地倒伏在地上，已无力向人们倾诉它的悲痛！

二、造成事故的原因

（1）要吊装原未考虑在内的大型设备，不作具体的吊装计算，没有吊装方案，没有技术交底，凭经验、凭感觉进行大件的吊装施工，严重违反操作规程，是这次事故的根本原因。

（2）在吊装除氧水箱时，已超出了原施工组织设计的吊装区域，工地负责人和起重班长都是知道的，在感情和金钱面前，不能坚持原则，冒险作业。

（3）吊装除氧水箱时，已超出了原施工组织设计的吊装区域，不通知原吊装方案编制工程师，作设计计算，也不对缆风绳、封底绳，牵拉绳作合理的调整。因此造成了极其严重的后果：

1）为使回转杆能摆到运除氧水箱的汽车停放的方位，起重班长随意移动了那根有碍的缆风绳，致使六根缆风绳受力状况改变，使原来起次要作用的缆风绳，变为主力缆风钢绳，从而超出了它的原有设计能力。

2）因为牵拉绳未作调整，吊车的回转臂摆到待吊除氧水箱的方位时，回转臂与牵拉绳几乎已处在同一个垂直平面内了！

3）因为桅缆式吊车的底座封底绳未作调整，在吊除氧水箱时，受力状况发生了变化，导致底座搓动、后移。

（4）从工程力学的角度来分析，这次事故的主要经过是这样的：

原吊装设计中，回转杆的最大摆角为 120°，因为起重班长随意移动了那根 1 号缆风绳，让回转臂能摆到待吊装的除氧水箱的方位，这时的回转臂与 120°摆角另一边的那根 6 号缆风钢绳，变成了主力缆风绳！因为牵拉绳未调整，此时，它与回转杆的交角几乎成了 180°！见图 2.38-1。

当班长 H 发出起吊指令时，除氧水箱被提起，从 0.2m 高，稍停，至 4m 高，稍停，这时 6 号缆风钢绳承受的力超出它设计负荷，钢绳头在“卡扣”中已经到快抽动的极限，但未被班长 H 和他的同事发现，认为无异常。

接着班长 H 又发出了摆幅的指令，因为摆幅牵拉绳与回转杆几乎成 180°的交角，牵拉绳的正常拉力，没有顺利地拖动回转臂，加大力度以后，虽然回转臂和除氧水箱开始摆动，这时巨大的拉力和重物摆动的惯性力，通过回转杆底端传给了桅缆吊车的底座！因为底座的封底绳未作应有的调整，致使底座搓动后移！此时的桅缆吊车和除氧水箱的整体重心发生改变，进一步加大了 6 号缆风钢绳的受力，把早已岌岌可危的钢丝绳头，从卡扣中抽出，致使桅缆吊车的主杆，下部后滑，上部前倾，在一瞬间，该吊车完全倒伏！酿成了这起重大的事故。

三、造成的巨大经济损失

（1）邻厂的厂房，车间有6块屋面被砸坏、塌落，砸毁进口自动化生产线的主机成套设备一台。几次对簿公堂，法庭最终裁定：赔偿人民币400万元。

（2）桅缆式吊车和除氧水箱损毁、修复被砸坏的厂房和倒塌的仓库、支付邻厂6位被砸伤的工人医药费、误工费和补贴费，直接经济损失共几十万元人民币。

（3）诉讼费、拖延工程进度和办理此次事故的差旅费等暂不算在内，这次事故的直接经济损失，竟达到几百万元人民币之巨！

四、应吸取的教训

（1）从操作工人到生产组织者，应该重视知识，重视学习。否则，我们的学费将还得交下去！

（2）发生一起事故，是偶然的，但有它的必然因素在起主导作用，人员的素质、敬业精神和责任心，是关键之所在。

如果改变一下工程损失费用的支付方式，恐怕会是另一种结果吧！

2.39　锅炉瞬间燃爆　司炉连夜逃跑

一、工程概况及事故发生的经过

某安装公司的大本营，在中原腹地，该公司的两位锅炉专业的工程师正在边远的北疆出差，一天他们接到总部的通知，要他们放下手头的业务，立即赶赴南方正在施工的锅炉工地，去处理在一小时之前发生的一起锅炉燃爆事故。

事故发生的原因和造成的损失，虽然暂时还不清楚，估计处理起来会很麻烦。所以，公司要求有关工程技术人员，都必须火速赶到，在那里商量应对措施。

这两位工程师，很纳闷。

因为他们大前天才离开的该工地。是搞完1号锅炉机组的满负荷连续72h试运行才走的，锅炉已经移交给了业主方运行管理，我们还会出什么问题呢？

他们乘坐飞机，赶到了出事地点，接他们的司机告诉说：1号锅炉爆炸了！好吓人啊！

到底是怎样个情况，司机又说不清。他们就直接到了工地，在厂区外，没有发现太大的异样，可一进锅炉间，喧嚣热闹的场面不见了，看到的是一派狼藉！

崭新雪白的厂房，变得乌烟瘴气，锅炉成了腆着大肚皮怪物！

为了保护现场，有几个表情凝重的保安人员在站岗，守候着那个怪物和那堆被振落的保温层碎片和灰渣！

来到住处，先期到达的人员正在开会，研究对事故如何表态，显然，他们感到压力不少。

第二天上午八点半，到工地会议室开会，除安装公司的有关人员外，有业主A和业主聘用的总工程师B以及运行组人员。

唯独少了一位司炉，据说正是他当班，出了这档子事，他担心脱不了关系，连夜离开了高薪聘请他的火力发电厂，不知去向。

会议由业主A主持，他像没有发生什么事似的，等大家坐下以后，就十分爽快地宣布今天开会三件事：

今天不研究发生事故的原因，更不追究谁的责任；只要求大家认真仔细地去检测一下，看1号锅炉实际损坏到了什么程度，并作必要的记录。

今天研究一下1号锅炉经过修复后，能不能运行到一年以后，再进行大修。

再研究如何修复，需要多长时间，大概需要多少资金。

这大大出于人们的意料之外，会议的气氛一下就改变了，纷纷发言，出主意想办法。

最后由总工程师B把大家的意见归纳为：能修复，但必须降压运行，并可以在一年以后进行大修；此次修复的时间约要半个月，所需资金在20万元以内。

这时有人试探着提醒A：这是一起运行事故，该不该报锅炉压力容器安全监察机构，请他们来做个事故鉴定呢？

业主A果断地说：不用！我的锅炉还没申报运行，现在是安装期间。等他们找上门来时，我会处理的。

此后，对锅炉进行了一整天的实测实量，得到的结果是：

1）炉膛的四面炉墙、护板、横梁，都有不同程度的严重变形，全向外拱；从高度方向看，以标高为12.80m和15.60m的梁变形最厉害，分别向外拱出395mm和285mm，中间的其他横梁变形最小的，也向外拱了150mm。

2）在炉膛内，可以看出水冷壁的塑性变形，前、后水冷壁严重一些，左、右水冷壁变形稍轻一点。因为是膜式水冷壁，发生燃爆时，是整体受到冲击，燃爆后的炉膛，有如一架腰鼓的内腔。

3）尾部烟道，以空气预热器连通箱变形最为严重，在标高14.40m处，向外鼓出了460mm！保温层被振塌。

4）炉顶的保温层，也有部分遭到破坏。

5）从喷出的烟灰痕迹来看，防爆门基本没有动作，只是摇开了一条小缝，所以煤灰和黑烟只有极小一部分，喷洒在防爆门外的炉墙上和紧临炉墙的平台上。

6）锅炉钢架立柱基本上没有发生塑性变形；承压部件也没有发现有汽、水泄漏的现象。

二、造成事故的原因

（1）1号锅炉已经通过了连续72h满负荷试运行，并已移交给业主方操作运行，试生产。但2号锅炉和它的附属设备、管道、电气、自动化仪表等，还正做分部试运行或各种模拟信号的动作，总之是做各种调整、试验。

这天，电气自动化调试队的队长，找到值班的锅炉运行组C组长，通知他，下午4点半，准时做紧急停电模拟试验，希望他安排一下，做好准备，给予配合，并留下了一纸非正规的通知单。

下午上班时，调试队长在工地，碰到了C，告诉他："我们4点半准时做紧急停电模拟试验啦。"

C一边走，一边回答："好，好"但并没有真正放在心上。

(2) 调试队长，在一切准备就绪后，4点半钟，准时给出了事故停电模拟信号。电厂控制室的操作屏上，顿时一片漆黑！但一会又恢复了正常。

就在停电的那一瞬间，操作人员，一派惊愕，不知所措。

1号炉在停电时熄火！突然停电，司炉没有思想准备，也不知应采取何种应对措施。在慌乱之中，他迅速地将这个按钮按动一下，又把那个按钮按动一下！接着恢复送电，鬼使神差地启动了给粉风机，往炉内送粉，但未着火。

因炉温较高，炉内充满了可燃性气体，在一刹那间引起了可怕的爆炸！两声沉闷的巨响，1台刚刚投入运行的锅炉，发生了燃爆。

三、当时的处理措施

(1) 对锅炉重新做超压试验和工作压力下的水试验，在经受住了检验后，日后需降压运行。

(2) 对炉墙、热风管系统和空气预热器连通箱，进行修理，对破坏的保温层重新保温。并做漏风试验合格。

(3) 对锅炉横梁，在可能的情况，尽量进矫正，对炉膛后墙变形最大的两根横梁，加装辅助性横梁，并用两个钢支撑进行加固。

(4) 在半个月内，他们完成了上述工作，锅炉进行了降压、减负荷后的72h联合试运行，并顺利通过。

四、应吸取的教训

(1) 锅炉在尚未申报正式投产运行时，发生这样严重的燃爆事故，应该按"蒸汽锅炉安全技术监察规程"向当地锅炉压力容器安全监察部门申报事故，并将有关调查资料、处理方案、报他们备案，作为锅炉的重要技术档案材料。

(2) 业主A的做法是不对的，也是不负责的。表面上看，他很大度，实际上是没把工人的安全放在心上，他关心的是早日修复投产，产生投资效益！

(3) 运行组长C，把一件十分重要的通知，抛之脑后，太不可容忍了！

虽然是在试生产期间，他们为什么不用正式的操作票呢？看来管理很不到位。

(4) 司炉的作为太使人失望，他未能按照操作程序作业，停电熄火后，居然解除了电气联锁，在不启动引风机排除炉内的可燃气体的情况下，启动送粉机送粉！

这是一起严重违反操作规程的重大事故。是业务不精，临危乱了方寸，还是与运行组长一样，没长记性呢？

(5) 防爆门能够灵敏动作，是减轻燃爆损失的有效措施，此处的防爆门，基本没有动作，应从制造和安装两个方面，对其进行深入研究，加以改进。

(6) 对职工进行生产技能和安全意识的培训，在任何时候都不可放松。

2.40　伪劣钢材招祸　无辜青年致残

一、工程概述及事故发生的经过

某施工单位在安装一台蒸发量为20t/h，额定压力为1.57MPa的蒸汽锅炉时，因为要抢进度，把一些他们认为暂时不影响连续72h满负荷试运行的工作放下了，一心一意保投运。

总的来说一切还较顺利，没有耽误锅炉送汽，为此受到了建设单位的表扬。

不知是前阶段太劳累，还是因为取得了阶段性成果而放松了，他们在酸罐平台上，做消项施工时，却出了一个大事故！从3m多高的平台上摔下一人，经多方治疗无效，瘫痪！

事情是这样的：为了保证锅炉的试运行，他们把酸罐、配管及平台都安装完了，并投入了使用，把平台栏杆和上平台的梯子栏杆作了甩项。

栏杆的立杆和栏杆最上面的横杆都是用$\phi57\times3$mm 的管子制作，只不过立杆的挡距较大，一般在 2500mm 左右，而其他横栏杆则是用 35×3mm 的扁钢制作的。

这一天，他们正在对此作消项施工。

上午一上班，焊工总感到这批扁钢与管子不好焊，不对劲，不过快到中午，他们也只剩下两档横栏杆的扁钢设有焊完了。

这时管道班的小 A，一手提着一根 $\phi76\times3$mm、长约 1200mm 的管子风风火火跑了上来，急匆匆地说：

“来，来，来，班长正等着用，快给焊一下!”半是商量，半是命令，焊工小 B 只好停下手中的活，并准备在平台的过道上帮他焊管子。

这时只听到班长在那边催喊着小 A，“快点啊，快点啊!”

小 A 为了让班长看得见，听得着，就站在一根扁钢横栏杆上回答说：“正焊哩，正焊哩!”说完，双手一推，往平台上跳，只听到“咔嚓”一声，扁钢靠立杆的焊缝处断了!

小 A 凭着灵敏，还是稳稳地跳上了平台，只是受了一场虚惊。

他以为是焊缝开了，嘴里还在打趣小 B，“你焊的是什么玩意，还经不住一个人的重量，一蹦就开了!”

他们谁也没有在意，继续忙着手里的活计。

这时小 B 对小 A 说：“少贫嘴！你快来扶好、扶正，我要打火点焊啦，小心电火打你的眼睛!”

只见小 A 在刚踩断的那档横栏边，背朝外，半蹲半靠着第二级扁钢横栏，两手握着准备对口焊接的管子，估计已经调正、对直了，就说：“点吧!”

小 B 在管子的对口处，连续两次引弧没有打着火，他调整了一下夹在管子尾部的地线。

再次打火时，第一下，只闪了闪，灭弧了，紧接着打第二次，着了，并发出了强烈的电弧光!

不知啥哩，就在这时，小 A 突然两手一松，一个后昂，靠断了第二根扁钢，从平台上翻了下去！

还没等小B站起来，小A就已被重重地摔在平台下边的混凝土地面上，肩背相继着地，腰肋却结结实实地板在一根200mm左右粗的杉杆上，也没听到他哼一声，就晕过去了。

人们赶紧把他送到就近的医院进行抢救，经诊断，颈椎、腰椎和三根肋骨骨折，颈椎、腰椎神经受了重创！在危重病房住了三个多月，总算保住了一条小命。也从此开始了他漫长的转院治疗过程，他的下半身和一只手臂全瘫痪了。

前后三年，他在全国几个知名的大医院都住过，花了二十多万元的医疗费，也没能让他从轮椅上站起来，失去了他应有的自由和幸福。

二、事故的原因分析

（1）众所周知，一般的手工电弧机，其实质是一台焊接变压器，一次回路的电压高而电流小，二次回路的电流大，而电压低，是36V以下的安全电压（一般为20多伏），为引弧的需要，其空载电压一般有45～80V，高于安全电压。

据查，该焊工用的焊机，只装有漏电保护装置，而无空载降压保护装置。

第一次打火，闪了闪，说明电路曾经通了，但引弧未成功；熄弧时，电流断了，焊机的二次回路不工作，受空载电压控制，其电压比安全电压高。在熄弧断电时，伴生了瞬间较强的感应电动势，小A正是受到这两者的突然刺击，下意识地向后昂，谁料，居然撞断了扁钢栏杆，因此翻了下去，酿成了这次大事故！

这与小A事后的回忆是一致的。

（2）梯子平台的栏杆未做好前，就投入了使用，也不采取防护措施，安全意识淡漠！经常强调的“三宝、四口中、五临边”安全防护和保护，只是挂在口头上而已，没有得到落实。

（3）在锅炉试运行前，该施工队对大宗物资采购，控制还算可以，在消项补缺时，就放松了，尤其是他们认为“不会出什么问题”的次要材料，只按价格低的采购了。

该栏杆用的扁钢，就是材料员从“路边店”采购来的水货！一段扁钢，中等力气的工人，一使劲，就能把它折断，“水”到何等程度，可想而知。

后来把这批材料送去检验、化验，除几何尺寸基本合格外，竟没有一项指标合格！

他们也曾想到过打官司，可是一样有法律价值的证据也拿不出来：什么采购合同、材料合格证、连一张正式的发票也没有！找谁去打官司呀，荒唐之极！

（4）焊工在焊接时，已发觉扁钢的材质不对，不向上级反映！小A踩断了扁钢，也不警醒过来，采取自我保护措施，实在是太麻痹了。

事后了解，以前工人对此类问题的反应也比较强烈，因收效不大，反而得罪人，也只有漠然处之，这就助长了一些人的胡作非为。

三、应吸取的教训

（1）必须加强对全员法律意识和安全意识，质量意识的教育，让人们知道怎样保护自己，也知道怎样为社会服务。这个例子，是一起因材料质量和设备安全保护问题引发的工程质量事故和人身安全事故。

不依法采购，为省钱或为自己赚钱，以次充好，结果害了职工。这样的材料用在工程上，即使这次不出事，可以肯定，迟早总是要出大问题的。

（2）搞工程若放松了对材料的管理，就是放弃了对质量的管理，若放弃了对安全的管理，就等于放弃了一切！

（3）管理人员在材料采购上，不依法行事，那是酿成质量事故和安全事故的一个重要环节，也是一个滋生腐败的黑洞！

2.41 管理混乱 火灾无情

一、工程概述及发现问题的经过

某安装公司在一个工地用流水作业法安装两台同一型号的燃

用天然气的锅炉。因为天然气的室外干管早已建好了，所以天然气只能从新建锅炉房的炉后（烟筒侧）引入，然后用一个三通分两条支路分别送到各锅炉的燃烧器。在这条燃气支管上有许多压力、流量的测量装置，信号传输的电气变送装置，热工仪表，炉前还有锅炉燃烧器的控制柜等等。

当第一台锅炉在煮炉时，第二台锅炉还在进行本体筑炉、保温，锅炉主蒸汽管、主给水管还有部分焊接施工。

锅炉上所用的保温材料为轻质机制硅酸钙板，箱装。施工时，一箱一箱搬到需要的地方，打开箱子，一块板一块板地粘贴，较方便，其包装用的纸箱子，则回收。

在炉子上施工，较高，纸箱子从上往下搬不方便，他们用完一箱保温材料，就把纸箱子，从炉上扔下来，堆在两台锅炉尾部之间的运转层。等到够一定的数量后，一次运送出作业场地。

锅炉的保温作业已有好多天了，炉后所堆的纸箱壳，因为没有一张一张地摞码起来，横七竖八，已堆得像个乱柴火垛了！

那天中午吃过饭，施工队长刚回到住处不一会，就听到外面有人喊救火。

队长和正在午休的工人，迅速赶到工地，只见炉后浓烟滚滚，烈焰腾腾，长长的火舌正无情地舔食着天然气管道！万一引发天然气着火或爆炸，将是一个不可设想的灾难！

在这千钧一发之际，工人们奋不顾身，舍命往前冲，有的抱干粉灭火器，有的拉水龙带，有的则爬上天然气管道，切断主控制阀门，在主控室的操作人员最早得到失火的消息，及时关闭了第一台锅炉的燃烧器。

经过半个多小时的扑救，总算把大火熄灭了，避免了一场可怕灾难，避免了一次难以估量的损失。

经事后清点，这次火灾事故，烧坏电气仪表箱 3 个、一次取源仪表多个、二次信号智能化变送器 5 台、第二台锅炉左侧，在运转层上 2500mm 高处的电缆桥架及布置在里面的所有电缆、部分管道的保护壳烧坏、布置在炉后的取样管道和仪表管烧变形，锅炉钢架经过火焰的烧烤油漆剥落等等。所幸没有引燃干管里的天然气或使其发生爆炸！

二、引起火灾的原因

(1) 施工场地的火源和可燃物，本来是应该严格管制的，尤其是在第一台锅炉正用天然气煮炉的情况下，更应严格管制。但他们没有这样做，还是乱堆乱放易燃物，不及时清理保温材料的包装纸箱，是引发此次事故的直接原因。

(2) 在上午下班的时候，他们并未发现纸箱壳着火，这说明引燃纸箱的火种，不是有人在下班后播下的，就是下班前，施工人员无意播下，后一种可能性较大。

其一是，他们事后并没有找到失火原因的确切证据；

其二是，施工人员扔下的烟头或因电焊作业掉下火星，要引起明火必须有一段时间，所以后来他们把此次失火，当作是焊渣而引发的处理。

(3) 更深层次的原因是，管理人员的安全意识差、质量意识差，文明施工差。假若引发了主干管内燃气的爆炸或着火，那是多么可怕的事情啊！

三、应吸取的教训

安全教育，质量教育，对每一个施工人员、每一个管理人员是一样重要的，任何人不重视，都有可能受到惩罚！都有可能酿成可怕的后果，甚至造成悲剧！

2.42 设备维修少 作业事故多

一、工程概述及发生问题的经过

内地某安装公司，在沿海开放城市接到一个热电厂的安装业务，厂房内露天布置两台蒸发量为 130t/h、额定压力为 3.82MPa 的燃油锅炉，两台锅炉分两期安装，第一台正式投产后，第二台才开始安装。

该电厂就建在海岸边，那里一天到晚刮海风，有时突然来一场大雨，施工条件较差。

人们每天都加班，连吃饭都得抢时间，工人们有点小毛病都得坚持，就连工具、设备有点“小毛病”，只要还能用，他们都会“凑合着用”，不愿意“浪费时间”去修一下。在施工组织上，凡是需交叉作业的，一般都会多重交叉施工。

第二台锅炉的钢架组对就位后，在锅炉尾部，有一部分工人在安装空气预热器、省煤器；在钢架附近，有另一部分工人在组对水冷壁；在钢柱上，还有一部分工人在焊接牛脚，安装梯子和钢平台，他们在地面将锅炉厂分若干小片供应的平台，尽可能组成一大片，整体吊装就位，以节省时间和减少高空作业的工作量。

近几个月的紧张吊装作业，因一直在露天施工，环境恶劣，有的机具、设备不时出现一些问题。

如起重机主挂钩上的止滑弹片，一是因为使用的年限较长，老化了，再是因为长期在露天的环境下，受到海风和咸湿潮气的腐蚀，早就不灵了，这一天掉了下来。再就是主挂钩的分量似乎太轻，如吊钩上不系上一定重量的东西，吊钩就不能把钢绳拉直，在有风天气，就会发飘。所以他们不得不在主挂钩上配重，以保障正常作业。

这天他们在吊装二号炉的钢平台，当他们将平台挂上，而且吊了起来以后，才发现没挂配重，只好再放下来，把用几个大卡环串起来的配重挂上去。在快要吊到预定位置的时候，因海风较大，吊在半空中的钢平台，在空中飘着、转着，难以控制，停不下来！因平台有点长，竟然把挂配重的钢绳绞住，并从挂钩上给挤了出来！

这时只见那 20 多公斤重的配重块，像断了线的风筝，在空中飞了起来，先是掉在吊着的平台上，因是刚性碰撞，立即被弹了回来，又碰在刚就位的锅炉钢架上，紧接着它以又极快的速度，弹回，飞向组对水冷壁的场地上方！

在这千钧一发之际，人们在高喊：“注意噢！掉东西了呀！

掉东西了呀!”

正在全神贯注地焊接水冷壁的小W，听到喊声，还没来得及抬头，就被从天而降的卡环（配重块）击中头部，一个生龙活虎的小伙子，连哼也没哼一声就倒在自己的工作岗位上!

人们潮水般涌向小W，可是他再也没能力说出一句话来，就永远离开了人间!

二、事故发生的原因

(1) 在干第一台锅炉的时候，吊钩已经有了毛病，一切只为了金钱，不检修，不维护，致使干第二台锅炉的时候，挂钩止滑的弹片脱落! 起重设备带病工作，是导致此次事故的根本原因!

(2) 在挂配重时，不注意先后次序，将其挂在后面，当平台因海风的影响，在空中旋转的时候，不作应急处理，竟容忍钢平台把吊配重的钢绳挤出吊钩，导致此次事故的发生。

(3) 当风力较大时，是不允许进行吊装作业的，为了工期，不顾一切，出事故就不奇怪了。

三、应吸取的教训

(1) 一切以金钱为首，连有毛病的设备也不进行维修；在大风天气下，吊装，这是事故的直接原因。

(2) 安全责任重于泰山，是每个生产组织者，不可或忘的，不注意交叉作业的安排，使生产处于一种无序的状态之中，是不可能不出事故的。

2.43 锅炉的负荷带不上去

一、工程概况及发生问题的经过

某安装单位，安装过不少工业锅炉，是一个具有较丰富经验的单位，新近，他们安装了一台蒸发量为130t/h、蒸汽出口温度为450C、额定蒸汽压力为3.82MPa的燃气锅炉，该锅炉在前炉墙中分上、下两排布置了六个煤气燃烧器，他们的标高分别为5.60m、8.00m。煤气总管引到炉前，再分成两条支管向六个燃烧器供气；每排的三个燃烧器，共用一条支管，由一个调节阀控制。

炉膛内部，在标高 8.00m 以下布置了卫燃带，其材料是 70mm 厚的高铝质耐火浇注料。

他们在施工阶段，十分顺利，但到了试运行阶段，却吃尽了苦头！

1）锅炉的出力不够，负荷总带不上去。

2）过热蒸汽的温度总超标。

锅炉的负荷带不上去，人们自然地想到找锅炉制造厂，厂家的回答是：

“我们这种炉型的锅炉不是第一次生产，销售到其他地方的锅炉，都能够达到额定出力，还有一定的超负荷余量。你们那里的锅炉出力不够，请另找原因。”

于是，建设单位和施工单位专门派人，到该型锅炉的使用单位去参观学习，最后证明确实不是锅炉制造厂的问题，他们只有认认真真地找自己的原因。

经过反复的试验、检测，证明锅炉操作运行是按设计说明书进行的，负荷带不上去，只能是其吸热不够引起的。而过热器超温，说明炉膛的出口烟温过高，燃烧器的供气及配风等操作方面不存在问题，就是在安装方面存在一定的问题。

两层燃烧器的火焰，上层的发蓝，而下层燃烧器的火焰散乱飘逸，并相对较暗这一事实，说明两层燃烧器的燃气和风的分配不均匀。但是调节阀的标定分明全开，按常理，这不存在分配不均的现象。

为弄清这个问题，在停炉以后，他们在上层燃气管和风管靠近阀门的地方上开了一个洞，经观察，外面标定的风门开度为 100%，而阀门的实际开度，只有 50%，这就证明了燃气分配不均的分析是正确的。

燃气和风的分配不均匀，燃烧时，火焰中心标高上移了，所以炉膛出口烟温高，导致过热蒸汽温度高。

经过重新调整标定燃气门和风门以后，他们以为问题解决了。可再次点炉后，发现收到的效果不十分明显，问题并未得到完全解决，说明还另有原因。

这个一直困扰着他们的问题，在A工程师翻阅施工资料时，有了转机：

材料供应商第一次送来的高铝浇注料，因物理性能试验，导热系数只有0.063W/(m·K)，与图纸要求的2.67W/(m·K)相去甚远，因而判为不合格，不验收；退了货。

而这次的高铝浇注料，还是同一供应商送的货，化验的指标却全合格了，但检验报告单上，却没了导热系数一栏！其他各项指标的化验结果与第一次的完全一致。

从这一疑点入手，他们开展了认真的调查，最后总算把来龙去脉弄清了。

原来：供应商得知第一批材料化验不合格后，与该公司的材料科长进行了认真研究，采取了他们认为可行的解决办法。由材料科长出面，再做一次材料化验，让他在委托单的化验项目一栏上，不要列导热系数一项。其他各项指标照上次的数据就可以，所以这批材料从化验单上看，是合格的。

化验人员，照办了，当然不作义务劳动。

不细心的施工人员，一看化验单，各项指标都合格，就把这批本来不合格的材料，用在了工程上。

二、发生问题的原因

（1）首先是燃气门、风门的实际开度与指示开度不符，供应的燃气不足，致使锅炉出力不够，带不上负荷。

（2）当供气送风达到要求后，因为卫燃带的材料还是不合格，其导热系数几乎接近保温材料的导热系数。所以水冷壁的下段受热面，起不到应吸热的作用，相当如水冷壁的面积小了，吸热不够，所以带不上负荷。致使炉膛的出口温度高，多余的热量由过热器来吸收，所以过热器的温度超标。

（3）造成卫燃带材料不合格的原因是采购与供货商里应外

合。而分管筑炉施工的专技术人员工作不到位。材料的化验委托单上的化验项目，是由材料科长列出的，奇怪之极！

(4) 正式施工，施工员不仔细核对材料与设计是否一致，盲目使用。

三、处理措施

(1) 重新对燃气门、风门的开度进行标定；

(2) 把卫燃带打掉，用合格的材料重新施工。

经以上处理，使锅炉达到了额定出力。

四、应吸取的教训

材料供应是工程质量的重要一环，如何选用合格的人把关，采购材料，比采购合格材料更重要，绝不可等闲视之！

如何加强各个环节的相互监督和内部管理也是刻不容缓的！

3 设备安装工程

3.1 钢球脱皮掉渣 煤粉过热自燃

一、工程概述及发现问题的经过

某热电厂新安装一台 65t/h 的中压煤粉锅炉，与其配套的是一台钢球磨煤机，一切设备材料均由建设单位采购入场，施工单位只负责采购现场消耗的辅料。

锅炉本体及辅机等各个系统均已安装就绪，单机试运行也已合格，满负荷连续 72h 整体联合试运行正在顺利进行，各方面人员都感到很满意。

运行到第 65h 的时候，正值凌晨 3 点多钟，值班人员反映煤粉供应有问题，要求加大给煤量，以提高粉仓的粉位，经多方努力没有效果。

球磨机在不停地工作着，就是煤加不进去多少，粉也送不出来多少，这种现象似乎越来越严重。眼看着满负荷连续 72h 试运行就要通过，在这个关键时候，试运行现场指挥人员，还想尽最后努力争取。

正当他们研究是否需要降低负荷、减弱燃烧的问题时，在球磨机处的值班人员风风火火地跑来报告说：他站在球磨机的附近感到热浪逼人，球磨的外壳特别烤人，烫手！肯定是有什么问题了，要求工程技术人员去看看。

人们一到球磨机的附近，只感到炽热的气浪扑面而来，球磨机虽然还在艰难地转动，但发出的却是一种沉闷的“沙—沙”声，似喘息、似呻吟，却更像诉说。

这是一种罕见的异常现象，一位工程技术人员判定是球磨机发生了“内燃”，要求立即停机！

为了证明他的判断正确，他随手把就地的照明灯熄了，看到的是一台筒体已经被烤成了暗红色的球磨机！人们无不惊愕。

锅炉机组的满负荷连续72h联合试运行，在无可奈何的情况下被迫中断。

人们都在议论着球磨机发生“内燃”的根源，有的说是煤种不好，挥发分太高；有的说是煤的含水率太低，太干了；有的说是风压、风量不够，煤粉被吹不走，在机内不断地磨来磨去，发热而自燃的；分析结论不一而足。

等球磨机冷却下来以后，打开一看，不竟令人目瞪口呆！

二、发生问题的原因

打开球磨机一看，球磨机里差不多积满了煤，其出口也堆满子碎煤末，砸煤用的钢球一个个都已脱胎换骨，因掉皮掉渣而变小了许多——原来是钢球不合格！

经事后落实，这是一批用“土办法”把废旧钢铁加工而成的钢铁“砣砣”！

采购员买来这批看来要便宜一些的钢球，因为只是个钢铁“砣砣”，厂里也没进行正式的验收；在装填钢球之日，就直接送到了现场。

施工人员虽然怀疑过钢球的质量，因为是建设单位供的货，未便多提，也认为一批钢铁“砣砣”能出什么事呢？于是睁一只眼闭一只眼，把钢铁“砣砣”按比例分批装进了球磨机内。

球磨机运行起来以后，这批“砣砣”在球磨机内与煤一起，你砸我，我砸你，几十个小时下来，就砸了个遍体鳞伤，开始脱皮掉渣了，一层层地剥皮，一层层地掉渣，时间一长，铁“砣砣”就变小了许多。

这些铁屑掉在煤粉末里，细小的随煤粉一起被吹向球磨机的出口，沉积下来。首先堆积的是铁屑，随后堆积的是碎煤、粗粉。时间一长，它们把球磨机出口的流通截面堵得越来越小，煤与煤粉在球磨机里聚积越来越多，把球磨机的进口截面也给堵塞了许多，所以，加大给煤量，煤也进不去多少，煤粉也排不出来多少。

球磨机在煤和煤粉“进”、“出”都非常困难的情况下；不停地艰难运转着。球磨机筒身里有大半罐煤，空间很小了，铁“砣砣”已无法被带起，它只能和煤搅合一起，在那里相互摩擦，碾压，时间一长，发热，到了一定的极限后，就发生了自燃，因为不断有风送入，氧气充足，所以自燃愈来愈炽烈，以至把球磨机的外壳都烧成了暗红色，所幸发现及时，才未造成更大的事故。

三、处理措施

（1）彻底清扫球磨机的内外，及其进出口管道；对怀疑可能有损坏的部位和部件，坚决更换。

（2）对那些铁“砣砣”坚决清除，一个也不用，重新购买球磨机专用钢球，并对球磨机再次进行单机试运行，直至合格。

（3）对锅炉机组连续 72h 满负荷的联合试运行重新进行，以考验各类设备运行的可靠性。

四、应吸取的教训

（1）应严格执行材料的采购、检验程序，并加强对采购人员、管理人员的职业道德教育和业务素质的教育。

（2）当初对钢球质量怀疑时，如果施工人员及时向建设单位正式指出问题的严重性的话，也就不会对球磨机重拆重装，重新进行单机试运行，也不必重新进行锅炉机组连续 72h 满负荷联合试运行，也不至于耽误那么多的工日。

对工程负责、对用户负责、其实也是对自己负责。

3.2 球磨机为何烧瓦

一、工程概述及发现问题的经过

众所周知，在锅炉的附属设备中，制粉系统的磨煤机是大型转动机械，看上去很笨重，但它却是一台非常关键的设备，它不能工作，就等于切断了锅炉的口粮供应。

某综合性安装公司，有多个火力发电厂的施工经历，其设备安装队，总是承担锅炉及其附属设备的安装任务，这个队，最初安装的6、7台圆桶形卧式磨煤机（俗称球磨机），就没有让他们省过心，最头痛的问题是轴瓦被研死（俗称烧瓦）！

他们所安装的球磨机，有的在单机试运行时就趴窝了；有的在连续72h满负荷试运行时就不行了；有的则在移交给使用单位后，没两天就停止了转动；而且都是一个症状，发现轴承温升过高时，一两分钟后就烧瓦了！

在空运转时出现上述问题，需要把笨重的球磨机重新吊起来，再安装，是十分繁重的劳动；如在加煤制粉中发生这样的事，需松开进、出口两端的大型法兰，要把球磨机筒身里的煤掏出来，煤粉飞扬，真是苦不堪言。

他们受够了，也曾想过许多办法，来解决球磨机轴瓦烧坏的问题。

二、造成球磨机烧瓦的原因

（1）在轴承预检后，将轴瓦放入轴承座里，此后最重要的事，是要保证轴颈与轴瓦的接触良好：

1）轴颈与轴瓦的接触角应符合设备技术文件的规定，一般在60°以上；避免笨重的球磨机的重量，由轴颈和轴瓦某一个小局部来承担，造成受力集中；

2）在轴颈与轴瓦接触面间，应薄薄地涂上一层干净的显示剂，每25mm×25mm的范围内，轴颈与轴瓦接触点不少于20个；这是为了在接触角内，沿轴向各处的受力均匀；

3）保证有一定径向间隙，即顶间隙和侧间隙。有一定的径向间隙，是为了保证轴颈与轴瓦间，可以较均匀地形成润滑油膜，防止个别部位发生干摩擦；否则，因摩擦发热，到一定程度后，可能导致烧瓦。

4）保证有一定的轴向间隙；这是为了给轴留下适当的热伸长量，球磨机在运行时，除了摩擦发热外，主要因为有热风送入，所以有一定的热伸长，此间隙不留或留得太小，可能使轴出现研死的现象。

以上四点都是在安装时，要进行仔细的研刮才能实现，并要注意一定的研刮顺序，稍有不慎，将难以达到要求。

（2）润滑油过滤得不干净或者油管在运行前没进行很好的清膛，正式运行后，润滑油把一些铁屑之类的杂物，带进了轴颈与轴瓦之间，对其造成划伤，甚至卡堵，使油膜不能有效形成，或使油膜时断时续；这也可能造成轴承温升不正常，甚至烧瓦。

（3）轴承温度的测量位置，布置不尽合理，测得的温度值，滞后于轴承的实际温度值，也就是说，轴承的实际温度，比测得的温度高，当发现轴承温度偏高时，其实它早就超温了，稍持续一会儿，就烧瓦。

（4）所用的冷却水量不够，热风的热量以及摩擦发热量传给了轴承，没有被冷却水全带走，致使轴承温升超标，直至烧瓦。

三、处理措施

（1）针对上述第一条原因，必须加强对操作者的业务培训，让他们懂得装配轴承的技术要求和哪些该注意事项、学会怎样计算该留的间隙，如何测量这些间隙。

工序自检是基础，重要，互检和专检是验证，更重要。

（2）针对第二条原因，必须加强安装工艺的培训；对油的过滤应该如何进行，达到什么标准；对油管的管膛应如何清扫，达到什么标准；操作者必须心中有数；其结果必须经质检员认可，否则是自己跟自己过不去。

（3）针对第三条原因，处理措施得慎重。既可以把测孔钻深些，改善其测温条件，也可以通过实践，掌握规律，得出一个测值修正系数；加以解决。

（4）针对第四个原因，可以与有关方面商量，采用加大冷却水管管径，增加冷却水量的办法来解决；

以上这些措施，都是他们在烧瓦后，安装轴颈及轴瓦时，采取的一种补救措施；不过他们从中积累了安装的球磨机的经验，此后，他们安装的球磨机运行都很正常，算是从失败走向了成功吧。

四、应吸取的教训

人们不拒绝成功，也不应害怕失败，问题是要知道，成功了，是怎么成功的，失败了，又是怎么失败的！要从成功中积累经验，从失败中吸取教训，才可能有所进步。

3.3 包干图小利 出事赔大钱

一、工程概述及发生事故的经过

某建筑安装公司，接到一个高层写字楼中央空调系统的安装任务，经过近两年的努力，楼层中管道系统、各房间的风机盘管（冷、热）及送、回风装置都已基本安装完毕，只因为设在半地下室的两台进口冷水机组尚未到货，所以无法进行调试，更谈不上交工验收了。

在这种情况下，施工单位把大部分管理人员和操作人员召回了，只留下设备安装班的几位工人看场待命，并许诺后来的设备安装任务，全额承包给他们，因为是队与班组一级的承包，就没有办什么正式手续，而只有口头协议。

这是一个双赢的办法：队里可以不来管理人员，坐收管理费，省心、省事！班里可以想尽一切办法，节约开支，多劳多得！

过了半个多月，班组接到通知：明天下午，自动化程度很高的进口设备——“两台冷水机组和两台电控柜”就到货，用平板拖车直接送到现场，要求班里做好卸车的准备。

班长查阅了有关图纸后，认为用一台 8t 汽车吊就能满足要求，不管怎么样，半个机械台班、最多一个机械台班足够，但到哪里去租赁吊车，却费尽了心思。

到单位去签台班，太费，如能借到最好，借不到，也得以少花钱，多办事为原则。因为每节约一分钱，都实实在在地归了班里，他要求每一个班组成员，抱着对自己负责的态度来对待这个重大问题。

通过活动的结果，小胡说他有一个老乡，在外单位是开 8t 汽车吊的司机，明天正要去卸一宗货物，下午三点就能完，到时可以来帮一把，不要台班费，只需给吊车上的两个弟兄一些钱就行了。

当晚班长与小胡约见了吊车司机，以双方都能接受的价格谈妥。

这天中午，货送到，因为是一辆长拖板车，只能停在到地下室门前的斜坡道上。三点半左右吊车来到，在这条狭道上，只能在较靠后的路面支好吊车，吊臂伸得很长，准备把冷水机组等也卸在路边。

大伙齐心协力，不分工种地干，到快 6 点的时候，他们好不容易把两台水冷机组和一台水冷机组的控制柜，已卸下了平板拖车，还剩下了一台控制柜。

初冬季节，天黑得早，他们一定要赶在在天黑以前把这台柜子卸下来。因为剩下的是最靠平板拖车里面的一台控制柜，所以离吊车的距离就更远了。他们用索具把柜子拦腰系住，绳扣往挂钩上一挂，班长指挥吊车司机提钩收绳，往上试吊，吊车司机刚要开机，突又停了下来，说太远了，要人把柜子往近处移动。这个简单的要求就像一道命令，三个在平板车上的小伙子，一人手拿一根撬棍，插入柜底，一点一点地往外撬。

首先还耐着性子，撬了一阵子以后，班长觉得干得太慢，叫快一点，他们听到催促，把撬杠往柜底插得深了不少，一声“啊嗬”，三人猛一用力，只见 2500mm 高，800kg 重的控制柜，上身一歪，失去重心，从平板车上一头栽了下去！要扶，哪里还来得及呀，只听到一声闷响，控制柜重重地摔在水泥地板上，导致包装木箱散架，柜体开裂。

他们费了九牛二虎之力，才把控制柜弄到地下室的设备间里，打开柜门一看，里面的电子元器件，有的挤坏了，有的脱落了，真是惨不忍睹啊！

出了这一变故，就像一把重锤，狠狠地砸在班长的心头上。

后经有关部门检验，除该控制柜的柜体开裂外，柜内的两个断路器和不少的元件损坏，控制柜已经不能工作，要修复，又没有备用件，还得再进口。

而供应商就此要挟说：要么由他们来修理，配件由他们供应，要么该设备他们就撒手不管了，既不参与调试，也不对设备日后的运行负责。

几经谈判，最后以13万元签订了城下之盟。

二、造成事故的原因

（1）造成事故的直接原因是系控制柜，索具挂到主挂钩上以后，司车发现吊钩的钢丝绳是不垂直的，所以要人把控制柜挪近一点。这时已近天黑，司机停车后，没有集中注意力盯着挂钩，而是在那里等着，他以为人们把柜子挪近后，班长会吹哨通知他再收钩试吊的。

而实际上是3个小伙，在柜子后面撬的时候，柜子撬近一点，挂钩就接近垂直一点，并把系柜子的索具也夯拉着，当柜子移到一定位置时，挂钩的钢丝绳已经与地面垂直了，系住控制柜的钢绳环扣悄悄地滑出了挂钩，而在后面撬撬杠的三个小伙子，全然不知。

就在这时，班长催“快一点”，他们以为控制柜还被挂着，就把撬杠往柜底插得深深的，每次挪动的距离就可以稍大一点，于是一声“啊嗬”，猛一使劲，谁料竟把柜子掀翻到了车下！

（2）班长和其几个他小伙子，都没有起重作业的上岗证，更不用说指挥吊装了！这属无证违规作业。

这吊车司机的不负责任和私自出车，严重违章，班长和吊车司机都见钱眼开，不顾一切规章制度的约束，为企业所不容！

（3）施工队以包代管，与下级签订的承包合同，极不严肃！出了事，谁也承担不起这个责任，到头是单位吃亏受损失。

三、应吸取的教训

为省 8t 吊车半个台班的机械费，最终花掉 13 万元！以包代管的代价还不昂贵吗？

3.4 通气阀未开 贮油罐受损

一、工程概述及发现问题的经过

某设备安装公司金属容器分公司，接到一台容积为 $2000m^3$ 的油罐施工业务，为了培养基层青年技术干部，他们把这个任务交给了以青年工人为主的一个施工队。因为青年队是第一次单独承担这样的业务，所以施工管理部召集他们开了一个专题会议，同时作了相应的安全、技术交底，并要求他们把这些整理出来，加进自己的想法和做法，形成一个完整的施工技术方案；

初时，施工管理部安排 A 工程师常去工地，帮他们出主意、想办法，解决工程上出现的一些问题。

去的次数多了，年轻人的好强心表现出来了，嘴里不说，心里在嘀咕：你为什么总不放心啊，我们不是干得好好的吗？

他还是照常去，一直坚持到把油罐本体安装结束，正当大功快要告成的时候，因为少唠叨了一句话，做负压气密性试验时，竟然出了一个不小的事故——油罐扁了！

他们安装的这台圆形拱顶油罐，底圆直径为 15800mm，高为 13m，用厚度为 6mm 钢板焊制而成。设计要求做 220mm 水柱的正压试验和 180mm 水柱的负压试验，压力值都不大。

按规定需做灌水试验，24h 后，做罐顶的正、负压气严密性试验。他们做气压试验的方法简单而实用，做正压气密性试验，做负压气密性试验，是用灌水和放水的方法！做法是：

首先，在油罐顶部装一个临时的呼吸管，其上接一个呼吸阀门，使油罐的容积空间与外界有效隔开，同时还在呼吸管罐顶一侧接一个“U”形压力计，以便量度罐内的相对气压值。

在灌水试验之时，油罐里就灌满了水，试验合格以后，打开呼吸阀，把罐内的水排放一部分，使其水位降低 1～1.5m 后，关闭呼吸阀，启动水泵，又向罐内注水，随水位的上升，罐内上部的空气受到压缩，呈现正压，其数值，可在“U”形压力计上直接读出。

达到规定压力值后，停泵、关闭进水阀，对罐体作全面的检查。合格后接着做负压气密性试验。

此时，缓缓打开呼吸阀，释放正压，稳定以后，关闭呼吸阀，打开罐底的排出阀，向外排水，这时罐内上部的空气，因水位的降低，空间扩大而稀薄，呈现负压，其数值可在“U”形压力计上直接读出。达到规定压力值后，关闭排水阀，对罐体作全面的检查。

油罐的灌水试验和正压气密性试验全面检查合格以后，年轻人很高兴，他们认为负压试验也不会有问题。

胜利的微笑在他们的脸上荡漾，成功的喜悦在他们的心间流淌；显然，A 工程师也在静静地分享着他们的幸福。

接下来负压气密性试验，在规定压力下全面检查，还只进行到一半，太阳就快下山了，青年队的 B 队长，已经按捺不住，冲大家喊：今天，我们下馆子，大家开怀痛饮，庆贺我们来之不易的胜利！

工地跃起一片欢呼声。

A 工程师本不愿提前走，在 B 队长的催促下，还是同意了。临行时，他冲工地的年轻人叮咛：别忘了打开排空阀，放掉罐里的水啊！别忘了收拾工具啊！

他们的身后，一片欢笑，一片催促。

移时，人来到餐馆，A 工程师和 B 队长问工地的情况，人们一致回答：一切都收拾好了，只管放心！

接下来就是交杯把盏，喝五吆六，一直开心到深夜。

第二天，B 队长最早一个来到工地，他被眼前的景象吓呆了！

2000m^3 的钢制巨人，变成了一个丑陋不堪的怪物！

经检查发现：罐顶下陷，罐身大面积内凹！硕大的油罐，变成了一只扭曲的易拉罐！歪着大嘴，似乎在向人们诉说着它的不幸。

二、造成事故的原因

(1) 他们的这种做气压试验的方法，是简单实用的，也是有过不少成功先例的。问题在于，他们在负压下进行全面检查时，罐内还有那么深的水。

这时 A 工程师和 B 队长要去餐馆订包间，准备提前离开现场，临走时叮咛："别忘了打开排空阀，放掉罐里的水啊！"就是这句至关重要的话，被一片欢呼雀跃声所淹没了，没有人听得真切，听到了的也只把它理解为"打开放水阀排空罐内的水"。

对罐身的全面检查完了以后，大家惦记着下馆子，谁也没想到还要爬到油罐顶上去，把呼吸阀打开！只知道把下面的放水阀打开，向外排水。

(2) 经过相当一段时间，罐内的水是放掉了，罐内就形成负压。因为油罐的直径有 15800mm，罐顶要承受多么巨大的压力啊！罐体相当于一个薄壁圆桶，抵抗不了这一巨大的压力，局部失稳变形，队长的作品也就这样给毁了。

三、处理措施

(1) 先用轴流风机向罐内送风，使罐内达到一定的正压，这时罐顶和罐壁的凹陷处有了少许恢复，接着又灌水，用水泵小心加压，又有一定恢复。

(2) 此后，他们在罐内搭起架子，在凹陷处的附近焊上耳板和支承座，用千斤顶从凹陷处向外顶，又恢复了一部分。

(3) 还有少数部位，他们采用加假焊缝和机械敲击的办法，对小范围的变形进行处理，又收到了一定的效果。

(4) 经过这些努力，罐体虽然没有完全恢复，大体上还过得去。它经受住了重做的灌水试验和正、负气压试验的检验，建设单位作了让步接收。

四、应吸取的教训

（1）A工程师久经沙场，让他最为后悔的是，他一直在现场，就最后五分钟，没有坚持下来，这是他技术生涯中的败笔，为此留下了一个永远也难以忘怀的记忆！

（2）B队长沙场初点兵，他太渴求胜利了，被所谓的成就感搞晕了头，忙着自己搞庆功，结果功亏一篑，摔了个大筋斗！留下了一个永远也难以忘怀的记忆！

（3）请牢记：当胜利还没有拥抱你之前，永远也不要以为你拥有了胜利！

3.5　刮轴三两下，赔偿14万元

一、工程概述及发现问题的经过

某安装分公司在一个化肥厂，接到一台氢-氮压缩机的安装业务，因为工程量不大，交给了设备队安装，分公司里不派专门的技术人员驻现场，平时一般性的小问题，电话联系解决；稍有疑难，找分公司去解决，随叫随到。设备队的主要管理人员是L队长。

氢-氮压缩机，是该化肥厂的主要设备，型号为：6M50-35/8-320-BX，轴功率为：2680kW，转速为：300r/min，额定工作压力约为32MPa，俗称高压机。

在安装过程中，分公司B经理去过多次，没有发现太大的问题，觉得一切顺利；B经理心里高兴，认为设备队里的新生代已成长起来，可以挑大梁了。

氢-氮压缩机试车的时候，B经理和有关技术人员理所当然地来到工地，指导试车。

压缩机开动起来以后，按规定进行无负荷试运转、空气负荷试运转，当排气压力升到8MPa左右时，检查吸、排气温度、压力，润滑油压力、温度，各进、排水温度，电动机的电流、电压、温升等，都正常，人们都觉得不错，要继续升压，而设备工程师A却提醒B经理，让他注意听一听，从车间杂乱的声音中，分辨出一些特别的音符来。

B果然侧耳细听，他听到了非常轻微的"咯—嗒"、"咯—嗒"声，他表示同意A工程师的看法，认为这不正常。

此时，A又指着压缩机主轴与传动轮之间，要B细致观察那上面的油渍；B注意到了这一事实，用棉纱把其擦去，站在那静静地观察，不一会，在那儿又有了新的油印。

此时B经理表情严肃起来，下令延长这一压力级别的试运转时间。

大概又过了两个小时，那轻微的"咯—嗒"声，渐渐清晰可辨，那油印也渐渐成了小小的油滴；此时B的心情变得阴沉起来。

B经理与A工程师商量后，决定马上停止试车，当他们宣布这一决定时，设备队的人，个个感到莫明其妙，建设单位的人，一时也没有明白过来，只道是还要过细地检查一遍，再启动才更有把握。

按操作程序停车后，B经理和A工程师一直在现场盯着，对压缩机进行各种检查。他们根据压缩机发出的异常声响和传动轮与轴之间渗油的现象，重点对主轴和传动轮的装配进行检测，结果发现：

（1）轴销的颜色异常，它的尾部发蓝。

（2）传动轮内孔与轴的装配不像是过盈配合，一测，有的地方居然可用0.03mm塞尺插进去；说明两者之间存在不应有的间隙！接着他们用千斤顶试着顶一顶传动轮，有松动现象。

（3）不言而喻，必须返工，当他们把传动轴拆下来的时候，发现了更为严重的事实：主轴上有被刮磨的痕迹！

至此，在场的人，表情各异，B经理脸色铁青、A工程师脸色惨白，L队长的脸涨得发紫！其他人则噤若寒蝉。

事情很快传开了。公司和建设单位的有关技术人员就此事多次开会研究，因该压缩机的主轴被刮磨过，达不到轴与传动轮必须是过盈配合的设计要求，最后作出了双方都不愿接受的决定：主轴报废，重买一根新轴换上！

三个月后，新轴到了，在A工程师的指导下，改用热装法，用油将传动轮间接加热到260℃，一测孔径，比轴还过盈0.20mm，轻轻松松地装进去了。

二、该事故带来的经济损失

(1) 对施工单位而言，仅换一根新的主轴，货款加运费，就花了138000元人民币！若计入其他损失，则更多。

(2) 对建设单位而言，氢-氮压缩机推迟了近4个月才投入生产运行，其间接损失何止几十万元人民币呢！

三、造成事故的原因

(1) 施工单位，对安装氢-氮压缩机这样的高压设备，没有引起足够的重视，不组织可靠的技术人员把关，以包代管，一揽子交给设备队长L。施工过程中又不派技术人员深入现场，出现这样或那样的问题，是必然的。

(2) 该氢-氮压缩机的主轴有0.08mm的过盈量，较少，直接将传动轮往上装，还是装不进去的，改用压力机压入，仍没有成功，这时他们已经忙乎了整整一个上午，L队长准备下午继续努力。

这时他看主轴上有黄色的锈斑，吩咐新工人小Z，中午早点来加个班，把它擦拭掉，并作了某些指点。

Z首先轻轻地擦，擦不掉，改用粗砂布擦，擦掉了。他想，传动轮装不进去，是轴大了，用刮刀刮磨刮磨，再不行，用磨光机磨磨，用砂布使劲地擦擦，不是就可以了吗！按照他的想法，忙碌了一个中午。

下午，工人来到工地，没有怎么费劲就把传动轮装了进去。人们情知有异，因心明肚亮，谁也没言语。

(3) 最后装轴销，曾在销上涂过润滑油，将铜棒垫在销子的后端面，用手锤往里打，这样试过几次，都没有成功，最后他们把轴销，用乙炔（焰）气割掉了一节，打进去了。故能看出其尾部发蓝。

(4) 这是一起严重违背操作常识和违反操作规程的事故！小Z的行为，看似无知，实则暴露出的是该单位的在职培训问题；若是有人授意，则是职业道德的问题！

四、应吸取的教训

花几十万元人民币，能买个教训，能唤起人们对在职教育的重视，也算是一个收获。若不终身铭记，可能还会有教训之后的又一教训。

3.6 石英砂必须预处理

化学水处理车间的离子交换器，一般有阳离子交换器与阴离子交换器，它们的底部是石英砂填料层，交换器的上部则按不同的水质要求，装填不同的树脂。原水流经离子交换器后，树脂聚合物的离子，与水中的"有害"离子（如：钙、镁离子等）进行交换，以达到锅炉给水软化或除盐的目的。

离子交换器运行一段时间以后，树脂如果失效，则分别用盐酸（HCl）、食盐 NaCl 或氢氧化钠 NaOH 等进行再生，使其恢复交换能力。

这是成熟的水处理工艺，所以有人认为：化水设备的安装施工和单体调试，很"简单"！只要把石英砂和树脂分层填充好，把水路接通，按经验，放出来的便是合格水了。

是这样吗？请看看这"简单"背后的麻烦吧！

一、"简单"工程施工、调试，出麻烦

(1) 很"简单"的交换器，刚投入试运行，就出现了两个异常情况：

其一是：一个钠离子交换器正洗、反洗的排水，都发现树脂！

其二是：几个氢离子交换器，出水总硬度总达不到标准值（≤0.003mmol/L），所以不合格，总硬度甚至比自来水还高！

而且，排水地沟底部，还敷上极薄的一层灰白色细粉末。

（2）对树脂流失的检查

针对跑树脂的问题，人们怀疑出水花管的尼龙网绑得不紧，或是网孔太大，或是树脂有破碎、或是交换器底部的滤水盖有问题。

把交换器人孔打开后，对尼龙网，一一进行认真检查，没发现问题。把树脂和石英砂都掏出来检查，树脂颗粒无明显破碎，交换器底部的滤水盖也没有问题。

在无可奈何的情况下，人们把怀疑目光转向树脂的质量问题。

关于树脂的质量问题：人家的产品不但有合格证、检验试验报告，还特别申明："无需进行预处理"！

施工单位，经监督取样，送到有资质的单位化验，证实了供货单位的说法，树脂的质量没问题！

而石英砂，是天然的，在以前的工程中也从未发现过有问题，何况这次的石英砂不但有合格证，还有化验报告，其二氧化硅（SiO_2）的含量在99.3%以上！所有供货资料上，赫然盖着供货单位硕大的公章！所以认定不会有问题。

既然树脂和石英砂都没问题，难道问题就出在水质化验环节吗?

他们又把交换器的树脂和填料装回罐内，继续制水试运行，并要求对所取水样，由两人分开进行化验。但结果还是与上次一样，说明，不是化验人员的问题。

施工人员急了！

因为化学水处理是上游工序，直接影响对锅炉的供水，影响到整个工程的进度！

在茫然无措的情况下，他们决定求助于化学水处理工程师A。

A工程师在了解工地前段所做工作的情况后，为了弄清是哪个环节出了问题，他让施工单位，分别对树脂和石英砂的出水，进行分层取样化验。

首先，把底层石英砂与树脂交界面之上的人孔法兰松开一条缝，取水化验，水是合格的！

而从交换器出水口取水化验，硬度高，不合格！

他断定：石英砂垫层，有问题。到底是什么问题，他开始了进一步寻找。

(3) 寻找出问题的环节

A工程师在查阅有关资料时，发现石英砂供货商送来的产品合格证和化验单，是盖着公章的复印件。

A工程师说：虽然该资料盖了公章，只能说明供货商对他的商品负责。化验单只能说明送去检验的样品是合格的，而不能证明供应的商品是合格的！

A工程师在对石英砂的进货检验和装填做了深入了解后，直接指出他们没有按正规工艺要求施工。

进货时，对石英砂只做外观察看，充装后，又未做任何预处理。

石英砂已经装进了交换器内，再讲进货检验，没了意义，决定补做预处理来验证。

首先，把一个交换器内树脂移出，对剩下的石英砂，用15%～20%盐酸溶液浸泡24h后，排去酸液，再用水进行冲洗。可是，不管怎么冲洗，就是不见有清水放出，冲不干净！

打开交换器，逐层对石英砂进行检查，不仅发现未严格按级配装填，而石英砂表面有一层糊状的细面面，中间一层8～16mm的石英砂，都变成了疏松的小颗粒！

预处理的结果，与A工程师的预料的一致：跑漏树脂是因为石英砂级配不严格；水质不合格的原因，是石英砂本身不合格！

(4) 亡羊补牢，未为太晚

接下来，他们找来原供货商，无条件退了货！并重新采购经检验合格的石英砂后，在A工程师的指导下，按级配分层装填石英砂和树脂，严格按工艺要求，分阶段对它们进行了预处理。

经过一段时间的通水试运行后，经化验，制水达到了锅炉水质标准，合格了！

4台离子交换器的树脂和石英砂，装好后往外卸，卸完后再装，直至重新采购石英砂，折腾20来天，才算弄出合格水来。

这个“简单”工程，让施工人员吃了不少苦头。但是后来也尝到了按工艺要求施工的甜头。这种强烈对照，令他们受益匪浅，也促使他们向A工程师虚心请教。

二、化学水处理的机理及规定工艺的处理程序

(1) 石英砂的成分及其垫层的作用

石英砂是石英岩风化后的砂粒，因为石英岩不是一种纯矿，还有伴生矿，一般含有三氧化二铁（Fe_2O_3）、三氧化二铝（Al_2O_3）、氧化钙（CaO）等矿物；开采过程中还可能混入泥土或其他有机物杂质。

石英砂的二氧化硅（SiO_2）含量较高，是陶瓷工业、玻璃工业的主要原料；用作水处理垫层的石英砂，要求二氧化硅（SiO_2）含量更高，在99%以上。

交换器内的石英砂，从上至下，则是不同粒径分层，粒径一般是：1～2mm、2～4mm、4～8mm、8～16mm、16～32mm共5层。

它们的作用是，因为上层较密实，可阻断树脂，防止其流失。此外，为了防止树脂在反洗的过程中流失，在交换器出水管上，必须绑扎多层20目～40目的密尼龙网。

石英砂层的另一个作用是，使水流分布均匀，让水流或再生液与树脂能充分接触，使离子交换反应能进行更彻底。

(2) 石英砂与树脂都应进行预处理

石英砂分层装好后，要用质量比为15%～20%的盐酸（HCl）预处理24h以上，以溶解其中的可溶性杂质。

此后，加清水冲洗，至出水接近中性，再用清水浸泡2h后，再冲洗，化验其出水硬度与原水硬度一致，说明石英砂中，不再含有导致硬度增加的物质了，才可以装填树脂。

因为用于水处理的树脂，是一种聚合物，其中常含有未聚合的有机物，还可能含有铁、铝、铜等无机物。

在正式使用前，除非厂家特别声明：新树脂不含未聚合的杂质和其他无机物，才可以只按正常生产的再生程序进行处理。否则，树脂也要进行预处理。

树脂预处理的具体方法：

先作10%的食盐水浸泡20h以上，排掉，用清水漂洗干净，再用2%～5%的盐酸（HCl）浸泡4h以上，排掉，用清水洗至中性为止。再用4%的氢氧化钠（NaOH）溶液浸泡4h，排掉，用清水冲至中性为止。

石英砂和树脂，经过两番处理后，才可以进行制水，制水才有可能合格。

三、两三感言

（1）办事只凭经验，凭直觉，有很大的局限性，一次、两次没出问题，是幸运！不能证明这就是正确的做法，还是按工艺要求办事，比凭狭隘“经验”办事可靠得多。

（2）产品的进货检验、试验是验证产品合格与否的重要手段，也是确保过程合格的重要环节，不能省了这些工序！否则，会事倍功半，自讨苦吃!!

3.7 屋面天沟未曾做 土建安装都不知

一、工程概况及问题发现的经过

某花园城市，建一个燃用清洁能源的供热厂，内装7台35t/h锅炉，其厂房跨度为18m，高为26m；柱距9m，两柱的正中间加一个构造柱，采用轻钢屋架，屋面板为150mm厚的聚氨酯夹芯板；厂房的正面采用玻璃幕墙，其后面是除氧间。

建设单位要求，不做飞檐排水，以保证总体建筑的效果。

一切按照正常施工，把屋面板盖上一部分后，质检员发现厂房屋面的排水有问题，正面和后面都不做飞檐排水，又没有天沟，那屋面的水往那儿排呢？这一下可把搞土建的技术人员给问住了，整个屋面没有排水天沟，那还了得！简直成了一个笑话。

这个严重的问题出来以后，谁也不愿承担责任，人们产生了各种各样的疑问，于是开始从源头查起。

二、问题产生的原因

（1）在有建设单位、设计院单位、施工单位参加的质量问题分析会上，安装和土建，首先都说图纸上没有画天沟呀！

但在查看设计图纸时，发现图纸上除指定了所采用屋面板的型号、规格、数量外，还加了一句"排水天沟的具体做法，等屋面板到货后确定"，这是一句没有主语的话！因为，到底是由谁来确定呢？模棱两可！按常规应该由设计院确定。

施工单位认为，设计者，既然能指定屋面板的型号、规格、数量，说明他知道屋面板的尺寸，那又为什么不画排水天沟呢？如果设计者不知道屋面板的尺寸，那为什么要指定屋面板的型号、规格、数量，让人们按其订货呢？

会上，设计者以这句模棱两可的话和屋面到货后没通知他为理由，为自己开脱责任。

（2）该工程由安装单位总包，土建单位是分包，厂房的轻钢屋架是由安装单位按指定的标准图进行加工制作的，屋面板则是由土建单位按指定的屋面板型号、规格、数量订货的。

一项相关业务，涉及两个不同的施工单位和一个设计单位，互不通气，造成工作脱节。

安装单位以为做天沟，肯定是土建单位的事情，自己只要按标准图做好轻钢屋架就行了；而土建单位则认为，做排水天沟，在屋架上肯定要先作处理，留出位置，这当然是安装单位的事情。

就这样，安装单位不去找土建单位研究图纸，土建单位又无须到安装单位去看轻钢屋架的标准图！谁也不愿多看图纸，主动提出研究双方工作的结合部位，到底该如何做的问题，也不再去征求设计单位的意见，大家都漠然处之，酿成了此次质量问题。

三、处理措施及带来的损失

（1）因为屋面板已经盖上了一部分，做排水天沟没有了位置，几经研究，最后决定由设计单位重新出图，具体做法是：掀掉屋面板，在原有的、用 24 号槽钢制作的檩条上，再加一根同型号的槽钢，以提高屋面板的高度，腾出空间，在轻钢屋架的末端加做排水天沟。

（2）这样处理，总共延误工期 20 多天，又因在檩条上再加檩条，带来经济损失已超过 5 万元；应该说这是一次不应该发生的质量事故。

四、应吸取的教训

（1）设计者必须加强责任心，做到在业务上精益求精，不能模棱两可，给施工带来误解，出图应加强各环节的审批，防止不合格的图纸发出。

（2）施工单位必须加强责任心，像这类质量问题，本应在图纸会审阶段就可以解决的，为什么直到造成了严重后果后，才被发现呢？是业务水平问题，也是敬业精神的问题。在施工过程中不研究，不配合作，怎能搞好一个工程呢？

（3）监理和质量管理体制不能形同虚设，必须真正负起责任来，才能把好工程质量关。

3.8 螺栓孔孔壁不保 引风机基础难存

一、工程概述及发现问题的经过

某供热厂内设 3 台蒸发量为 130t/h，额定压力为 3.82MPa 的锅炉，露天布置，与其配套的辅机设备全是锅炉厂家供应的。引风机型号为 LH-FR244D，所配用的电动机型号为 YKK560-8。

电机、引风机及它们的联轴器轴承座的基础三而合一，浇筑成一个整体，混凝土基础共有 18 个地脚螺栓孔，它们的断面均为 130mm×130mm。

电动机基础长 2000mm、宽为 1400mm、高为 2900mm、有 4 个地脚螺栓孔，深为 1000mm，孔边到基础边设计宽度为 135mm。

轴承座的基础长为 2380mm、宽为 1120mm、高为 2900mm，有 6 个地脚螺栓孔，孔边到基础边的设计宽度只有 60mm，它们深度都为 800mm。

引风机基础长为 2880mm、宽为 2300mm、高为 1900mm，有 8 个地脚螺栓孔，孔边到基础边的设计宽度为 95mm，它们深度都为 800mm。

浇筑基础的混凝土为 C20、二次灌浆的混凝土为 C25。

整个工程由 A 单位总包，土建工程和安装工程分别发包给了 B、C 两个单位，因施工前期天气不好，老下雨，耽误了不少土建工期，为了减轻抢进度的压力，他们把主厂房的设备基础施工，以较低的价格再分包给另一个 D 施工队。工程款当然是由土建的分包 B 领到后，再由他拨给 D 施工队，但总不那么及时。

D 施工队在浇筑引风机的混凝土基础前，按常规每一个地脚螺栓孔，都用木板钉成的模盒支模，一切都按他们的习惯进行。

按设计要求，浇筑基础所用的混凝土全为商品混凝土，他们去订混凝土时，钱不够，他们想先订货，再回去向 B 催钱，以为不会成为大问题。

交了货款的混凝土如期送到，但只够浇筑混凝土基础的 75%，供应商怎么也不愿继续送货，因为 D 单位有过欠款长期不还的先例，所以这次必须先交钱后送货，一再交涉，没有结果。

这时，已经是晚上 11 点了，D 施工队在无可奈何的情况下，中止了混凝土基础的浇筑，原以为加个晚班能干完的活，落空了。

与此同时，D 施工队的头儿，急得火上房似的，到处跑钱，所幸，有了成绩，商品混凝土供应商于当夜 3 点多送来了混凝土，虽然两次浇筑相隔时间稍长，清晨总算把这个大基础浇筑完了。人们终于松了一口气。

第一批混凝土浇完后一个多小时，D施工队派一个新来的徒工F，去摇了摇预留螺栓孔的盒子模，虽然很吃劲，他感觉到有了动静，回去了。

第二批混凝土浇完后一个多小时，还是由F去摇螺栓孔的盒子模，他用榔头使劲地往孔内的方向打了打，他感到是松动了，又回去了。

队长问到时，他说，“很好”。

第二天上午，D施工队的人去拨地脚螺栓孔的盒子模时，却出现了麻烦：

首先他们用人力拔，无济于事，敲呀打呀，也只有螺栓孔上沿能看到脱开的小缝，盒子板都砸得开了花，但就是不松动！继而他们在基础顶垫上木板，支起三脚架，改用倒链拔，哪里有点什么动静呀！简直把人都急死了！

他们在上述努力告吹的情况下，采用钢钎一点一点地把模板啃下来的笨办法了，总算功夫不负有心人，有6个地脚螺栓孔的盒子模被掏了出来。其余的盒子模，没掏出来，就改用火攻，但一到深点的部位，火就灭了，只能作罢。

对地脚螺栓孔的盒子模，轮番采用上述措施，虽然小有作为，但耗去了近一天的宝贵时间！其中有12个盒子模，上半部虽已粉身碎骨，下半部，就是纹丝不动，800～1000mm深的地脚螺栓孔，那里啃得着它啊！

在无计可施的情况下，他们求助于B施工单位，研究来研究去，认为要取出盒子模，只有用“杀鸡取蛋”的办法，把地脚螺栓孔壁凿开，别无选择！

这个办法实施的结果是：

有8个地脚螺栓孔的孔壁被全凿掉了，没有孔壁，没有了边，只留下8道纵向的豁口、8条深深的沟！另外4个地脚螺栓孔的孔壁，上部虽然残存，下部却被凿穿了！

后来对基础进行测量，发现还有3个地脚螺栓孔是歪的，一般倾斜了 25～30mm；引风机的基础面比设计标高高出了 65mm!

这是一起真实得叫人难以相信的事，是一起明显的施工质量事故!

二、造成事故的原因

(1) 该混凝土基础是分两次浇筑的，而且相隔的时间有 4 个多小时，D 施工队在第二次浇筑后 1 个多小时，再叫 F 去摇动盒子模时，实际上，下部的混凝土已有了 5 个多小时的凝固时间，它与盒子模已结合得相当牢固了。

F 第一次去摇盒子模，其实只晃动了一点点，第二次浇筑的混凝土浆，把第一次他曾摇松的缝隙又给填满了。

上午去拔盒子模的时候，已过了 7h，下部的混凝土已浇筑了 11 个小时，所以用榔头使劲敲，也只松动了上部一丁点儿，混凝土与盒了模的下部却结合得很牢固了。

混凝土已达到了初期强度，要从 800～1000mm 孔中拔出盒子模谈何容易！折腾一天之后，混凝土的凝固期已有 30 个小时以上，当然根本弄不出来了，被迫凿开（穿）孔壁，造成此次事故!

(2) D 施工队的管理人员，在浇筑混凝土之前，在盒子模外表涂的脱模剂不够；在第二次浇筑混凝土之时，又没有先拔出盒子模，作必要的处理后，再浇筑混凝土，违反施工常识。

(3) 管理人员不亲临现场，不去检查检查青年工人的工作效果，总以为派人去做了，一定是真正松动盒子模，拆模、拔模肯定不会有问题了。结果吃了自以为是的大亏，这类教训确实不少啊!

(4) 用素混凝土浇筑大型设备的基础，地脚螺栓孔壁到基础边的距离，有的只 60mm，太薄了!

三、处理措施

因为引风机是锅炉成套设备中，最大的转动设备，也是最关键的设备，其基础如此，对锅炉安全运行构成很大的威胁，经有关方面的研究，决定炸掉重来！

四、应吸取的教训

（1）混凝土的凝固时间是一个常识性的问题，为什么人们会在常识面前犯错误，以致造成事故呢，这就是知识的普及还存在问题。正因为是常识，也往往容易被人忽视。在这里可能更多的还是工作责任心的问题，敬业精神的问题。

（2）引风机是锅炉附属设备中最大的转动机械，也是最关键的设备，如果出了故障，不能运行，它将迫使整套锅炉设备全部停止工作，其后果是不堪设想的。不了解设备的重要性，就不可能把握要害的质量控制点，专业技术人员必须吸纳相近专业更多的知识，才能真正搞好自己的本职工作。

在科技日益发达的今天，知识的专深和广博是相辅相成的。

（3）有关工程建设管理法规，为什么要三令五申禁止：工程分包、分包后再分包呢？在这里可以找到很好的答案。

4 电气安装工程

4.1 高压电气设备方向保护的接线方式

一、问题概述与分析

某电厂 35kV 线路的功率方向过流保护装置，在一次老鼠短接线路断路器的出口故障中（如图 4.1-1 所示），出现如下现象：DL1 拒动，DL2 跳闸。而从原理上来讲应是 DL1 跳闸，其余线路均应正常工作，根据这一现象，作者对非正确动作的保护装置进行了重新对线和校验，经仔细分析，断路器发生误动的原因为：

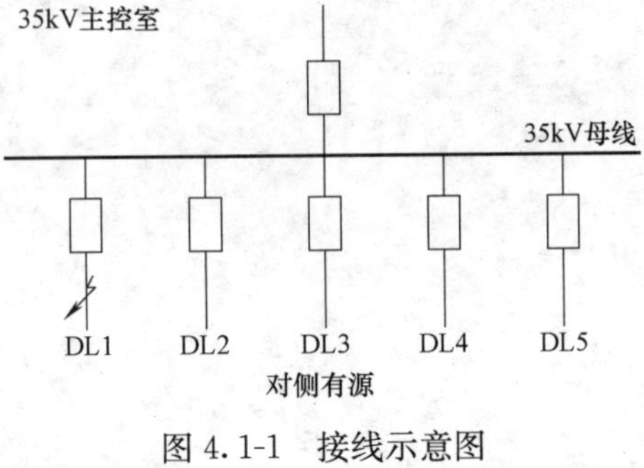

图 4.1-1 接线示意图

（1）DL1 拒动原因

老鼠短路在 DL1 出口 B、C 两相，而 B、C 两相功率方向继电器电压线圈上所加的电压分别为 U_{BC} 和 U_{CB}，而原理图上应是 U_{CA} 和 U_{AB}，后又检查其谐振回路，两继电器均不在理想的谐振状态，所以因出口短路两继电器的动作功率不够而拒动。因此校验功率方向继电器时，谐振回路的调整相当重要。

（2）DL2 误动原因

由于故障发生在 DL1 出口处，近似为母线短路，从理论上讲，DL2 功率方向不应动作，而实际上它确已动作。经查主要是由于过流时间近似整定为零，同时将原来的一个电磁式电流继电器换为一个晶体管干簧电流继电器，致使功率方向继电器与电流继电器的动作速度配合不当所致。当短路故障发生时 DL2 过流继电器快速动作，而功率方向继电器由原来的动作状态恢复到返回状态所需时间比过流继电器的动作时间还长，从而使两继电器有了一个共同动作的时间而发生误动。

从上述故障的原因分析来看，主要还是因为我们有些调试人员对方向保护的概念和接线方式比较模糊，不能正确理解保护的目的，因此有必要对这一保护装置加以简单的分析和说明。

二、方向保护的装设原则

众所周知，电网电流保护是靠动作电流的定值和动作时限的整定来取得选择性的。在单侧电源的电网中，电流保护基本上能满足线路保护的要求。

随着电力工业的发展和用户对供电可靠性要求的提高，现代的电力系统实际上都是由很多电源组成的复杂网络，此时，简单的电流保护方式已不能满足系统运行的要求。

例如图 4.1-2 所示的双电源网络，每条线路的两侧均需装设断路器和保护装置。假设断路器 8 断开，电源 EII 不存在，则发生短路时，保护 1、2、3、4 的动作情况和由电源 EI 单独供电时一样，它们之间的选择性是能够保证的；同理，如果电源 EI 不存在，则保护 5、6、7、8 由电源 EII 单独供电，此时它们之间也同样能够保证动作的选择性。如果两个电源同时存在，如图 4.1-2 所示，当 d-1 点短路时，按照选择性的要求，应该由距故障点最近的保护 2 和 6 动作切除故障。然而，由电源 EII 供给的短路电流 $I''d$-1 也将通过保护 1，如果保护采用电流速断且 $I''d$-1 大于保护装置的启动电流 $I'dZ$-1，则保护 1 的电流速断就要误动作；如果保护 1 采用过电流保护且其动作时限 $t_1 < t_6$，则保护 1 的过电流保护也将误动作。同样地分析其他地点短路时，对有关的保护装置也能得出相应的结论。

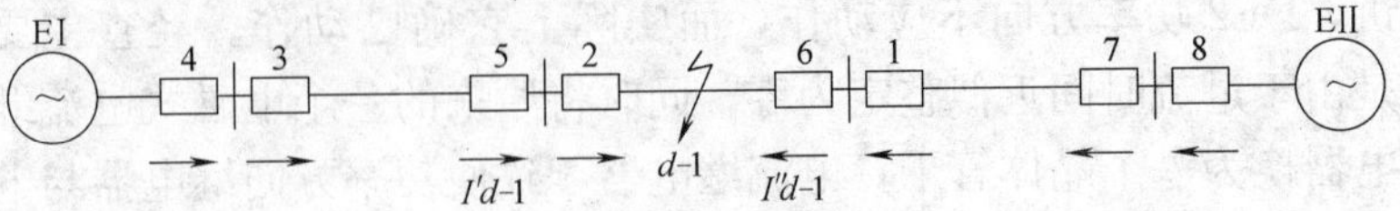

图 4.1-2　双电源网络

分析双侧电源供电情况下所出现的这一矛盾，可以发现，误动作的保护都是在自己所保护的线路反方向发生故障时，由对侧电源供给的短路电流所引起的。对误动作的保护而言，实际短路功率方向都是由线路流向母线，显然与其所对应的线路故障时的短路功率方向相反。为了消除这种误动，就需要在可能误动的保护上加装功率方向闭锁元件，该元件只当短路功率方向由母线流向线路时动作，而当短路功率方向由线路流向母线时不动作，从而使继电保护的动作具有方向性。

当双侧电源网络上的电流保护装设方向元件以后，就可以把它们拆开看成两个单侧电源网络的保护，其中保护 1～4 反应于电源 EI 供给的短路电流而动作，保护 5～8 反应于电源 EII 供给的短路电流而动作，两组方向保护之间不要求有配合关系，如图 4.1-3。

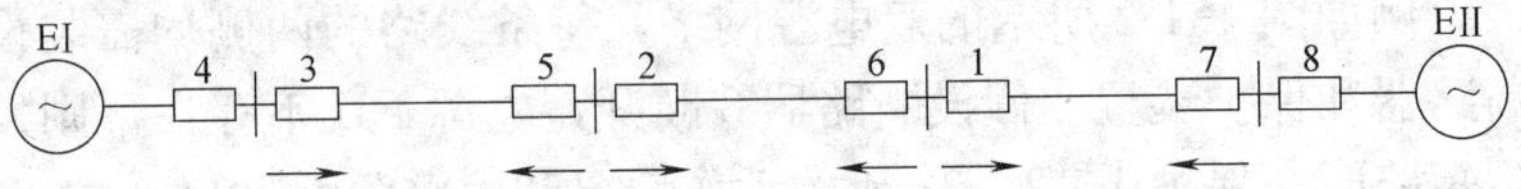

图 4.1-3　双侧电源网装设方向元件

由此可见，方向继电保护的主要特点就是在原有保护的基础上增加一个功率方向判别元件，以保证在反方向故障时把保护闭锁使其不致误动作。

具有方向性的过电流保护单相原理接线如图 4.1-4，由图可见，方向元件和电流元件必须都动作以后，才能去启动时间元件，再经过预定的延时跳闸。

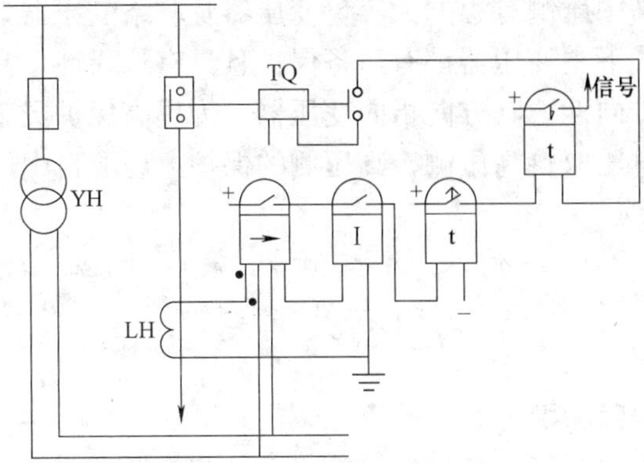

图 4.1-4 过电流保护单相原理

三、功率方向继电器的正确接线

为了消除各种两相短路的动作死区，给继电器加入非故障相的电压，实际工作中大多采用了 90°交叉极化接线的方法，即电流线圈是 I_A 而电压线圈则接 U_{BC}，这种接线在适当选择继电器内角后，能保证功率方向继电器正确动作（分析证明从略）。

90°接线是指在三相对称的情况下，$\cos\phi=1$，加入继电器的电流和电压 U_{BC} 相位相差 90°。

为帮助记忆，特介绍以下方法：参见图 4.1-5。以顺时针方向看，功率方向继电器若取 A 相电流则电压取 U_{BC}；若取 B 相电流则电压取 U_{CA}；若取 C 相电流则电压取 U_{AB}。

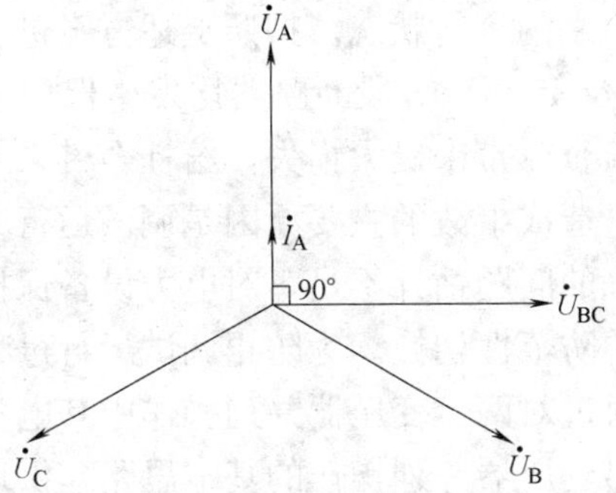

图 4.1-5 功率方向继电器的正确接线

对于高中压侧有源的大容量变压器及联络变压器，为保证各种运行方式下主变压器都有后备保护且具有选择性，高中压侧的保护都带方向性，其方向指向变压器。为提高保护灵敏度，中压侧的保护电压取自高压侧，高压侧的保护电压取自中压侧。

4.2　运行变压器并列操作中应注意的有关问题

一、问题的提出

某磷化工总厂自备电厂，发电总装机容量为 4×15MW，其 110kV 变电所主变容量为 2×35MW，主变调压方式：110kV 侧为有载调压，35kV 及 10kV 侧为无载调压。在自备电厂二期工程建设中，1 号、2 号发电机、1 号主变及 110kV、35kV、10kV 母线及其馈线系统均处于投运状态，2 号主变停运备用。因 1 号变 10kV 及 35kV 侧母线电压不满足系统运行需进行调整，而通过对 110kV 侧有载调压开关的调整无法同时满足两侧电压的运行要求，因此需要通过无载调压开关对其两侧电压分别调整，这样就需要停运 1 号主变，但整个受电的系统又不允许停电。通过商讨，现场调试人员订立如下操作方案：先将 1 号、2 号主变并列运行，然后停 1 号变，待 1 号变 35kV、10kV 两侧电压挡位调整到预期位置后，再次并列 1 号、2 号主变，然后停 2 号主变，系统重新恢复原来的运行状态。按照上述方案进行操作的结果是 1 号、2 号主变及 110kV 分段断路器均发生保护跳闸，造成大面积停电事故，给企业带来极大损失，给社会带来不良影响。通过认真分析发现，造成事故的主要原因是调试运行人员对变压器并列操作可能带来的问题估计不足，对电力设备保护装置的投入或切除没作相应的防范性切换。为防止调试运行过程中同类事故的发生，有必要通过对两台变压器并列操作中其电参量动态变化趋势的分析而提出变压器并列操作的基本思路，供现场调试运行人员参考。

二、理论分析

(1) 两台变压器并列运行，须具备以下3个条件：

1) 绕组接线组别相同；

2) 变比相同；

3) 额定短路阻抗相同。

但在实际运行中，因工程或系统的需要，有时要对接线组别相同和阻抗电压及变比存在差异的两台变压器进行并列操作，在这种有差异下操作的结果，将会使变压器的负荷重新分配，并产生环流功率，从而使系统中某些设备的电参量发生相应变化，若这种变化超过一定限度将会影响系统的安全运行，严重时将引起系统中某些设备的保护动作，因此在没有调度所的统一指挥下，作为调试运行人员在进行此类操作时，须事先预测受操作影响的有关设备电参量变化的趋势，从而确定最佳的操作方式，确保电力系统安全可靠运行。

(2) 变压器并列运行的稳态分析

以双绕组变压器为例，其系统接线如图4.2-1，两台变压器并列运行归算到低压侧的等值电路表示如图4.2-2。

假设两台变压器分别为 B_1、B_2；独立运行时的负荷功率为 S_{I}、S_{II}；变比分别为 K_1、K_2；额定短路阻抗电压分别为 $U_1\%$，$U_2\%$；高低压侧额定电压分别相等，且为 U_A、U_B；变压器的额定容量分别为 Se_1、Se_2。则

计算 B_1、B_2 的额定阻抗：

$$Z_1=\frac{U_1}{100}\times\frac{VBe^2}{Se_1} \qquad Z_{21}=\frac{U_2}{100}\times\frac{VBe^2}{Se_2}$$

用近似计算方法计算两台变压器并列运行后的分配功率 SB_1、SB_2

根据常规的功率分配理论计算；变压器并列运行时分配功率是由变比相等且供给实际负荷时的功率分布，与不计负荷仅因变比不等而引起的循环功率叠加而成，假设循环功率方向如图4.2-2所示。

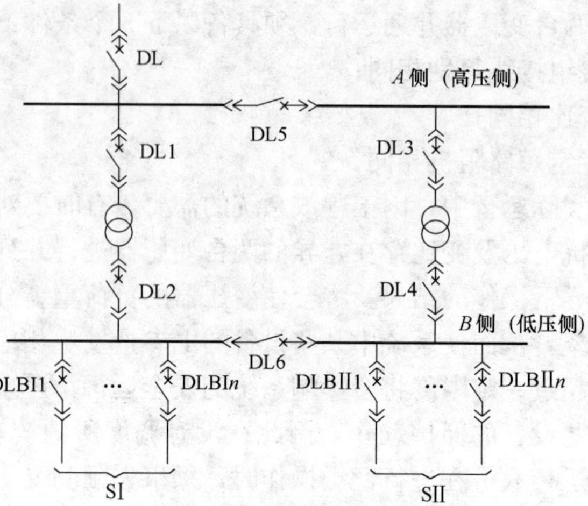

图 4.2-1　系统接线

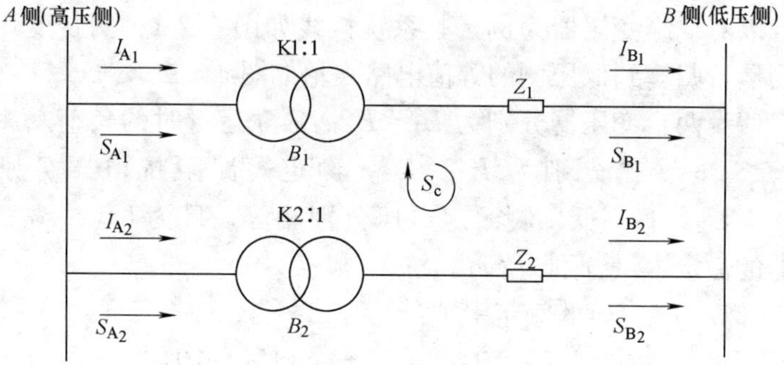

图 4.2-2　等值电路图

则：循环电势 $\Delta E = V_{A1} - V_{A2} = \dfrac{V_A}{K_1} \times \dfrac{K_2 - K_1}{K_2}$

$$\approx V_B \frac{K_2 - K_1}{K_2}$$

循环功率：$S_C = \dfrac{\Delta E V_B}{Z_1 + Z_2}$

B_1 的分配功率为：$S_{B1}=\dfrac{Z_2}{Z_1+Z_2}(S_{Ⅰ}+S_{Ⅱ})+S_C$

B_2 的分配功率为：$S_{B2}=\dfrac{Z_1}{Z_1+Z_2}(S_{Ⅰ}+S_{Ⅱ})-S_C$

整理后得：$S_{B1}=\dfrac{Z_2}{Z_1+Z_2}(S_{Ⅰ}+S_{Ⅱ})+\dfrac{VB^2}{Z_1+Z_2}\times\dfrac{K_2-K_1}{K_2}$ (1)

整理后得：$S_{B2}=\dfrac{Z_1}{Z_1+Z_2}(S_{Ⅰ}+S_{Ⅱ})\times\dfrac{VB^2}{Z_1+Z_2}\times\dfrac{K_2-K_1}{K_2}$ (2)

B_1、B_2 的功率损耗分别为：

$$S_1^*=(SB_1/VB)^2\times Z_1 \quad (3)$$

$$S_2^*=(SB_1/VB)^2\times Z_2 \quad (4)$$

故：B_1 高压侧分配功率 $SA_1=SB_1+S_1^*$ (5)

B_2 高压侧分配功率 $SA_2=SB_2+S_2^*$ (6)

计算有关设备的电流参量

B_1 高压侧电流：$I_{A1}=S_{A_1}/(\sqrt{3}U_A)$ (7)

B_1 低压侧电流：$I_{B1}=S_{B_1}/(\sqrt{3}U_B)$ (8)

B_2 高压侧电流：$I_{A2}=S_{A_2}/(\sqrt{3}U_A)$ (9)

B_2 低压侧电流：$I_{B2}=S_{B_2}/(\sqrt{3}U_A)$ (10)

低压母线分段电流：$I_{DL_6}=I_{B_1}-S_1/(\sqrt{3}U_B)$ (11)

高压母线分段电流：$I_{DL_5}=I_{A_2}$（高压进线在Ⅰ段） (12)

或 $I_{DL_5}=I_{A1}$（高压进线在Ⅱ段）

（3）可能出现的几种情况分析

根据上面的分析计算，我们对可能出现的情况只作两种极限状态的讨论。

1）假设：$U_1\%=U_2\%$，$K_1=K_2$　$Se_1=Se_2$ 由

式（1）、式（2）可得两台变压器低压功率分配均衡，且为 $S_{B1}=S_{B2}=1/2(S_{Ⅰ}+S_{Ⅱ})$，$B_1$、$B_2$ 母线、分段均在安全稳定运行的范围之列，无环流。

2）假设：$U_1\% > U_2\%$，$K_1 > K_2$　$S_{e_1} = S_{e_2}$

由式（1）、式（2）可以看出，B_1 分配的功率有减少趋势，B_2 分配的功率有增大趋势，当 $K_1 > K_2$ 到一定程度，环流功率很大，B_1 的功率方向发生变化，功率方向继电器可能动作，同时，B_2 的功率将在原来的基础上增加很多，其高低压侧电流也将增大，功率方向闭锁的过流保护可能运作，高低压侧母线分段电流也将可能过流。

三、实际操作

由上面计算和分析的结果来看，我们建议在变压器并列操作中具备以下思路：在变压器并列操作之前，首先用式（1）、式（2）、式（3）、式（4）分别测算 B_1、B_2 并列后的分配功率 S_{A1}，S_{A2} 看其是否超过其额定功率，若超过且为额定功率的 1.2 倍以上，说明环流功率很大，则要用式（7）、式（12）重新核算 B_1、B_2 高低压侧电流及高低压侧母线分段断路器电流的大小及方向，并判断受操作影响的各设备的保护动作情况。如果设备将受到严重的电流冲击，从而影响系统的安全运行，则并列操作不宜进行。若情况特殊需将其中一台变压器退出运行，且要给用户不间断供电。在设备允许受到短时的大电流冲击的情况下，应将可能动作的保护退出，由一人监护两人操作，操作的程序为：先由一人操作将两台变压器并列，然后另一人迅速将需退出运行的变压器的高压或低压开关将两台变压器解列。上述过程应在尽可能短的时间内完成，且应满足条件：S_{e_1}（或 S_{e_2}）$\geqslant 1.2S_{\mathrm{I}}$（$S_{\mathrm{II}}$）。

实践证明进行此类操作，具备上述思路是很必要的。

4.3　110kV 无人值守变电站设计中应注意的问题

一、问题的提出

随着城网农网改造的进一步深化，越来越多的设计院选用了无人值守变电站作为设计的方向，笔者在施工运行管理中经常发现因为某些设计人员不能统筹考虑而在此类变电站设计中存在一些问题，造成国家投资的浪费，同时个别设计人员因不了解无人值守变电站发展趋势，而仍然沿用旧的设计方式，造成一次设备占地面积大，二次控制部分重复，从而增加了经济上和管理上的负担。因此有必要针对新建和改造 110kV 无人值守变电站设计中存在的问题提出几点参考性的意见。

二、新建变电站

(1) 设备选型

由于无人值守变电站无人进行日常巡视，这就要求电气设备更加可靠，维护量要小。因此，选好一次设备是自动化能否顺利实施的重要环节。

1) 变电所无人值班，除要求变电所有较完善的消防设施外，电气设备（除主变外）应尽量采用无油设备。根据《城市电力网规划设计导则》5.1 节“变电站”的要求，应尽量选用：

110kV 侧采用敞开式 SF_6 断路器，必要时采用 SF_6 全封闭组合电器；

10kV 开关柜选用 XGN2-12 型配真空断路器；必要时采用 KYN28-10 型；

变压器选用低噪声、低损耗、节能型变压器。

2) 考虑到对变压器抽头实行遥调，应选用性能可靠的有载调压开关，条件许可时宜选用进口 MR 开关。

3) 考虑到无人值班对直流母线电压调整的要求，选用高频开关电源，装置设有绝缘监察装置、蓄电池巡检仪。

4) 由于城市电网 10kV 电缆出线的增加，使电容电流增大到需要采用中性点经消弧线圈接地时（例如大于 30A），宜采用自动跟踪成套补偿装置，以避免人工调谐消弧线圈的麻烦。同时为节约投资，接地变兼二次站变。

5) 110kV 侧隔离刀闸宜采用电动操作机构以适应遥控的要求，而 10kV 隔离刀闸一般仍采用手动操作。

（2）变电所的电气布置与主接线

若变电所在开发区中建设，一般将变压器放于户内，有利用美化环境和消除噪声，防止外力敲坏。无人值守变电站除设备紧凑、尽量少占地外，也要尽量减少不必要的附属房间，节省基建投资。

尽管变压器采用低损耗型设备，但由于放在户内仍存在发热问题。可采取本体分离的引外自冷方式，即将散热器放于户外，可减少变压器的面积，增强散热效果，但占地较大。若采取散热器与本体不分离仍放于变压器室内，则必须采取一定的措施，如变压器上部设气楼式通风窗，变压器室底部设进气孔和通风扇等。

110kV 变电所一次接线应尽量简化，采用单母线或线路变压器组接线，可满足运行可靠、操作方便、经济合理的要求。

10kV 接线采用真空开关配弹簧操作机构，采用单母线分段接线时，在分段装设备用自投装置。以提高 10kV 用户供电可靠性。

（3）变压器的通风与消防

无人值守变电站主变压器室及有易燃易爆设备的地方（如电容器、消弧线圈室）均应设自动消防装置。户内变电站均采用 1211 自动灭火装置，我国生产的 1211 自动灭火装置钢瓶密封件尚不过关，漏气严重，往往扑灭火灾时达不到预计效果。ZS 系列卤代烷 1301 灭火系统是目前较好的灭火装置，1301 是世界工业发达国家应用最广泛的卤代烷灭火剂，无色、无味、无臭、不导电，对于大部分火灾情况，5%灭火剂蒸气浓度就可以扑灭，且在灭火后不留任何污迹。

（4）自动化系统

目前国内现有无人值守变电所自动化系统中所用设备，如南京自动化设备厂、许昌继电器厂、南京自动化研究院、北京四方生产的变电站综合自动化装置均有应用。按应用情况而言，国产设备完全能够满足无人值守变电站的要求。

变电所自动化的发展正在向综合自动化系统发展，包括微机运动（四遥），微机保护、微机故障录波、微机绝缘在线监测等，实现整个变电所的监测、监控及故障分析处理功能。

变电站综合自动化系统目前大多采用分层分布式结构，纵向分为两层：变电站层及间隔层。间隔层在横向上按一次设备布置采用分布式配置，其设备包括保护装置和测量装置，可实现遥测、遥信量的采集，并可实现遥控功能。各间隔层设备相对独立。

变电站层设监控主站及远动主站，具有远动功能，能收集间隔层上送的网络信息，并将网络信息转换成标准远动规约所要求的形式上送，完成遥测、遥信、遥控和遥调功能，接收调度端发出的命令，执行对各种设备的操作控制。

变电站层和间隔层之间通过网络连接，采用局部网络技术构成站内通讯网，具有通讯可靠、开放性好、利用率高、开发方便、经济性、网络性好等优点。

110kV线路及主变继电保护配置相对独立，直接由相关CT、PT输入电气量，动作后由接点输出直接操作相应断路器的跳闸线圈。保护装置设有通讯接口，接入站内通讯网以便保护动作后向控制端提供报告，但保护功能完全不依赖通讯网，以提高可靠性。

(5) 通信方式

110kV以下采用载波及光纤通道互为备用。载波通信虽然可借助高压电线，但一旦停电，通讯中止，很不方便。光纤具有抗干扰性好、通信容量大、可与电力线路同杆架设节约占地等特点，但价格昂贵，宜合理选用。

三、老变电站无人值守改造

110kV常规变电所的自动化设计是由二次线、继电保护、远方和通信等专业分别设计完成的。在微机技术普遍应用之前，各专业在技术上保持相对独立的矛盾和弊病并不突出，但随着微机技术的发展，应用的广泛和深入，矛盾和弊病便逐渐显露出来，因此统一考虑信号的采集、处理和传送，实现资源共享，节约投资，考虑变电站的综合自动化便显得十分必要。

各专业分别设计，不综合考虑信息的采集和处理所存在的主要弊病是：

（1）仪表、远动和当地微机监测系统所用的变送器各自设置，加大了CT和PT的负担，投资增加很多，而且造成同一测量数据的结果不一致。

（2）远动装置和当地微机监测系统功能重复。远动装置和当地微机监测系统均需采集模拟量、开关量和脉冲量，但远动装置受制于调度所，而监测系统服务于当地监测，没有做到资源共享，仅是一套装置两种功能，增加了投资，且使装置和接线复杂化。

（3）强电控制系统和当地微机监测系统功能重复。当前，不少重要变电所的设计中，既有强电的控制、测量仪表、信号系统，又设置了当地微机监测系统。后者虽不具备控制功能，但同样有完善的测量和信号系统，也有打印制表等功能。由于强电系统具有较完善的监控功能，因此在某种程度上影响了运行人员对当地微机监测系统的重视程度，认为它可有可无，造成它在变电站所的投入率不高。

为了克服上述不足，并结合现状，变电所综合自动化应遵循以下设计原则：

1）设置微机监控系统的变电所按有人值班设计。

2）变电所以微机系统作为主要的监控手段，它不仅要有监测，而且要能控制断路器、隔离开关等主要元件，应当与变电所同步投入。而常规监控系统仅作为微机监控系统事故停运时的短期事故备用，因此仅保留最必要的控制和监视手段。

3）设置一套采用电流串联输出方式的变送器，供测量仪表和微机监控系统共用。

4）微机监控系统应具有同时向区调、中调传送远动信息的功能，不再单独设置RTU。所采集的开关量、模拟量和脉冲量应同时满足远动和当地监控的需要。

5）为了保证远动信息传送的实时性和可靠性，远动信息在监控系统的数据采集部分或下位机处应提供传送接口，这样当上位机故障停动时不致影响远动信息的传送。

6）继电保护装置保持独立性，微机监控系统的运行状态不影响继电保护运行，继电保护动作后的信号应同时送至微机监控系统和常规监控系统。

7）常规监控系统应保留的功能是：

a. 断路器采用强电 220V 一对一控制。

b. 全所设事故和预告警信号装置各一套。

c. 常规测量仪表对各监测对象保留一相电流表，各母线保留一只电压表。

d. 减少光字牌，保留“继电保护动作”、“断路器异常”信号。

e. 控制盘紧凑布置，当微机监控系统停运时才投入强电监控。

四、结论

无人值守变电站不仅仅是实现自动化控制就可以解决的，它还涉及变电站的建成是否能使企业效益和社会效益综合最佳的问题，因此设计人员在进行此类变电站设计时要统筹考虑，兼顾性能、安全、经济等方面的综合要求，实现电力企业的安全经济生产。

4.4 110kV 线路 CVT 爆炸事故分析

一、故障概述

某变电站 110kV 电容式电压互感器（CVT），在试运不到一个月的时间内发生爆炸，并产生了弧光对地短路，线路保护零序二段动作，并切断事故电源。事故当天，环境温度 37℃左右，且雷电活动频繁，该设备当时的运行状态如图 4.4-1，设备所在变电所（A 侧）线路开关（K1）断开，对侧（B 侧）线路开关（K2）闭合，线路长度 14km。据试运行人员反映该设备爆炸前一段时间内运行正常，巡视中也没有发现异常现象，CVT 瓷表面温度 45℃，爆炸时听到异常声响。事故发生后，现场收集的信息如下。

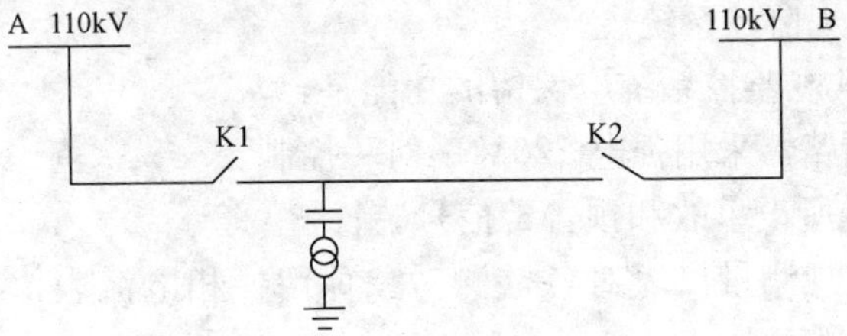

图 4.4-1 设备的运行状态

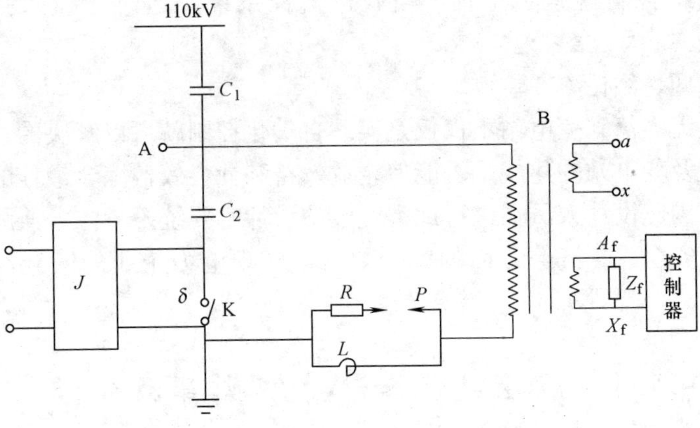

图 4.4-2 接线图

(1) CVT 参数及现场接线（图 4.4-2）

CVT 元件参数：

C_1（高压电容）＝0.0088μF

C_2（高压电容）＝0.0342μF

P：保护间隙　R：保护电阻　B：中间变压器

A：中压抽头　Z_f：电阻阻尼器：300W

J：结合滤波器　K：地刀闸

现场实际接线中，δ与地之间加装一组地刀闸，与“J”——结合滤波器配合使用，结合滤波器二次端悬空，地刀闸“K”处于合闸状态，CVT 的低压端“a-x”悬空，A_f-X_f 不仅接了一阻尼电阻，同时线路控制屏轴压装置也并接于此，正确接线应接于“a-x”端。

（2）CVT 残骸检查

1）瓷外套：该 CVT 的瓷外套上部（约 1/3）瓷套完整无损，下部瓷套（约 2/3）炸成碎块、基座（内部为中压变压器）与瓷套相连部位有 1/10 整体瓷套长度的残存。瓷套爆炸后的所有断面光洁，白净，无电灼烧痕迹。

2）CVT 芯体电容（C1、C2）完好，6 根固定支撑绝缘胶木完好，表面浸漆光洁，无电弧放电痕迹，无任何机械损伤。在 CVT 中压抽头（前述“A”抽头）与中压变压器的高压引线上各有一处电弧烧伤痕迹（如图 4.4-3）。两连片正常搭接处有电弧斑点。中压电容围屏（共三层）的最外层靠近连接片搭接处有烟熏的痕迹。电容芯体各单元连接正常，各绝缘件无受潮痕迹。

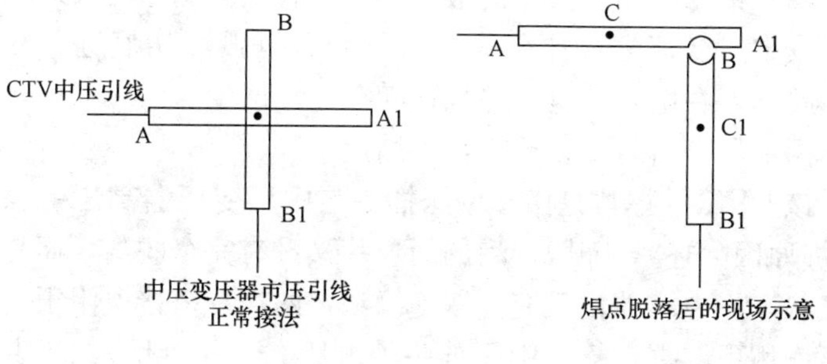

图 4.4-3　现场情况

（3）投运前电气试验

据查安装单位的对电容电压互感器测试报告，绝缘电阻、电容值（C1、C2）等各数据均符合国标要求及产品技术参数。

二、事故分析

根据前文对现场实际情况所进行的叙述及分析可以得出以下几个判据：

（1）该PT（CVT）的一、二次回路接线及运行是正常，尽管线路控制屏的电压信号不该从A_f-X_f处抽取，但也不会引起中压变压器的引线脱焊。

（2）该CVT虽然是1988年产品，但投运前各项试验数据符合国标要求，也与出厂数据相关不大，可以说，电容芯体绝缘好；各绝缘体根据试验结果及现场残骸观察情况，主绝缘应是完好的，所以，该设备投运前绝缘良好。

（3）根据CVT的残骸分析，因瓷套爆炸后的残片断面都是洁白的，没有高能电弧烧伤痕迹；同时，电容芯体表面及6根绝缘皮撑体表面均完好，既没有放电痕迹，又没有受潮及损伤遗迹，可以断定：该爆炸事故应与主绝缘是否良好无关。

（4）根据瓷外套上1/3部分为完整的残骸，而下2/3部分全部炸为碎片，可以断定：该CVT爆炸引发部位是在中压抽头引出端头处附近。

（5）根据中压抽头处的最外层围屏有黑烟薰过的痕迹，中压抽头及中压变压器高压引线脱落且均有电弧烧伤痕迹，可以断定，此处存在电弧放电，并且伴随有气体产生。

据上所分析，可以得出如下结论：

该CVT的爆炸是由于中压抽头与中压变压器高压引线脱焊（脱焊原因另述），而脱焊后的两连片又没有完全脱离，而是处于搭接状态。电容器内又充满着绝缘油，两连片搭接电阻很大，在高压作用下（据计算，中压抽头处电压有1.3万伏），产生间歇性的弧光放电，此弧光中有足够的能量（因中压变低压侧接有一阻尼电阻、阻值33.5Ω，功率300W）产生局部过热，使绝缘油（十二烷基苯）气化，产生大量气体，而此CVT为全封闭结构，容积很小，当内压力达到一定时，从瓷套的应力薄弱部位——中压抽头处（中压抽头处从瓷套内穿出瓷套处，此抽头供测试该设备用）首先爆炸。可以说此事故最根本的原因是产品制造质量不良，电气连接不可靠，致使 CVT 爆炸。

三、防治对策

（1）建议制造厂改进此连接片的焊接，把点焊改为大面积焊接或其他更可靠的连接方式，用以防止正常的负荷电流和短时大电流作用下，产生脱焊。

（2）增加一防爆装置（像避雷器的防爆器），无论发生什么故障（瞬时的或累积的），当 CVT 内部压力达到某一规定值，启动防爆装置防止 CVT 爆炸，以免误伤人身及其他相邻设备。

4.5 10kV 母线相间沿环氧树脂绝缘子表面闪络放电的分析

一、问题的提出

某汽车集团动力厂主管集团的电力供应与调度，据历年来的电气事故统计，变配电站的母线故障占较大比例，其中母线相间绝缘子表面闪络放电而造成的母线故障已成为了一个不可忽视的原因。因此有必要通过对相间绝缘子表面闪络放电原因的分析而提出相应的防范措施，供同仁参考。

二、变电站 10kV 母线相间过电压

（1）单相弧光接地过电压

对有多路出线的 10kV 配电系统，由于用户侧变压器和电机等有源电感元件的存在，当系统出现弧光接地时，健全相过电压最高可达 $5V_0$（V_0 为运行相电压），使健全相与故障相的相间过电压可达 $7V_0$，而且过电压频率高，持续时间长，与雷电波相当。在远离故障点的 10kV 母线故障相的高频振荡电压是发生相间过电压的电压源，在设计母线绝缘时是一个不可忽视的因素。

由于变电站内10kV母线都装有避雷器，其对地放电电压一般不会高于$5V_0$；当单相出现高幅值过电压时，避雷器将动作。而当相间出现高幅值过电压时，因两相的对地过电压一般达不到避雷器的放电电压，相间绝缘薄弱处将先行闪络放电，对于没有避雷器有效保护的地方，不但可以出现相间闪络，也可以出现对地闪络放电。

（2）10kV真空断路器的操作过电压

操作过电压主要有载流过电压，切容性负载过电压和多次重燃引起电压级升过电压。由于现代真空断路器的截流值可以降到几安以下，其截流过电压幅值在大多数情况下小于$3V_0$，不易引起10kV母线闪络放电。

由于真空断路器有比较好的开断容性负载的性能，即使有一定的重击穿几率，但发生重击穿后断口介质能很快恢复其绝缘程度，不会出现不断地在电压峰值处连续发生重击穿的现象，其过电压并不高。

但是，如果其真空断路器的触头正好在电流零点前分离，电流很快就过零点，电弧熄灭，不发生截流过电压，但由于此时开距太小，不能承受恢复电压，断口间隙被击穿，产生高频电流分量，当高频分量的幅值大于工频分量幅值时，就会出现高频分量过零点而切断高频电流，在一定条件下出现高频振荡，产生过电压，又一次使触头间隙被击穿，并再次截断高频电流，产生更高的过电压，升高到一定限度后停止重燃。这种因多次重燃使电压不断级升而产生很高、很陡的重复性熄弧过电压，使绝缘薄弱处将先行闪络放电。

三、引起环氧树脂绝缘子表面闪络放电电压降低的因素

有机环氧树脂户内支柱和穿墙绝缘子，由于经过表面处理，可以提高它的耐湿性和化学稳定性，目前已得到广泛使用。但若因使用环境不适当，将会使绝缘子老化速度加快或表面破坏而降低其耐湿性、防污性及化学稳定性。

（1）环氧树脂绝缘子的树脂状放电劣化使表面闪络放电电压

降低

当绝缘子表面受潮或有污秽、杂质或气泡时，将改变表面电场的分布，在电极附近或高场强区域，将引起局部放电产生带电粒子撞击绝缘材料引起电化学劣化形成树枝状放电，在绝缘子表面留下沟状放电通路的炭化痕迹，并且具有累聚效应，在外放电场的作用下，可继续往前发展。从而使绝缘子表面闪络放电电压不断降低，并且破坏了绝缘子表面处理层，使表面防潮、防污闪性能下降。

（2）绝缘子表面污秽使表面闪络放电电压降低

在工频电场的作用下，被污秽和受潮后的绝缘子表面将会出现若干个干、湿区域，改变了原有电场的均匀性，在一定条件下，绝缘子表面将形成局部放电，并产生电弧，电弧中的带电核子受垂直场强分量的作用，与绝缘子表面发生剧烈碰撞，产生电离，将产生大大低于正常闪络的放电电压的污闪放电。

（3）空气湿度及温差对环氧树脂绝缘子表面闪络的放电电压的影响

当环氧树脂绝缘子表面处理层劣化或表面有污秽时，使表面憎水性降低，不仅容易受潮，而且还不能有效地将它表面吸附的水分凝聚成各自分离的小水珠，使其表面闪络放电电压降低。

1）当绝缘子表面温度高于环境温度时，如图4.5-1上曲线所示，绝缘子表面受潮有两个过程，一开始吸潮作用很强，绝缘电阻下降很快，此后随着材料水合作用的完成，吸水能力减弱，分子扩散过程起主导作用，绝缘子表面湿度比环境湿度高得很多，其受潮过程就越慢。

2）当绝缘子表面温度低于环境温度时，如图4.5-1下曲线所示，除吸潮和分子扩散作用外还存在着凝露现象。一开始同时出现凝露和材料吸潮作用，绝缘电阻下降很快，然后保持平衡，直至出现饱和，最后以凝露过程为主。且负温差越大，绝缘子表面受潮越快。

3）随着环境湿度的增大，绝缘子表面受潮作用就越强。绝

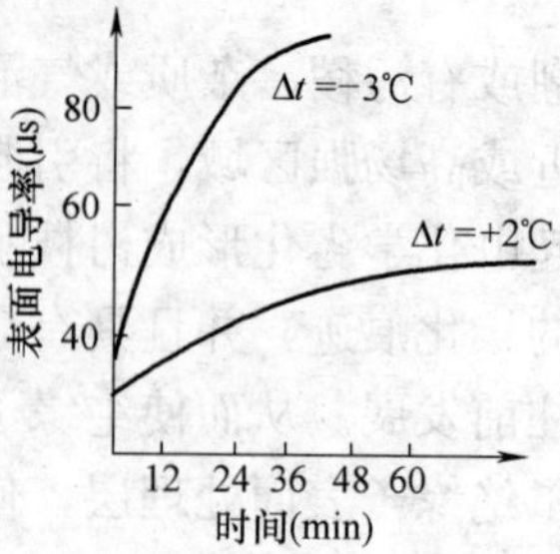

图 4.5-1 绝缘子表面电阻与受潮过程和温差的关系

Δ—绝缘子表面温度与环境温度之差

缘子表面绝缘电子与湿度的关系见图 4.5-2 所示。

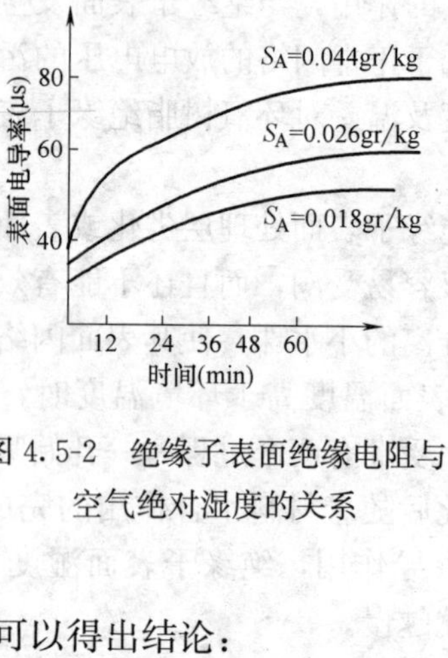

图 4.5-2 绝缘子表面绝缘电阻与空气绝对湿度的关系

（4）结论

通过以上分析可以得出结论：

1）即使变电站 10kV 母线绝缘和避雷器状况完好，但规程规定的 10kV 运行设备外绝缘强度 38kV 也可能小于最高过电压值 $7V_0$～42kV，相间空气耐受电压高于最高相间环氧树脂绝缘子表面的闪络放电电压。

2）绝缘子环氧树脂表面处理层的耐电弧性能和机械强度差，在运行中的完好时间短，一旦破坏，其绝缘子表面耐受电压与环境温度、湿度的影响就大，即使在运行电压下也有可能发生单相对地闪络，在高温下向空气中释放导电微粒，引起相间闪络放电。

四、防护措施

（1）过电压抑制

在 10kV 母线相间接入适当参数高压电容器，用电容器来吸收和释放电磁能量来限制过电压的升高，可使弧光过电压在幅度上降低。

（2）过电压防护

1）利用避雷器保护，在变电站 10kV 母线上接入 4 个 6kV 左右的氧化锌避雷器，组成如图 4.5-3 所示的 Y—O 接线，可把相间和对地过电压限制在安全范围之内。

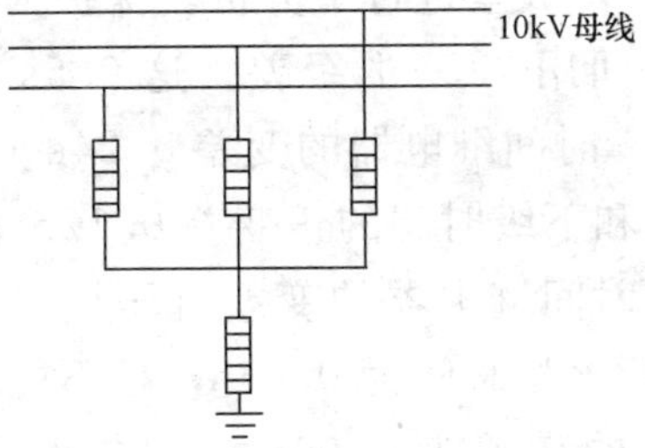

图 4.5-3 10kV 母线避雷器接线图

2）提高外绝缘水平：在环氧树脂绝缘子表面安装耐电弧、老化及憎水性能、防污性能较好的硅橡胶绝缘套作为外绝缘，把环氧树脂绝缘子作为内绝缘和称件。

3）保持良好的绝缘水平：

降低 10kV 配电室内的空气温度，提高绝缘子表面温度，使 ΔT 为正，以避免绝缘子表面受潮严重，净化室内空气，减小绝缘子表面污秽。

对绝缘子表面进行定期补做涂料及清扫，提高憎水和防污性能。

4.6　10kV 母线定时限速断保护性能改进

一、问题提出

某汽车制造公司电网 10kV 母线原设定时限速断保护，在 1990 年以后采用定时限速断做母线保护，多年来正确切除多起 10kV 母线故障。但因短路电流的增加，母线故障对母线损伤越来越严重。如何减轻母线故障时对母线的损坏程度，作者提出加快保护动作速度是可行的措施之一。

二、保护配合问题

母线保护用的定时限为 0.5s，同下级电流速断配合。要减轻故障对母线损坏程度，必须加快保护动作速度，因此我们对保护用的 0.5s 级差进行了分析。保护为了保证配合的选择性，上下级之间用 0.5s 的级差。这 0.5s 是由于开关切出故障时间 0.15s，时间继电器的变差 0.24s（上级时间继电器的负变差 0.12s 和下级时间的正变差 0.12s），时间裕度 0.1s 组成。这里只有时间继电器的变差可压缩。开关动作时间为 0.11s，开关切断灭弧时间为 0.04s，是不能压缩的。而新型数字时间继电器的变差为 0.006s，保护配合级差可压缩为 0.26s，考虑到 10kV 母线出线较多开关特性不一致，保护级差取 0.3s 为好。

三、保护的安全性

时间继电器由电磁型换为数字型后保护回路本身可靠性不受影响，合闸时的冲击电流不会造成保护误动，这在保护整定计算时已考虑了，保护的安全性和可靠性均不受影响。

四、总结

缩短母线定时限保护时间级差，使母线保护性能得到明显改善，在母线短路时对母线的损伤大大减轻，时间继电器的变差压缩后缩短了短路电流通过主变的时间，减轻主变的损伤程度，大大提高了电网的安全稳定性。

4.7 ZW1-10 型户外高压真空断路器安装与操作机构的检修

一、问题的提出

柱上真空开关具有遮断容量大、运行可靠、使用受命长、绝缘性能好、易于与其他辅助装置配合等优点，广泛地应用于中压架空配电线路上，作为分断器使用。但是，由于国内制造厂家在设备生产时，材质选择不尽理想，致使设备挂网运行一段时间后，不得不就地或现场检修，从而造成不必要的停电。针对这一问题，作者提出通过改变断路器安装位置高度和掌握一般的现场检修技术，即可避免在检修或轮换时造成的停电。

二、户外高压真空断路器的安装

户外高压真空断路器的安装要考虑以下几个因素：

1）现场检修保证检修人员的安全；

2）断路器进、出线方便，接线清晰简洁；

3）操作方便；

4）易于轮换。

作为环网结线网格中分段器使用的断路器，主要考虑检修安全及轮换方便。安装时，断路器进、出线两侧均应安装隔离开关，隔离开关距带电导体的最小距离不小于 100cm，刀口朝断路器侧。断路器支架距隔离开关的最小安全距离应不小于 250cm。以保证检修人员站立于支架上检修断路器所需最小之安全距离。断路器在正常运行或操作过程中，出现故障需检修时，通过运行方式倒换，短时小范围停电或不停电即可完成检修任务。作为馈线分段或支线开关，只在进线侧安装一组隔离开关即可。

三、高压真空断路器的检修

真空断路器所出故障多为操作机构调整不当、弹簧疲劳、机械磨损等原因而造成的。在检修过程中，首先考虑的是半轴复位弹簧疲劳问题。在线运行的真空断路器操作的机会比较多，半轴复位弹簧容易疲劳，弹性系数越来越小。主要表现在断路器储能后，拉动合闸环而不能正常合闸。由于储能弹簧经常处于“未储能”状态，而且弹性系数大，它带动主轴开断电流。主轴与拐臂相连，操作时，如半轴复位不及时，则拐臂与半轴不能扣接，从而不能合闸到位。处理时，更换半轴复位弹簧或增大其弹性系数，以达到与储能弹簧的密切配合。其次考虑半轴与拐臂的扣接量。半轴与拐臂的正常扣接量为1.5～2.5mm。如果扣接量过大，开关不能正常分闸；如果扣接量过小，开关不能正常合闸，或线路稍有冲击即造成跳闸断电现象。通过调整调节螺钉，可使其达到规定要求。最后检查机件磨损情况。操作机构机件磨损后，会出现机构卡死、开关失控（合闸后不能正常分闸，分闸后不能正常合闸）等现象。一般处理时应更换磨损部件。

挂网运行的真空开关，每3～5年应进行一次小检。通过合适的安装和掌握其操作机构基本检修要领，可以实现“在线”检修，从而更有效地充分发挥其作用。

4.8 CY4机构运行中存在的主要问题原因分析及建议

一、CY4机构运动中存在的主要问题及原因分析

SW7系列高压少油断路器是我国目前惟一的单断口、电压为110kV的高压少油断路器。它具有结构简单，同期性好，占地面积小，使用范围广等诸多优点。由于SW7型少油断路器配用的CY4液压机构结构复杂，运行维护技术要求高，CY4机构运行中反映的问题也比较多。因此有必要对存在的主要问题及原因进行分析，供同仁们参考。

（1）微动开关失灵

储压缸下方，共装有 1YLJ-7YLJ7 只微动开关，他们反应活塞杆的运动位置分别动作于油泵停止，油泵启动，合闸闭锁，压力降低信号，分闸闭锁，油泵闭锁等，它们是 CY4 机构二次回路中的主要控制元件。因为它们动作频繁，所以也是最容易发生故障的元件。大多数二次回路故障都是因为一个或几个微动开关失灵造成的，而造成微动开关失灵主要有以下几个原因：

1）动作频繁引起弹簧疲劳，触点接触不良

液压机构高压油轻微渗漏是不可避免的也是允许的，一般油泵 2～3 天就要启动一回，密封较差的甚至一天就要启动 1～2 回，以补充因渗漏造成的油压降低，这就决定了微动开关需要频繁动作。因而也就造成了微动开关的弹簧疲劳，触点氧化和接触不良等现象的发生。事实证明动作最频繁的 2YLJ（油泵启动）和 1YLJ（油泵停止）发生失灵的现象也最多。

2）安装调整不当造成的微动开关损坏或动作不可靠

微动开关安装时，如果动作臂仰角过大或滚轮深入活塞杆下方距离过多，在活塞杆向下快速运动时就极有可能造成微动开关损坏。如果滚轮深入活塞杆下方距离不足，微动开关又不能可靠动作甚至不动作。

3）油泥的存在影响微动开关的可靠动作

有些变电站因靠近工地或马路，尘土较多，它们和活塞杆下端渗出的液压油混在一起形成油泥，附着在微动开关内、外各处，粘住触点或动作臂而造成触点接触不良或微动开关动作不灵活。

4）微动开关本身的质量问题

CY4 机构原使用 LX5-11 型微动开关，因容易损坏而更换为 LX-028 型，也有个别 LX5-11G 型仍在使用。而且 LX-028 型也不是绝对可靠，弹簧易疲劳，易脱钩是它的最大弱点。在检查新购进的 LX-028 微动开关时，发现过几次脱钩现象。

（2）油箱外部高压油管接头处卡套渗漏甚至崩脱

CY4 机构油路中高压油管接头处大多采用卡套密封，它依靠刃部切入油管，形成卡套与油管之间的密封，同时卡套的外形拱起一球面，与接头的锥孔形成密封。它是高压油管接头密封较可靠的一种，但渗漏问题甚至卡套崩脱问题也较突出，它往往是下面一个或几个原因共同作用的结果。

1）长期承受高压引起卡套疲劳、松动

CY4 机构工作压力达 32MPa 甚至 32MPa 以上，液压等级属高压甚至超高压。在长期承受高压的情况下，卡套疲劳松动，引起渗漏。

2）卡套装配质量不佳引起渗漏

卡套的预压、装配是一项工艺要求极高的工作，轻微的质量缺陷就有可能造成渗漏，由于缺乏专门的工具和专业装配人员，自行配置的卡套往往寿命较短，渗漏问题也较严重。

3）操作时的油压骤升、骤降造成卡套松动甚至崩脱

机构高压油在进行分、合闸操作时，油压在瞬时骤降 1～2MPa。合闸时，合闸油管在瞬时由常压骤升至 32MPa。在长期的操作循环中，各处卡套产生类似弹簧的疲劳效应，发生变形、松动，最终导致在进行合、分闸操作时卡套崩脱。

4）热胀冷缩引起油管变形造成渗漏

某些地区处于暖温带，四季分明，一月平均气温 0～4℃，七月平均气温 32～36℃，四季温差较大，而温度变化引起的金属油管变形，在各接头处产生危险的内应力，极易造成卡套的永久变形而引起渗漏。

（3）油箱内部阀系统渗漏

CY4 机构油箱内部分合闸一级阀，二级阀以及它们之间的连接管路，分别采用了球阀密封，锥阀密封，O 形密封，卡套密封和嵌垫密封等多种密封形式，由于它结构紧凑，装配紧密，工艺水平高，运行比较可靠，但是也存在一些常见问题，主要有以下两个：

1）二级阀上部O形圈损坏造成渗漏

合闸状态下，油泵频繁启动是运动中常见故障，而二级阀上部O形圈损坏也是造成该故障的主要原因。O形圈用耐油橡胶制作，在长期高压作用下，密封圈边缘逐渐剥落，形成“毛边”，引起渗漏。

2）球阀密封失效

CY4机构阀系统中采用了三处逆止球阀密封，它的密封效果主要依靠装配时的金属密封线来保证，但在逆止球阀的运动过程中，钢球有可能发生转动，原有密封线将不起作用，封油必须依靠新的金属密封线来实现，当新的密封线上存在凹坑或划伤等缺陷时，必将发生渗漏。

二、针对以上问题的几点建议

（1）提高人员素质，加强职业道德建设，保证工艺质量和要求的实现，避免人为因素造成的不必要的损害。

（2）加强设备安装前的质量检查，如检查微动开关的安装角度、动作情况、动作可靠性；加强预装卡套、钢球的外观检查，避免有凹坑、划伤、缺口的卡套或钢球装入机构。

（3）加强治理渗漏，做好机构箱的防尘工作，杜绝油泥形成。

（4）加强设备巡视，及时发现压力异常降低或异常升高，油泵启动频繁等不正常情况，以利于及时整改，防止故障的扩大。

（5）严格执行检修工艺规程，利用SW7—110型断路器大修机会全面检查，保证开关下一大修周期的运行安全。

三、结束语

以上就CY4机构运行中常见的主要问题进行了讨论分析。当然，造成机构故障的其他原因还很多，但都缺乏代表性，这里就不一一叙述。总而言之，对CY4机构出现的问题还须作进一步的观察总结，以更好提高我们的运行维护水平，保证SW7—110型断路器运行的安全、可靠，表4.8-1为某地区1995、1996

年 CY4 机构典型故障及原因分析。

某地区 1995、1996 年 CY4 机构典型故障及原因分析

表 4.8-1

运行编号	时间	故障情况	故障原因
01	1995年10月19日	开关分闸时油管与工作缸接头处卡套崩脱	卡套疲劳松动，操作时油压骤变造成卡套崩脱
02	1995年11月20日	开关分闸时油管与工作缸接头处卡套崩脱	事故前开关连续操作几次，卡套疲劳松动，合闸时油压骤升造成卡套崩脱
03	1995年08月21日	操作时，微动开关2YLJ被损坏	2YLJ位置调整不当
04	1996年02月02日	泄压、油泵不启动	1YLJ失灵，弹簧脱钩，且为老型号
05	1996年02月24日	合闸位置打压频繁	二级阀上部密封处渗漏
06	1996年04月23日	贮压筒下方高压油管接口处渗油	卡套松动
07	1996年05月11日	泄压、油泵不启动	6YLJ损坏，弹簧脱钩
08	1996年07月05日	压力表指示压力异常达36MPa	压力表失灵

4.9 变电站蓄电池存在的技术问题及改造建议

蓄电池直流电源是发电厂、变电站运行操作、继电保护及事故状态下关键的控制能源，对系统安全起着至关重要的作用。如重视不够，就有可能造成严重后果。因此，加强蓄电池技术改造和运行维护，保证直流电源安全、稳定可靠运行，是我们面临的一项十分重要的任务，千万不能忽视。

一、铅蓄电池工作原理和特点简述

铅蓄电池工作原理可用下面化学方程式表达：

$$PbO_2+2H_2SO_4+Pb \longrightarrow PbSO_4+2H_2O+PbSO_4$$

（正极）（电液）（负极）（正极）　　　（负极）

由式可见，放电时消耗正极板 PbO_2、负极板 Pb 及电液 H_2SO_4，产生 H_2O 和 $PbSO_4$，电液比重下降，液面升高。当极板上大部分活性物质（即 PbO_2 及 Pb）转变成 $PbSO_4$ 时，就不能再放电了。充电正好相反，充入的电能把正、负极板上的 $PbSO_4$ 分别转化成 PbO_2 及 Pb，则电能就储存在电池中了。

在充放电中 PbO_2 和 $PbSO_4$ 相互转化。由化学式知，同摩尔数的 PbO_2 和 $PbSO_4$ 体积比约为 1：1.9，这说明放电时极板是膨胀的，而充电时则是收缩的。且二氧化铅是脆性材料，这是铅蓄电池一个最显著的特点。正由于此，在充放电中若操作不当，如过充、过放、锥充或化学反应不均等，其极板极易发生弯曲、变形、甚至裂纹、断裂，且损坏后难以修复。所有这些都从本质上决定了铅蓄电池充放电和日常维护必须十分精心，马虎不得。

从运行角度看，蓄电池寿命缩短、达不到规定的技术要求，究其原因，主要表现在初充电、运行中的补充充电和放电上没有真正按照规定的技术规范和运行维护要求去做，或由于其他原因平时难以做到或难以长期贯彻执行下去。

为了延长蓄电池寿命，达到规定的技术要求及充放电相互转变容易，放电时只能放到一定程度（不能过放）即停并即充电，而充电时要充足，不能过充及欠充。为达此要求，一方面运行维护人员必须加强责任心，按要求精心巡视维护，另一方面，还可以从技术角度，针对蓄电池运行中存在的问题对其进行一些技术改造。本文主要针对蓄电池平时运行中存在的问题进行分析，并从技术改进方面提一些建议。

二、因蓄电池结线原因所带来的欠充、过充、过放问题及改进建议

若蓄电池结线采用的是带尾电池调压接线方式，见图 4.9-1。其优点是利用调压环将尾电池按运行需要随时分别接

入运行直流母线，以维护电压基本恒定。对尾电池与基本电池充放电一致性问题，该接线设计了一个可调放电电阻回路，即当硅整流对全组电池进行浮充时若随时精心调节放电电阻阻值，使 $I_2=I'_2$，则尾电池浮充电流 $I'_1=I_1=0.001C10$，基本电池与尾电池电流一致，可保证尾电池寿命。但这种结线在实际运行中，优点往往变成了缺点，结果尾电池运行条件变坏，很早就损坏了。

一般蓄电池平时浮充采用两种形式：一是只对基本电池浮充，尾电池不参与；二是对全组电池（包括尾电池）浮充，另用放电电阻调节尾电池电流。从运行情况看，无论何种形式，基本电池充放电的要求及寿命一般均能达到，但尾电池问题的确较大，损坏也比较严重。探究其原因，与浮充形式关系很大。

（1）由于平时直流负载是个变量，则当对全组电池浮充时，I_2 并不是一个常量，而是绕一个平均量上、下变动的量，那么，只有当 I'_2 始终跟上 I_2 变化时，尾电池浮充电才能与基本电池一致。然而这一点在平时长期运行中不易做到，由于种种原因比如运行人员忽视调节放电电阻等，就会常常造成尾电池的长期过充，损害电池。

（2）若硅整流接于直流母线上，那么硅整流通过直流母线只对基本电池浮充，尾电池不浮充，这样尾电池会长年处于欠充状态。另外，在短臂和长臂之间的尾电池串联在合闸回路中，要参与合闸放电。只放不充，时间一长过放，极板弯曲、变形等现象发生就是很正常的事了。

解决尾电池欠充、过充、过放的问题，一个有效途径就是改变结线，取消尾电池。随着蓄电池制造技术的发展，其质量也得到进一步提高，在直流系统结线上可以允许采用不带尾电池的全浮充结线，这在国内一些单位已经有用，如图 4.9-2 所示。硅整流只接合闸母线充电。蓄电池全组接于合闸母线充电。蓄电池全组接于合闸母线上进行全浮充。为满足操作电源电压要求，在操作电源与合闸电源间中一组二极管。利用导通时的门槛电压分压使操作电压符合要求。二极管选用 CZ2-20/450 数量约需 40 个左

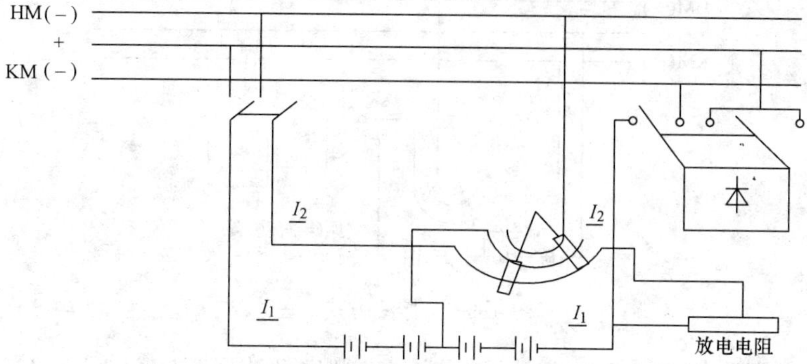

图 4.9-1 接线方式（一）

右，4 个一组分别按入调压环可以调节操作电压。关于蓄电池数量，以合闸电压上限选择，一般约 100～110 个，这样消除了尾电池，也就不存在过充、欠充、过放问题。

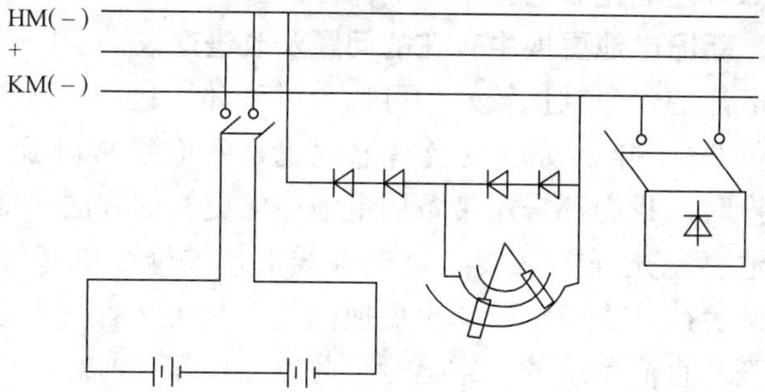

图 4.9-2 接线方式（二）

解决尾电池充放电问题，还有一个较好的也是可行的办法，就是单独为尾电池设立一套低电压硅整流浮充装置，其接线如图 4.9-3 所示。

原硅整流固定接于直流母线，带基本直流负荷并给基本电池浮充。另买一套低电压（可调）硅整流装置接在尾电池两端，去掉尾电池放电电阻。这样基本电池与尾电池各自分别浮充，电压

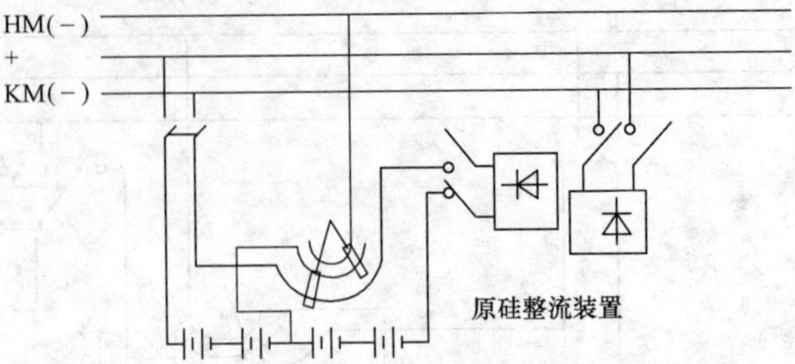

图 4.9-3　接线方式（三）

分别调节使浮充电流达到要求，也彻底解决了尾电池过充过放问题。

接线下，长臂可以随意调节，以满足操作母线电压的需要。至于短臂，为使尾电池放电情况尽量一致，可调节得尽量靠后一些，根据合闸电压上限 242V，一般可将短臂放在 113 号位，这样绝大部分电池充放电相同，确保寿命。

三、新旧电池更换中存在的问题及改进建议

蓄电池的寿命维护较好的可达 10 年，但一般为 7～8 年，甚至有的仅 6～7 年。所以更换蓄电池也是我们经常碰到的工作。以前更换时，我们都采用带备用电池停电更换的方法。即用一组备用电池事先充好电并接入直流母线上，供母线负荷及断路器跳、合闸负荷，将旧电池退出更换。新电池换好后，才退出备用电池，恢复直流系统的正常运行。此方法可靠，但需增加一组备用电池投资费用，且工作量较大。

采用二极管带电更换是个好办法。国内已有单位采用，其原理如图 4.9-4 所示。首先将新电池利用适当的充放电条件和场地单独进行安装及初充放电，达到技术要求后即初充电完成后待命。这一阶段与原电池无任何关系。其次，为补偿二极管短接的蓄电池电压，长短臂应尽量向后调节，硅整流电压适当调大一些，硅整流、直流母线、原电池等原系统运行方式不变，以上准备完成后，就可将一组反向二极管用充电夹并接在需要更换的一组电池（约 10 个）两端，如图 4.9-5A、B 点。此时浮充电流 I_f 仍然对电池浮充，二极管牌截止状态。若合闸操作，合闸电流通过二极管向机构提供，不影响系统正常运行。更换时，AB 短接点内的电池连接条，拆除旧电池，接线变成图 4.9-5 所示，可见 $I_f=0$，但 1F 并无任何变化，系统操作台闸电源完全有保障。接下来在旧电池位装新电池，联好连接条，检查无误后将新电池组两端重新与 A、B 并接点连接之后将二极管拆除，则这一小组电池更换结束。按照以上办法，将旧电池 10 个一组分成组逐组更换，就可实现全组更换。

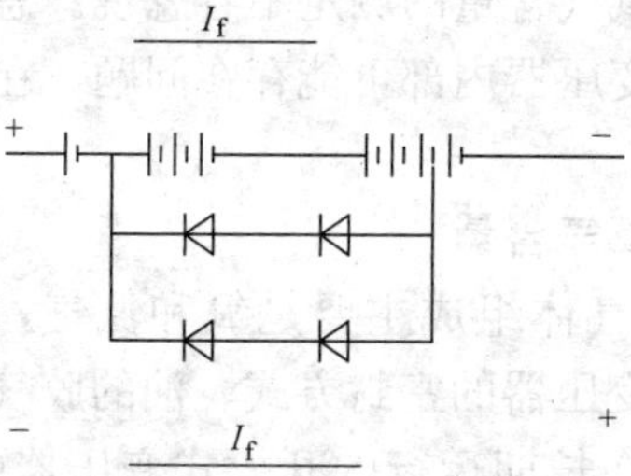

图 4.9-4　接线方式（四）

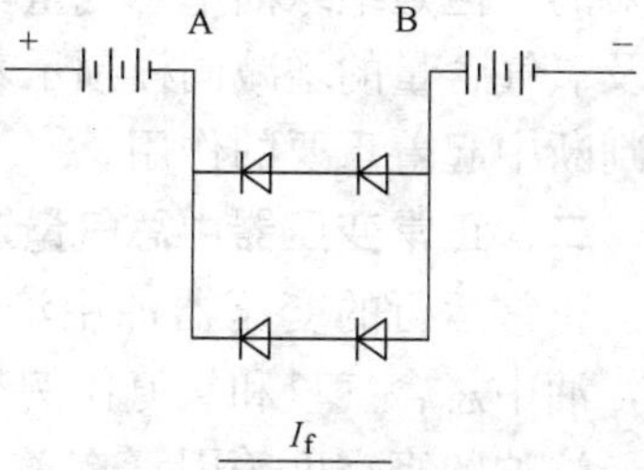

图 4.9-5　接线方式（五）

对于尾电池更换，因基本电池已更换完毕可将长、短臂尽量靠前，让尾电池退出操作盒闸回路，则可用停电更换方式进行。

四、对个别落后电池的改进建议

一组蓄电池内总有极个别落后电池甚至反极电池存在。这些电池数量虽少，但对全组电池影响很大，尤其反极电池，不但自己不出力，而且因极性相反还抵消 2V，极大地缩短了电池寿命。对这些电池决不能等闲视之，必须采取措施进行帮助以赶上正常电池，个别的还要进行更换。

落后电池表现在充电时电压及比重上升很慢，放电时电压比重又下降很快，且在充电末期气泡冒得较早，电液温升也较高。根据上述现象，平时应多观察，注意发现落后电池，一经发现立即处理。其办法主要是对其进行单独的补充充电。因此我们建议购买一套低电压约 10V 小容量可调硅整流装置供平时使用。

4.10　测定绝缘油中总气量和氧气含量对故障诊断的作用

一、前言

通过测定绝缘油中溶解气体的含量对运行中的充油电气设备进行绝缘监督，该方法已被广泛使用。在分析过程中人们往往比较重视氢气及烃类气体含量的测量，当然可燃性气体测定是非常重要的，但是绝缘油中总气量及氧气含量的测定不容忽视。总气量及氧气含量的增减同样预示着变压器内部可能存在问题，在分析判断中起着重要的作用。

二、正常变压器中总气量及氧气含量

正常运行的变压器油中溶解气体组成主要是氧和氮气，但是，油中总含气量和氧氮比例与变压器的密封方式、油的胶气程度、注油的真空度等因素有关。在长期运行的开放式变压器中，油中总气量约为 10%，其中氧气含量一般占总气量 20%～30%；对于充氮变压器，总气量大致为 6%～8%，其中氧气占总气量 0.5%～8%；对于隔膜保护的变压器，如果油经过了真空脱气和真空注油，并保持完善的密封时，总气量将可低于 3%。但是由于国内大多数隔膜保护变压器不是全密封结构，加之脱气和真空注油不甚严格，因而一般总气量为 4%～6%，其中氧气含量为总气量 10%左右。

三、测定油中总气量和氧气含量的作用

测定油中溶解气体总量和氧气含量对于判断设备缺陷和不正常运行状态是有一定作用的。

如上所述，正常运行变压器油中溶解气体组成主要是氧和氮。在隔膜式变压器中，氧气是制造和安装时残留于油纸绝缘中的，当其溶解均匀后，从理论上来说，运行设备油中氧气因绝缘物氧化而被消耗，应不断减少。当油脱气完全，并保持全密封时，运行油中总气量和氧气含量很低。当总气量和氧含量明显增长时，如果不是取样、脱气和分析过程中的偶然误差，那么，估计可能是隔膜或附件（如潜油泵）汇漏所致。如果总气量明显增长，但氧气含量却很低，甚至为零或出现负峰（氩气）时，则设备内部很可能有故障，此时应注意观察油中可燃性气体的分析结果。

在充氮变压器中，油面空间与隔膜式有某些不同，即当负荷和环境温度变化而使油温变化时，充入的氮气对油的溶解度要变化。但是这不会造成油中氧气含量有明显的改变。当总气量和氧气明显增加时，可能是充氮系统密封不良或防爆膜龟裂，应查明其原因。

开放式变压器因油面长期与空气接触，在相应的油温下，空气中会有一部分氧溶于油中，由于对油的溶解度的差异，通常油中氧气所占的比例也比空气中氧气所占的比例要大些。

无论哪种油保护方式的变压器，当内部存在慢性热故障时，分析气体将使油中总气量增加，同时由于故障热源处的氧化过程将加速氧气消耗，并且对油溶解度很高的故障特征气体还会从油中置换出部分氧气。由于很难通过油来补充氧，就会使油中氧气含量不断降低。实践证明，故障越严重或存在的时间越长，油中氧气含量就越低，总气量就越高。在开放式变压器中，当总气量超过 11%，且氧气含量低于总气量 16%时，一般可能预示设备存在内部故障。如果总气量很高，氧气亦高，则可能油溶解空气达饱和，这时压力和温度一变化，就会释放出气体，引起轻气体继电器报警。

当油中总气量和氧气含量都很低，而氢烃类气体并不高时，对于开放式变压器可能是呼吸器阻塞不畅，对于充氮变压器可能是输氮管阻塞或氮气袋中严重缺少氮气。在此类情况下，轻气体继电器在温度和负荷降低时动作报警。

此外，对于特征气体完全溶于油中的缓慢故障变压器中，为了尽可能可靠地估算达到油中溶解气体释放所要的时间，正确地测定变压器油中氧气和氮气的含量也是很重要的。

四、油中总气量的计算方法

氧气含量可通过色谱分析仪直接分析检测出来，而总气量在应用振荡脱气法时必须通过计算方可得到。

油中所含气体按体积多少而言主要是氮气、氧气，其次是二氧化碳，再次是一氧化碳、氢气和碳氢化合物气体，在电气设备运行正常情况下，含量一般在几百个毫克/升以内，除此之外的其他气体如氩气、醇类气体等含量很少，在总含气量计算中可以略而不计。

应用振荡脱气法计算总含气量就是基于这种观点，先通过振荡脱气法测出溶解气体组分含量，然后计算出油中总含气量。

计算方法：通过振荡脱气法测出油中 H_2、O_2、CO_2、CO、CH_4、C_2H_6、C_2H_4、C_2H_2 的气体含量，然后用计算方法求出油中 N_2 含量。总含气量就是这些油中气体含量的总和。

首先计算 N_2 含量，油中 N_2 含量计算方法如下：当振荡平衡时，存在两个等式关系：

$$C_{1'} = KC_g \tag{1}$$

$$C_1V_1 + 100V = C_{1'}V_1 + C_{g'}V_g \tag{2}$$

式中　C_1——油中 N_2 含量，%；

$C_{1'}$——振荡平衡后油中 N_2 含量，%；

$C_{g'}$——振荡平衡后，平衡气中 N_2 含量，%；

纯 N_2 载气纯度为100%；

V_g——平衡气体积，mL；

V_1——油样体积，mL；

V——加入 N_2 载气体积，mL；

K——N_2 分配系数。

将公式（1）代入（2）中，整理得：

$$C_1 = C_{g'}(K + V_g/V_1) - 100V/V_1 \tag{3}$$

式（3）中，除 $C_{g'}$ 之外其余均可直接测出。$C_{g'}$ 可这样求出：

$$C_{g'}=100-\sum C_{i}g \quad (4)$$

$\sum C_{i}g$ 即为振荡平衡后，平衡气里 H_2、O_2、CO、CO_2 及碳氢化合物气体含量，从色谱分析中得出。

通过公式（4）求出 $C_{g'}$，在通过公式（3）求出 C_1，则油中总含气量就可由下式求出。

$$C=C_1+\sum C_{i1} \quad (5)$$

式中 $\sum C_{i1}$ 为油中 O_2、H_2、CO、CO_2 及碳氢化合物气体含量，通过振荡脱气法测出。

这个方法，因计算中省略了其他气体，虽有不严密之处，但这些其他气体所带来的误差是很小的，这种方法的准确度和精确度在日常追踪监督中完全可以满足要求。

五、结论

综上所述，在进行油中溶解气体分析时，准确测定总气量和氧气含量，可以预测设备内部缺陷和不正常运行状态，在分析判断中起着重要的作用。

4.11 大容量电动机启动时，软启故障分析

一、问题的提出

某钢厂烧结余热锅炉所用循环风机在第一次电动机空载启动时，软启装置报软启故障，启动失败，同时电动机差动保护装置报差动 A、B 相动作，且电动机在启动瞬间反向转动。

此软启装置为 1 号、2 号循环风机启动时共用，其中另外一台循环风机在几天前运行过，没有出现问题，初步判断为在启动时由于外部故障引起的失电而造成的软启故障，所以重点放在排除差动故障。

调来调试单位电动机及软启装置、保护装置试验报告，除电动机直流电阻测量为 u1-v1、v1-w1、u1-w1 没有测 u1-u2、v1-v2、w1-w2 外，其他的试验项目都很齐全且合格，检查差动保护二次接线，极性没有发现问题，10kV 电缆接法也正确，电动

机不应该反转。在检查电动机一次接线时发现有一个现象与常规不符，具体表现在电动机电缆接线端为v1，u1，w1。电机另一端接线盒为u2，v2，w2，常规的排列方式为电缆接线端为u1，v1，w1，另一端为v2，u2，w2。将中性点短接铜排打开，重新核实线圈和绕组极性，果然，电机接线端出厂时标注错误，将接线改正后，重新启动运行正常。

循环风机带负荷试运时，将风机保护全部投入，启动风机又报软启故障，启动失败，电气保护没有动作。通过前面的经验判断应该仍然是外部故障，果然是风机前轴承温度高误报。

二、理论分析

选用的软启装置为中国南车株洲所的TGQ1-4500/10软启装置，操作简单、直观。使用软启动器启动电动机时，晶闸管的输出电压逐渐增加，电动机逐渐加速，直到晶闸管全导通，电动机工作在额定电压的机械特性上，实现平滑启动，降低启动电流，避免启动过流跳闸。待电机达到额定转速时，启动过程结束，软启动器自动用旁路接触器取代已完成任务的晶闸管，为电动机正常运转提供额定电压，以降低晶闸管的热损耗，延长软启动器的使用寿命，提高其工作效率，又使电网避免了谐波污染。

TGQ1软启动器的保护

软启动装置具有以下保护功能：

(1) 晶闸管故障；

(2) 缺相保护；

(3) 三相不平衡；

(4) 启动过流；

(5) 运行过流；

(6) 失压故障；

(7) 逆序故障；

(8) 启动超时；

(9) 短路器故障保护；

(10) 接触器故障保护。

软启动柜控制系统发现任何故障都将在显示屏上显示相应信息，并使故障中继 K5 得电，其一对常开触点闭合使报警灯和蜂鸣器得电，另一对常开触点向上级控制系统输出跳闸信号，使开关柜真空断路器 QF 跳闸。

任何情况下按下紧急按钮，其一对常开触点给软启动柜控制系统输入紧急故障指令，使故障中继 K5 得电，结果同上，但软启动柜控制系统复位。

S1、S2 为 前、后门连锁的行程开关，门打开将使故障中继 K5 得电，使开关柜真空断路器 QF 跳闸和软启动柜控制系统复位。

当电机启动和运行的过程中发生故障时，会及时弹出报警界面，故障指示灯会点亮。

除第一项 SCR（晶闸管）故障外，其他的故障都比较好理解，排除起来也较容易，对照厂家说明书中的故障对照表基本可以解决。

SCR 故障报警时，显示画面中同时还有哪个晶闸管故障的显示，如果是一个或是几个故障有可能是光纤故障，因为 DSP 板上装有数字信号处理器和通信处理器，决定各种操作功能，根据用户的设定程序和检测反馈信号来进行控制，主板上装有 EPROM、EEPROM 和 DRAM 寄存器，以及模拟和数字接口。控制主接触器、旁路接触器的动作顺序和 SCR 的触发，这个板子上产生全部的触发信号和接收来自光纤隔离的反馈信号，把模拟信号转换为 DSP 所需的数字信号。触发驱动板：位于 SCR 模块组件上面，这些板子和主电源板通过光纤进行通信联系，通过脉冲变压器把触发脉冲信号进行放大来触发 SCR，所以光纤通信不畅会造成 SCR 故障，检查光纤接口，如没有问题需要厂家来人更换晶闸管，但如果是一相上的所有晶闸管故障就不能简单的处理，尤其是在启动时，如果出现外部保护动作，首先跳出口真空接触器，跳闸的过程中三相不可能完全同步，先断开的一相首先失去电流，而其余的两相电流没有消失，控制系统判断为

SCR 整组故障，发出指令跳真空断路器 QF。

三、结论

软启动装置可靠性高，性能完善，启动电流明显降低，减少配电容量与增容投资，软启动器实现平稳启动，提高供电可靠性，多种启动模式及保护功能融于一体，防止事故的发生。而对于精密设备，出现故障后，使用单位往往无所适从，想到的解决办法就是寻求厂家的技术支持，时间成本比较高，而且还影响生产。其实，许多故障并非是设备本身的原因，需要我们认真研究原理，仔细阅读说明书，逐一排查可能的原因，多数的故障都能以最快的速度解决。

参考文献

《TGQ1-4000/10 高压交流电机软启动说明书》。

4.12 金属铠装真空开关柜“五防”机构引发事故分析

一、问题的提出

某电厂厂用 10kV 段一台送风机出线柜在送风机电机空载试运时，在接地刀闸没有断开的情况下，将手车式断路器摇至“工作”位置，导致带接地合闸，造成了大面积的停电，幸免未造成人员伤亡事故。这是一起典型的“五防”机构失灵及误操作造成的电气事故。事后检查发现，接地刀闸和手车开关的连锁滑块不到位，没有有效的闭锁手车开关致使其可以在接地刀闸的任何状态下自由工作，造成了事故的发生。

二、理论分析

“五防”指的是：1. 防止误分、误合断路器；2. 防止带负荷拉、合隔离开关；3. 防止带电挂（合）接地线（开关）；4. 防止带接地线（开关）合断路器（隔离开关）；5. 防止误入带电间隔。

金属铠装开关柜的“五防”要求是；

(1) 高压开关柜内的真空断路器小车在“试验”位置合闸后，小车断路器无法进入“工作”位置。(防止带负荷合闸)。

(2) 高压开关柜内的接地刀在合位时，小车断路器无法进入“工作”位置合闸。(防止带接地线合闸)。

(3) 高压开关柜内的真空断路器在合闸工作时，盘柜后门用接地刀上的机械与柜门闭锁。(防止误入带电间隔)。

(4) 高压开关柜内的真空断路器在“工作”位置时，接地刀无法投入。(防止带电挂接地线)。

(5) 高压开关柜内的真空断路器在“工作”位置合闸运行时，无法退出小车断路器的“工作”位置。(防止带负荷拉刀闸)。

成套开关柜一般分为上，中、下 3 层。上层是母线室，中层是开关柜，下层是接地刀闸和出线室，大部分成套开关柜的机械闭锁可以实现防误功能，但仍然存在以下的问题：

(1) 成套开关柜柜内空间紧凑，有的开关两侧无接地刀闸或只在一侧有接地刀闸，开关检修时，两侧或一侧需要装、拆接地线，临时接地线与工作刀闸没有强制性的互锁。不能防止带电装设接地线和带地线合刀闸。

(2) 柜体后门无合页，用螺栓整体固定，或者虽然是合页门，但均为把手锁，柜内是否带电，无闭锁，不能防止误入带电间隔。

(3) 出线间隔线路侧虽然安装有带电显示器，但只能起到提示作用，不能防止线路侧带电装设接地线或合接地刀闸。

(4) 开关经长期操作，手柄垂直操作圆杆端部固定螺钉松动，其固定垫片变形，无法起到闭锁作用。

还有一条重要的原因，由于生产中的加工精度不高，装配、调试过程中的粗枝大叶，导致应有的功能无法实现，本文提到的一起事故就是因为装配、调整时马虎，手车轨道上的与接地刀闸连锁的阻进滑块高度不够，无法正常阻挡手车开关，在手车开关由“试验”位置进至“工作”位置时母线静触头防护帘板已经打开，开关动触头和母线静触头的间距已达到放电、拉弧、短路接地的条件，事故的发生已经难免。

为了减少事故的发生，只有我们在工作前认真检查其“五防”连锁装置是否良好，工作是否正常，认真按规程操作，才能防止电气事故的发生。

另外，在原有开关柜机械闭锁的基础上加装JSN（W）型系列防误操作程序锁予以补充，以完善开关柜整体防误功能。JSN（W）型系列防误操作程序锁是一种高压开关设备用机械锁。该锁强制运行人员按照既定的安全操作程序，对电气设备进行操作，从而避免误操作。该锁具有鉴别各个刀闸分、合位置和柜（网）门开、闭位置的性能，防误功能较为完善。安装、调试、维护简单，在操作中只需用1把钥匙按照指定的程序，在1个回路中完成多项操作，使用方便，是高压设备上较为理想的防误装置。在开关柜不同部位安装相应的锁具与柜体本身的机械闭锁配合，完善整体防误功能。

（1）在二次接线柜内安装开关电控锁，通过开关辅助接点控制：开关断开，方可取下操作钥匙，执行下一步操作程序；否则，钥匙无法取出。

（2）在开关柜门上（内侧）安装程序直拨锁：插入钥匙转动一定角度，锁销弹出，取出钥匙执行下一步程序，弹出的锁销使柜门无法关闭，程序复位后，柜门方可关闭。

（3）开关柜内安装接地锁：装接地线时将钥匙插入锁芯孔，转动后取出钥匙，地线接地端头方可插入；地线接地端头拔出，钥匙逆时针转动复位。

（4）二次接线柜内安装电磁模拟锁，通过带电显示器控制：线路无电时，钥匙插入锁芯方可转动，顺时针旋转到位后取出钥匙，执行下一步程序；线路带电时，钥匙插入锁芯转不动，无法执行下一步操作。

（5）架空出线线路侧安装接地锁：装接地线时将钥匙插入锁芯孔，转动后取出钥匙，地线接地端头方可插入；地线接地端头拔出，逆时针转动钥匙方可复位。

(6) 电缆出线在下刀闸柜门上安装电磁程序网门锁：通过带电显示器和钥匙程序控制，线路无电时，钥匙插入锁芯方可转动，顺时针旋转到位后打开柜门，取出钥匙，执行下一步；线路带电时，钥匙插入锁芯后无法旋转，柜门无法打开，也无法执行下一步操作。

(7) 柜体后门安装程序网门锁：操作步骤正确，钥匙可插入锁芯顺时针旋转到位后打开柜门，取出钥匙，执行下一步；否则钥匙插入锁芯无法旋转，柜门无法打开。

三、结论

无论哪种高压开关柜，其机械连锁方式可归纳为主动式和被动式。所谓“主动式连锁”就是指在开关连锁状态下，若无正常的解锁条件，不会被解锁，从而保证误操作无法执行。如断路器在合闸状态下，机械上保证隔离开关或隔离插头因闭锁而无法操作，即使误操作，也不会产生不良影响。所谓“被动式连锁”是指在这种连锁状态下，可能由于非正常原因而出现解锁，而使闭锁失灵。如在断路器合闸状态下可以在工作位置和试验之间移动。我们在工作中，希望高压柜尽量采用主动式，而非被动式联锁。

要保证开关柜的安全运行，除严格按规程操作外，还要提高开关柜机械连锁的可靠性，并注意保养，防止锈蚀、卡涩，保证机构灵活、操作维护方便。另外高压开关柜在使用过程中，还可能遇到操作者的疏忽或违规操作的情况，在这种情况下，高可靠的连锁应对其有充分的阻止或预防能力。只有这样，才能真正起到连锁防误的目的，有效预防重大电气事故的发生，保证设备安全运行，更好地为生产服务。

参考文献

[1] 《防止电力生产重大事故的二十五项重点要求》发输电发 [2000] 125 号

[2] 国家电网公司《防止电气误操作装置管理规定》国家

电网生［2003］243 号
［3］《微机型防止电气误操作装置-通用技术条件》 中华人民共和国电力行业标准 DL/T 687—1999

4.13 旋转电机（设备）润滑油站设计中应注意的问题

一、问题的提出

某钢厂大型风机在运行过程中由于低压母线故障失电造成 2 台工作油泵，2 台润滑油泵全部停止工作，但电机没有连锁跳闸，致使风机在没有润滑油的情况下继续工作，直到工作人员发现轴瓦冒烟后才停机。造成风机两侧轴瓦、风机大轴，电机两侧轴瓦烧毁，风机、电机返厂修理。直接和间接的经济损失非常严重。分析事故原因为设计缺陷导致。首先，电机保护不完善，油压过低、轴瓦温度过高时没有连锁停机；其次，润滑油泵出口未设计单向阀，故障时高位油箱经上油管倒流回主油箱，不能有效的给各轴瓦供油，同时短时间高位油箱就没有油了。

二、理论分析

大型风机在高速运转时，风机轴承等各旋转部位对润滑设施，除了要求有高品质的润滑油脂外，还要有不间断的供油系统为其提供可靠的润滑保证，满足运行风机的轴承及各部润滑部位的油压，使其各部充足润滑，形成稳定的油膜，从而保证风机的正常运转。

油站由油箱、油泵装置、滤油器、冷却器、仪表、管道、阀门等组成，润滑油泵为两台，一台工作，一台备用。正常的工作油压在 0.12～0.18MPa 之间，当油压低于 0.05MPa 时启动备用泵，油温低于 5℃启动加热器，手动加热器。

正常工作的情况下任意一台油泵运行，另外一台选择为备用，遇有意外时，压力开关发信，自控装置动作，备用泵自启动，保证向风机继续供油，油泵出口压力由安全阀来调定，一般为 0.12～0.18MPa，当压力高于调定压力时，油通过该阀溢流回油箱。滤油器双套结构，一只工作，一只备用。当工作的滤芯需清洗或更换时，可通过扳动三通换向阀来实现。

普通的润滑油站基本的功能都能实现，但是现场的实际情况还需要设计人员认真考虑。第一润滑油泵的连锁应当考虑电气连锁，单纯的压力连锁在一台油泵事故停机的情况下动作较慢，低油压持续的时间较长，对风机轴瓦的润滑不利，加入电气连锁后，一台油泵故障停机时，备用油泵可以快速启动，迅速恢复润滑油压。在 DCS 控制系统应用十分普及的今天增加起来非常简单。

我国地域辽阔，南北跨度很大，北方冬季气温很低在零下 20℃左右，在油温较低的情况下启动润滑油泵会出现因润滑油过稠而造成电机过载，或者抽不上油而打空泵。设计时要考虑当地的气候条件，如有必要加入油温作为启动条件。

风机保护要完善，应根据风机的不同而选择不同的保护，既不能过于简单，也不能太过繁琐，但是像润滑油压过低、风机轴瓦温度过高、电机轴瓦温度过高、风机振动过高、液力耦合器轴瓦温度过高等现象，必须停机。

当风机正常运行时，润滑油泵向风机各润滑部位供油，高位油箱通过润滑油泵压力借助上油孔往油箱上上油，又通过溢流管回到主油箱，高位油箱始终处于满油备用状态。当突然停电时，润滑油泵失电不能正常运转，高位油箱依靠自身的油压，通过上油孔，借助油泵的供油管路，强制向风机各部位供油，促使风机轴瓦等部位正常润滑，杜绝研瓦等事故的发生。理论上来说是可行的，但实践证明有两点问题：1）各轴瓦的进油压力过低，不能保证润滑效果；2）高位油箱的供油时间应该在 30min 以上，但是一般坚持不到 10min，无法保证风机的安全运行。高位油箱安装在 5m 以上的高度，静压就应该有 0.05MPa 以上的压力，不该有压力低的现象，仔细排查没有发现安装问题，无论是焊口还是法兰接口均无泄漏现象，管道的走向也完全正确。与设计人员共同认真研究图纸后发现，当交流失电，两台润滑油泵都无法工作的时候，高位油箱内的油通过上油孔进入供油主回路后有一路沿主回路给轴瓦供油，另一路通过润滑油泵流回了主油箱，而且这一路阻力非常小，造成了油路短路，不能实现高位油箱的作用。

经设计确认在润滑油泵出口加装逆止阀防止高位油箱的油直接回流到主油箱，问题得到了根本解决。

三、结论

设计图纸是施工的依据，对大型设备的安全运行起到举足轻重的作用，每一处设计的疏忽都将埋下事故的隐患，尤其是重要的设备保护系统更会造成重大的经济损失或人身事故。

设计绝不是照搬照抄，应根据现场实际情况因使用的设备不同而有所取舍，厂家的资料只能作为参考，而不能作为依据。

设计的完善也是一个逐步积累的过程，及时汲取前辈设计人员的经验和教训，经常回访使用单位，听取使用单位的宝贵意见，积极解决使用中出现的问题，同样的问题绝不在下一设计中出现。

5 焊接工程

5.1 焊缝探伤的概率问题

一、概述及问题的提出与解答

在压力管道安装和压力容器制作中，焊接是用得最多的、也是最重要的一种连接方式。有关规程、规范和技术标准，按照管道和容器储输介质的化学性质、物理参数及工作环境等不同情况，将它们进行了分类，对各类管道及容器的焊缝，都极其明确地规定了质量要求。其中，以焊口个数或焊缝长度为基数（为叙述方便，以下统称焊口），按规定比例进行无损探伤，是检验焊口是否达到质量标准的重要手段之一。

根据这些规程、规范和标准的规定，应在基本相同的条件下（如焊接材料、焊缝类别、焊缝位置、施焊环境等），将每个焊工所焊的全部 X 个焊口，按规定的比例抽取 N 个焊口进行无损探伤。

如果所抽取的 N 个焊口，无损探伤检验全部合格，则该批 X 个焊口中的未检焊口被认为也合格；如果这 N 个焊口被检出 n 个不合格，除将不合格焊口返修合格外，还应抽取一定数量的焊口，作追加检验。对于追加检验，不同规范规定不一样。

其一是，按原比例加倍，即再抽 $2N$ 个焊口作追加检验。

其二是，按已检验出的不合格焊口数 n 加倍，即再抽 $2n$ 个焊口作追加检验。

不管哪种方法作追加检验，只要追加检验的这些焊口，无损探伤全部合格，则还认为该批 X 个焊口中的未检焊口也合格。

如果在追加检验的这些焊口中，又检出了不合格焊口，那么，就应对全部剩下的焊口逐一进行无损探伤，并将所有不合格的焊口返修至合格。在同一位置返修的次数，按材质的不同有所不同，有的规定最多不得超过两次，有的规定最多不得超过三次。

在实际工作中，有时对“抽检比例”、“追加检验数量”、“追加检验次数”与“焊口合格的概率”之间的关系理解不一，发生过一些争论。

下面以某技术状态稳定的焊工所焊的焊口，在无损探伤检验中的几个概率问题进行讨论，以求理解一致。

经过长时间的考核，该焊工所焊的焊口，在做百分之百无损探伤检验的前提下，得出其一次全检合格率为 $0<q<100\%$。在某工程中，他焊了 X 个焊口，现按规定的比例 a 抽取 N 个焊口进行无损探伤检验。显然这 X 个焊口中有合格焊口 Y 个，有不合格焊口 Z 个。今取：

$$aX \leqslant N < (aX+1) \tag{1}$$

$$(qx-1) < Y \leqslant qX \tag{2}$$

$$Z = X - Y \tag{3}$$

上式（1）、（2）、（3）中，X、Y、Z、N 都为自然数。

（1）经第一次无损探伤抽检，这 X 个焊口中的未检焊口，被认为合格的概率为 $P(\mathrm{I})$：

根据概率的意义，该批 X 个焊口经过第一次无损探伤抽检，其未检焊口能被判定为合格的概率 $P(\mathrm{I})$，就是第一次检出的 N 个焊口，作无损探伤检验全部合格的概率 $P(N)$。因而有：

$$P(I) = P(N) = \frac{C_{\mathrm{Y}}^{\mathrm{N}}}{C_{\mathrm{X}}^{\mathrm{N}}} \tag{4}$$

显然，经过第一次无损探伤检验，这 X 个焊口不被认为合格的概率为 $P(\bar{I})$，也就是抽检出的 N 个焊口，不全合格的概率 $P(\overline{N})$。其数值为：

$$P(\bar{I}) = 1 - \frac{C_{\mathrm{Y}}^{\mathrm{N}}}{C_{\mathrm{X}}^{\mathrm{N}}} \tag{5}$$

如果第一次无损探伤抽检的 N 个焊口，从中恰好被检出了 n 个不合格焊口的话，那么这 N 个焊口中，必定有（$N-n$）个合格焊口。第一次无损探伤检验恰出现 n 个不合格焊口的概率 $P(\bar{n})$为：

$$P(\bar{n})=\frac{C_{Z}^{n}C_{Y}^{(N-n)}}{C_{X}^{N}} \tag{6}$$

$P(\bar{n})$ 的值当然还可以按其他的公式计算。

按“和事件”的计算方法可知，经第一次无损探伤抽检，这 X 个焊口认为不合格的概率

$$P(\bar{I}) = \sum_{n=1}^{N} P(\bar{n}) \tag{7}$$

（2）如果需作追加检验，作追加检验的 $2N$ 或 $2n$ 个焊口，其全部合格的条件概率

$P(2N)_{n}$ 或 $P(2n)_{n}$：

第一次无损探伤检验的 N 个焊口，如果被检验出了 n 个不合格的焊口，则还应抽检 $2N$ 或 $2n$ 个焊口作追加检验。这时的焊口还有（$X-N$）个，合格焊口有 $Y-(N-n)$ 个，故被抽检的 $2N$ 或 $2n$ 个焊口全是合格焊口的“条件概率”$P(2N)_{n}$ 或 $P(2n)_{n}$分别为：

$$P(2N)_{n}=\frac{C_{Y-(N-n)}^{2N}}{C_{X-N}^{2N}} \tag{8}$$

$$P(2n)_{n}=\frac{C_{Y-(N-n)}^{2n}}{C_{X-N}^{2n}} \tag{9}$$

显然，$2N$ 或 $2n$ 个焊口不全是合格焊口的“条件概率”为 $P(\overline{2N})_{n}$或 $P(\overline{2n})_{n}$ 分别为：

$$P(\overline{2N})_{n}=1-P(2N)_{n}=1-\frac{C_{Y-(N-n)}^{2N}}{C_{X-N}^{2N}} \tag{10}$$

$$P(\overline{2n})_{n}=1-P(2n)_{n}=1-\frac{C_{Y-(N-n)}^{2n}}{C_{X-N}^{2n}} \tag{11}$$

（3）第一次追加检验后，这批 X 个焊口中未检焊口，能被认

为合格的概率 $P(\mathrm{II})$ 及必须作逐一无损探伤检验的概率 $P(\mathrm{III})$：

如果第一次无损探伤检出了 n 个不合格焊口，而加倍抽检的全部焊口在追加检验时合格，则这批 X 个焊口中的未检焊口，被认为合格的概率为 $P(\mathrm{II})_{\mathrm{n}}$，根据乘法原理，应该是：

按 $2N$ 作追加检验时是：

$$P(\mathrm{II})_{\mathrm{n}}=P(\bar{n})P(2N)_{\mathrm{n}} \tag{12}$$

按 $2n$ 作追加检验时为：

$$P'(\mathrm{II})_{\mathrm{n}}=P(\bar{n})P(2n)_{\mathrm{n}} \tag{13}$$

值得注意是，上述那几个脚标"n"的概率，都是对应于第一次无损探伤检验，恰好检出"n"个不合格焊口这一特定条件的。事实有"n"有多个可能的值，它可以是不大于 N 的任何一个自然数。所以这批 X 个焊口在追加检验后，未检焊口被认为也合格的概率 $P(\mathrm{II})$ 应该是：

按 $2N$ 作追加检验时为：

$$P(\mathrm{II})=\sum_{n=1}^{N}P(\mathrm{II})_{\mathrm{n}}=\sum_{n=1}^{N}P(\bar{n})P(2N)_{\mathrm{n}} \tag{14}$$

按 $2n$ 作追加检验时为：

$$P'(\mathrm{II})=\sum_{n=1}^{N}P'(\mathrm{II})_{\mathrm{n}}=\sum_{n=1}^{N}P(\bar{n})P(2N)_{\mathrm{n}} \tag{15}$$

如果，第一次无损探伤检出了 n 个不合格焊口，而加倍抽检的焊口在追加检验时，又不是全合格，则这批 X 个焊口中的未检焊口，必须作逐一无损探伤检验的概率 $P(\mathrm{III})_{\mathrm{n}}$，根据乘法原理，应该是：

按 $2N$ 作追加检验时为：

$$P(\mathrm{III})_{\mathrm{n}}=P(\bar{n})P(\overline{2N})_{\mathrm{n}} \tag{16}$$

按 $2n$ 作追加检验时为：

$$P'(\mathrm{III})_{\mathrm{n}}=P(\bar{n})P(\overline{2n})_{\mathrm{n}} \tag{17}$$

鉴于前述的那个"值得注意"的理由，这批 X 个焊口在追加检验后，对全部剩余焊口必须作逐一无损探伤检验的概率 $P(\mathrm{III})$，应该是：

按 $2N$ 作追加检验时：

$$P(\text{Ⅲ})=\sum_{n=1}^{N}P(\text{Ⅲ})_{\text{n}}=\sum_{n=1}^{N}P(\bar{n})P(\overline{2N})_{\text{n}} \tag{18}$$

按 $2n$ 作追加检验时：

$$P'(\text{Ⅲ})=\sum_{n=1}^{N}P'(\text{Ⅲ})_{\text{n}}=\sum_{n=1}^{N}P(\bar{n})P(\overline{2n})_{\text{n}} \tag{19}$$

至此，对焊缝无损探伤中的几个概率，就可以进行具体计算了，并用这些结果来解决有关实际问题。

二、注意的问题

在施工中，人们对无损探伤结果的注意，集中在以下两点：

其一是：经过第一次抽检后，判定未检焊口合格，这是最愿意看到的；如果不能判定，也希望在追加检验后，能判定未检焊口合格。

其二是：经追加检验后，判定对剩下全部焊口必须作逐一检验，这是不愿意看到的结果。

换句话说，就是希望 $P(\text{Ⅰ})$ 和 $P(\text{Ⅱ})$ 的值越大越好，亦即 $P(\text{Ⅲ})$ 的值越小越好。而事实上绝大部分人对 $P(\text{Ⅰ})$、$P(\text{Ⅱ})$、$P(\text{Ⅲ})$ 的大小及它们受哪些因素的影响，不是十分明确的。下面就几个令人注意的问题加以说明。

(1) 不应随意扩大或缩小抽检比例 a：

从以上的讨论可以看出，一次全检合格率为 q 的焊工，其待检焊口数 X 一经确定，抽检比例 a 实质上决定了第一次抽检后，未检焊口被认为合格的概率 $P(\text{Ⅰ})$ 的大小，抽检比例 a 愈大，$P(\text{Ⅰ})$ 的值愈小，反之 a 愈小，则 $P(\text{Ⅰ})$ 的值愈大。

如果用具体数字代入，从算出的结果就可以清楚地看出，抽检比例 a 若有小幅度的变化，就能引起 $P(\text{Ⅰ})$ 的大幅度的变化。这种影响，在工程实践中是不应忽视的。因为扩大抽检比例，意味着增加工程费用，造成不必要的浪费；而缩小抽检比例，工程质量有可能因漏检而造成隐患。所以，只有严格执行规范规定的抽检比例，才能在保证工程质量的前提下，降低工程费用。

（2）积极培训焊工，努力提高焊工的一次全检合格率 q，在工程上是必须的，在经济上是合算。

从 1～3 的讨论中，我们可以清楚看到，当抽检比例 a 一定时，待检焊口数 X 一经确定后，焊工的一次全检合格率 q，实质上决定了第一次抽检后，未检焊口被认为合格的概率，P(Ⅰ）的大小；且 q 愈大，则 P(Ⅰ）愈大；反之 q 越小，则 P(Ⅰ）也越小。

如果用具体数字代入，从算出的结果就可以清楚地看出，一次全检合格率 q 对第一次抽检后，未检焊口被认为也合格的概率 P(Ⅰ）的巨大影响。焊工的一次全检合格率高，意味着他的焊接质量高，需要作追加检验和逐一检验的概率就小，从而缩短了施工周期，降低了工程成本。所以积极培训焊工，努力提高焊工的一次全检合格率，不仅在工程上是必须的，而且在经济上也是合算的。

但手工施焊，受人的经验、精力、情绪的影响太大，所以提高焊口的一次全检合格率 q 的根本途径，应该放在改进焊接工艺、焊接设备，提高机械化施焊水平上。

（3）有的放矢指派焊工施焊：

施工技术人员如果能根据规范规定的各种抽检比例 a，设定一个待检焊口的总数 X，例如 X＝200、150、100、50 等等，并按式（1）～（3）的各个公式，算出本单位焊工（q 不相同），在抽检时的概率 P(Ⅰ)、P(Ⅱ)、P(Ⅲ)，把它们制成抽检概率一览表，作为资料存于电脑。实际工作时，只需根据具体的抽检比例 a，随时对照，就可以指派 P(Ⅰ）值较大的焊工施焊。

在一般情况下，尽可能指派 P(Ⅰ)＋P(Ⅱ)≥0.9545 的焊工施焊。也就是说，要尽可能不指派作逐一检验概率 P(Ⅲ）较大的焊工施焊。

根据小概率不可能的原则，这时我们有很大的把握断定：该焊工所焊的焊口，在第一次抽检或作追加检验后，就会被判定为合格而不要作逐一检验。

反之，若 $P(\text{Ⅰ})+P(\text{Ⅱ})<0.9545$，则说明实际施焊水平，与工程对焊接的要求不相适应，而作逐一检验的可能性较大。

由此可知，掌握焊口探伤的几种抽检概率后，对合理安排焊工施焊，加强自觉性，减少盲目性是很有帮助的。

（4）较客观地估算探伤作业量

我们把本单位的焊工水平用平均一次全检合格率 q 来描述，那么在抽检概率一览表中，能找出不同抽检比例下的 $P(\text{Ⅰ})$、$P(\text{Ⅱ})$、$P(\text{Ⅲ})$，并用此来推算探伤工作量。

在对 X 焊口按比例 a 进行抽检时，如果只经过第一次抽检就能判定未检焊口也合格，当然需只对 aX 个焊口进行探伤。然而，这种情况出现的概率仅为 $P(\text{Ⅰ})$，而其他情况出现的概率尚有 $P(\bar{I})$，所以从统计的观点来看，第一次抽检的探伤焊口数 t_1 应该是：

$$t_1=aXP(\text{Ⅰ}) \tag{20}$$

根据（6）式可知，第一次抽检恰出现 n 个不合格的概率为 $P(\bar{\text{n}})$，因 n 有多个可能值，所以只能从统计观点出发，求第一次抽检时出现不合格焊口数的平均值 M_{n}：

$$M_{\text{n}}=\sum_{n=1}^{N}nP(\bar{n}) \tag{21}$$

如果是按不合格焊口数加倍作追加检验的话，这时还应对 $2M_{\text{n}}$ 个焊口进行探伤；如果是按原比例加倍作追加检验的话，则还应对 $2N$ 个焊口进行探伤。追加抽检后，未检焊口被认为合格的概率，因采用的加倍方法不同而不同。它们分别是 $P(\text{Ⅱ})$、$P'(\text{Ⅱ})$。

从统计的观点出发，其探伤焊口总数还应包括第一次抽检的 N 个焊口。它们分别是 t_2 及 t_2'，其中：

$$t_2=3NP(\text{Ⅱ}) \tag{22}$$

$$t_2'=(2M_{\text{n}}+N)P'(\text{Ⅱ}) \tag{23}$$

所有焊口在做了第一次抽检和追加抽检之后，因不能绝对保证可判定为合格，还可能要对全部剩下焊口作逐一检验。出现这种情况的概率，因采用的追加检验方法不同而不同，它们分别是P(Ⅲ)、P'(Ⅲ)。考虑到几次抽检后，要对不合格焊口进行修复和探伤，P(Ⅲ)、P'(Ⅲ) 的数值又不太大这两个因素，前两次已作探伤的焊口可以不作扣减。那么对全部剩余焊口作逐一检验的情况发生时，总探伤焊口数量应该是 t_3 及 t_3'：

$$t_3 = XP(\text{Ⅲ}) \tag{24}$$

$$t_3' = XP'(\text{Ⅲ}) \tag{25}$$

综合上述各点可知，对 X 个焊口按比例 a 进行抽检，从统计的观点出发，其探伤焊口数 t 及 t' 应为：

$$\begin{aligned} t &= t_1 + t_2 + t_3 \\ &= aXP(\text{Ⅰ}) + 3NP(\text{Ⅱ}) + XP(\text{Ⅲ}) \end{aligned} \tag{26}$$

$$\begin{aligned} t' &= t_1' + t_2' + t_3' \\ &= aXP(\text{Ⅰ}) + (2M_n + N)P'(\text{Ⅱ}) + XP'(\text{Ⅲ}) \end{aligned} \tag{27}$$

在一个具体工程中，我们可以根据焊口的数量，抽检比例等，按上述方法，用公式（20）～（27）对焊口的探伤工作量，作出客观的估算。

5.2　抽检 42 个焊口　居然只有 1 个合格

一、工程概述及发现问题的经过

某市新建一栋科技大楼，近 100000m^2，共 23 层；中央空调，冬夏两用，每个房间都有风机盘管，双温控制，在当时是比较先进的。

建设单位对此十分重视，除按常规派驻了建设单位代表、聘请了监理工程师外，还聘请了专家组。工程上的具体事情，一般由监理工程师处理，重大问题或建设单位代表与监理工程师意见不一致时，则请专家组出面解决。

从表面看，多了一道把关的，其工程质量应该是多了一份可靠的保证，用意是很好的。可是，工程一开始就不那么顺，以至出现了一些不应该出现的问题。

首先在选择施工队伍上出现了分歧，监理工程师顺从建设单位代表的意见，他们一致同意选择某施工队伍。

专家组则认为，不管由谁来施工，他必须具有相应的资质，因为空调制冷管道的焊接施工，是一个十分重要的环节，要求焊接施工人员，必须具有焊工合格证，其合格项目应与所施工焊接的项目一致；并要通过进场前的考试合格，否则不应该让其进场。

建设单位代表和监理工程师则认为：要相信施工单位，焊工有合格证就行了，不必进行入场前的考试了，浪费人力和财力。施工单位也信誓旦旦地表示，他们干过多少多少项目，质量如何如何好，这次绝不会有问题等等。

到了正式施工前，专家组要求查阅施工单位的“焊接工艺评定”和“焊接作业指导书”等工艺文件。施工单位迟迟不予送达，并擅自开工。几经干涉无效，专家组责令监理工程师，下达了停工通知单。

在无可奈何的情况下，过了两天，施工单位送来了一份以前用过的工艺文件，有的参数明显不符，但基本相近。专家组不同意，要他们重新编写，而监理工程师，放了他们一码，说基本可以，只要加强施工的过程控制就行。

专家组感到这中间有一些说不清的因素在起作用，如不加强现场的监督，恐怕要出质量问题。他们感到责任重大，压力更大。

正式开始施工了，专家们丝毫不敢怠慢，每天到工地进行检查，其重点是焊工。

第一次抽查了3名焊工，都“没有带”焊工合格证，专家们理所当然地停止了他们施工。并明确地告诉他们，下次再不带证件，就不准在此工地施工。

第二次他们又抽查了3名焊工，有两名所持证件已过了有效期。又不合格。

第三次他们抽查了14名焊工，其中有7名电焊工是合格的，而7名气焊工都不合格。

因为事情比较严重，专家们加大了检查的力度。

第四次他们抽查了26名焊工，其中16名电焊工中，有4名不合格，有12名是合格的，所抽查的10名气焊工，全部不合格！

在历次的检查中，他们还发现一些其他的问题，集中反映在焊接方面。

（1）焊工不持有效证件施焊，有的焊工所持证件，为过期的、失效证件；有的焊工所焊的项目与其考试合格项目不符；有的焊工虽然有有效证件，但他不带在身边，不配合检查；最为严重的是，有不是焊工的人在冒称焊工施焊。

（2）焊口在施焊前，不按规定打坡口，不清除焊口部位的油污，就直接施焊。

（3）焊口的对接间隙到底要留多大，不清楚，很随意。

鉴于上述情况，专家组曾两次要求监理工程师，下达停工整改通知，但收效甚微。在工程质量难以控制的情况下，他们向建设单位的领导建议，更换施工队伍！但没取得成功。

他们只有凭着自己的良心加强质量监督了。

地下管廊12个子系统的干管，280个焊口焊接结束后，在专家组的监督下，特聘无损检测站高级检测师，对这些焊口按《工业金属管道工程施工及验收规范》GB 50235—97中，7.4.3.3所规定进行抽检。其原文如下：

“7.4.3.3　其他管道应进行抽样射线照相检验，抽检比例不得低于5%，其质量不得低于Ⅲ级。抽检比例和质量等级应符合设计文件的要求。”

第一次，对14个焊口进行射线照相，检测结果出来以后，令所有的人都大吃一惊：所检验的14个焊口，没有一个是合格的！

《工业金属管道工程施工及验收规范》（GB 50235—97）的7.4.1规定：

“每出现一道不合格焊缝应再检验两道该焊工所焊的同一批焊缝。”

没有理由不按规范要求进行追加检验，当天按不合格总数加倍进行了第二次抽查，共抽检了28个焊口，结果是27个焊口不合格，仅有一个焊口达到了合格标准！

前后共抽查检测了42个焊口，只有一个焊口合格，其合格率仅为2.38％！

对这个结果，那位高级检测师说，“我干了30多年的检测工作，还是第一次遇到这种情况！”

在这不争的事实面前，该施工队负责人也承认，所焊的280个焊口，应判定为不合格，必须进行100％逐一无损检测，并将不合格的焊口返修至合格，其最多返修次数不宜超过两次。

施工单位的负责人、建设单位的代表、监理工程师等在铁的事实面前，不得不承认自己严重失职。

二、造成事故的原因及应吸取的教训

(1) 这里有个体制问题，国家出资搞工程，请一部分人来管理，他们如果没有一个正确的指导思想，极容易把这部分责任当作一份特权，从中进行些不正当的交易。在该事故中，从对施工单位的选择，到对发现问题的处理等方面可以看出，似乎有一种说不清楚的因素在起作用。

(2) 施工单位的素质太差，不具备承担这种工程的条件，在工程管理上，听之任之，焊工可以不要合格证、合格证到期也可以继续用，有合格证的可以不带在身上。

(3) 当监理工程师的，不敢大胆管理，一味迁就于某些权势，甚至合谋，工程没有不出事的。

三、处理措施

(1) 对工程全面返工，总算达到了施工验收规范要求，交了工。

(2) 对合伙搞不正当行为的人进行了清理。

5.3 标准规范有侧重 理解执行多沟通

一、发现问题的经过

在管道的施工时，应遵守的施工验收规范很多，其中最主要的有两个，一个是《工业金属管道工程施工及验收规范》GB 50235—97，另一个是《现场设备、工业管道焊接工程施工及验收规范》GB 50236—98；它们按管道输送的介质性质和介质的压力，对管道的焊口抽检比例、焊口应达到的焊接质量标准作了明确的规定。

这些规范的条文都有编制说明，它与正式条文具有同等的法律效力，所以都是必须遵守的。

在《工业金属管道工程施工及验收规范》GB 50235—97 中，其 7.4.3 条对管道焊缝射线照相检验的数量作了如下明确规定：

7.4.3.1　下列管道焊缝应进行曲 100%的射线照相检验，其质量不得低于Ⅱ级：

……

（3）输送设计压力大于等于 10MPa 且设计温度大于等于 400℃的非可燃流体、无毒的管道；

……

7.4.3.2　输送设计压力小于 1MPa 且设计温度小于 400℃的非可燃流体管道、无毒流体管道的焊缝，可不进行射线照相检验。

7.4.3.3　其他管道应进行射线照相检验，抽验比例不得低于 5%，其质量不得低于Ⅲ级。抽检比例和质量等级应符合设计文件的要求。

《工业金属管道工程施工及验收规范》GB 50235—97 的 5.0.1 还规定：

“5.0.1　管道焊接应按本章和现行国家标准：《现场设备工业管道焊接工程施工及验收规范》的有关规定进行。”

其 7.4.1 条规定：“管道焊缝的内部质量，应按设计文件的规定进行射线照相检验或超声波检验。射线照相检验或超声波检验的方法和质量分级标准应符合《现场设备、工业管道焊接工程施工及验收规范》的规定。”

现行国家标准是《现场设备、工业管道焊接工程施工及验收规范》GB 50236—98，在其修订说明总则的 1.0.1 中是这样写的：

“明确指出本规范是为保证工程建设现场制作设备、安装工业金属管道焊接工程质量而编制的，取消了原规范中的行业限制，也就是说只要其材料及焊接方法在适用的范围内，不论是哪个行业的工程建设现场都适用”。

在该标准修订说明的 11.3.10 中强调：

“此次我们规定设计没有规定进行射线照相或超声波检验的焊缝，强调质检人员对全部焊缝的可见部分进行外观检查，当质检人员根据现场实际施工情况，对焊缝的内部质量有怀疑时，可提出使用射线或超声波检验方法对焊缝作进一步的检验。”

从上述引用的标准条文中，我们可以得出这样的结论：一切工业项目的现场设备、管道的施工验收，都必须不折不扣地执行上述两个十分重要的标准！

可是从实际工作中却遇到了这样的麻烦。

某工程有一部分输送无毒、非可燃介质的管道，设计工作压力小于 1MPa，工作温度远低于 400℃，在对其如何进行检验的问题上发生了歧义。

施工单位认为，应执行《现场金属管道工程施工及验收规范》GB 50235—97 中的 7.4.3.2 条的规定，即“输送压力小于等于 1MPa 且设计温度小于 400℃非可燃流体管道、无毒流体管道，可不进行射线照相检验”。并按其 7.4.5 的规定：“对不要求进行内部质量检验的焊缝，质检人员应本章第 7.2 条的规定全部进行外观验。”

而工程质检人员认为，标准条文的说明和标准条文是一样重要的，都要执行，所以就引用了《现场设备、工业管道焊接工程施工及验收规范》GB 50236—98 的修订说明中的 11.3.10“……当质检人员根据现场实际施工情况，对焊缝质量有怀疑时，可以提出使用射线或超声波检验方法作进一步的检验”。因为这是一个焊接标准，所以执行它更有针对性。

施工单位认为这不妥当，理由是，对于只要求作外观检查的焊缝，质检员要求作焊缝射线或超声抽检，其抽检比例多大、抽检焊口应达到怎样的质量标准，在规范中没有规定！由此可说，在这两项内容上，质检员所作的任何表态都是没有根据的。而设计文件的规定，也只要求作外观检验，没有要作其他检验的要求。

质检员认为施工人员不同意作射线或超声检验，是不注重质量的表现。

施工人员认为质检员在故意刁难，焊口的外观质量指标用射线或超声来检验，是典型的浪费国家财产的表现！难道说要100％的射线照相检验，也符合这一条吗。

两种截然不同的意见，相持不下，其他人也无法做出正确的裁定，似乎都有道理。

只好去找该规范的编制和有解释权的部门。

二、解决问题的折中方案

他们说是第一次碰到这样的问题，这是在编写该规范时，考虑不周到引起的，确实没有指出用射线或超声波检验的抽检比例和其应达到的质量标准。

为了处理问题，最后给了一个折中的解决办法：

(1) 在质检人员对全部焊缝的可见部分进行质量检查的基础上，对焊口质量有怀疑时，可以提出用射线或超声波检验方法对焊缝作进一步的检验。它所强调的是，质检人员对全部焊缝施焊的全过程监督检查，对焊缝成型过程发现不合格的，应及时指出，并责令改正。若没有改正，这时提出的对质量的怀疑才有根据，说明内部质量可能有隐患，才要求作进一步的检验。

(2) 作进一步检验的比例，不应超过上一个抽检级别的比例：5％！如果抽检比例大，不仅说明施工质量可能有问题；同时也说明质检员没有很好地进行监督检查。

作进一步检验的质量标准，还应该是执行原来外观检查的质量标准。

(3) 有关规范在这方面的表述问题，在下一次修改时，把它做得更好一点。

三、应吸取的教训

不管是质检员、施工人员、工程技术人员、工程监理人员，都应认真学习有关标准、规范，并把它们之间的相互关系搞清楚，如发现有不一致的地方，应及时向规范、标准的编制部门反映，对其不致产生歧义。并为下次修订时提供第一手资料，使其更具有可操作性。

5.4 拉钩钉焊接咬肉 受热面承压泄漏

一、工程概述及发现问题的经过

某单位在安装一台蒸发量为150t/h，额定蒸汽压力为3.82MPa的锅炉时，钢架和受热面等大件，采用地面组装成一个大的组合件后，再吊装就位的方案。为了减少高空作业和提高工效，凡在地面能够焊接的零部件，都在地面焊完。

在组对焊接受热面时，包括向火面卫燃带的抓钉和受热面外侧为固定保温板用的拉钩钉，都是在地面焊接的。

水冷壁上固定保温层的拉钩钉，用长为340mm，直径为10mm的Q235圆钢，下部折弯40mm，布置在膜片正中。沿水冷壁管的轴向与膜片焊接在一起，焊缝高为5mm；拉钩钉相互之间的距离在300～350mm之间。

该炉的水冷壁为膜式壁，水冷壁管为ϕ60×3.5mm，管子中心距为80mm，膜片宽为20mm沿管轴与管子焊接，两边四面都有5mm高的制造焊缝。

一台锅炉需要在现场焊接的零部件，有几千个，拉钩钉可能是最小的焊件之一了，它既不承受内压，也不需要承担多大的重量，所以，没怎么引起人们的重视，自检、专检，一路绿灯，放行！

锅炉的整体水压试验，是在使用单位有关人员的监督下进行的，在做工作压力下的检查时，人们发现，水冷壁管上有三个点漏水，而且都是在拉钩钉与水冷壁管相焊接的地方。

这次锅炉整体水压试验，理所当然没通过。

锅炉的水压试验第一次没有通过，对施工单位来说可能不是第一次，漏水的地方竟然全在保温拉钩钉的焊缝处，却是他们始料未及的！

施工单位B队长说：三个点漏，又不太严重，问题不算大，放水补焊后，明天就可接着进行水压试验。

建设单位的人没有提出异议。

可第二天再进行水压试验时，又新多出了两个焊点漏水，还是在拉钩钉与水冷壁管的焊接处。这引起了使用单位的高度注意。

B队长还想补焊一下后，再进行第三次水压试验，但这次却遭到了使用单位的坚决拒绝，并建议立即召开有关各方参加的会议，研究处理办法。

使用单位的一位A工程师，在会上发言时说：按《火力发电厂焊接技术规程》DL/T 869—2004的规定，拉钩钉的这类焊缝，虽然不要作无损探伤检验，但必须做100%的自检，10%的专检，现在请施工单位出具这方面的记录。

施工单位居然拿不出来！

A工程师接着说，“既然没有记录，就不能证明已经如数做过自检和专检，所以请你们补做自检和专检，合格后，再讨论第三次水压试验的事。”

这是十分合理的，谁也没法不同意。

B队长心里盘算着：两次水压试验，虽然没有通过，但其他的焊缝却是经受住了超压试验的考验，说明没有问题。明天把那几个漏水的地方补焊一下，再补做一份自检和专检记录，后天照样接着做水压试验。

于是表示，明天一个大半天，就能把事情办妥，下午就可以研究。

第三天下午，有关各方的人员，按时到会。

B队长首先汇报了漏水焊口的补焊和对水冷壁拉钩钉的自检、专检的情况，并且出示了记录。接着说，条件已经具备，可以进行水压试验了。

那位A工程师翻了翻记录本，十分严肃地说：你们真的进行了自检和专检吗？检验了些什么项目呢？记录上反映不出来，笼统地说合格，不行！我就不相信除那几个漏水的焊点外，其他焊缝就真的全合格。先不讨论水压试验，我们现在一起去炉子上，对照你们的记录抽查，如果真实，明天进行水压试验，如果不真实，等有了真实结果，再讨论水压试验的事。

这是十分合理的，谁也没法不同意。

大家来到炉子上，站在水冷壁跟前，A工程师指着一条条拉钩钉的焊缝，问B队长，你们已经自检了，到底有多少拉钩钉连焊到水冷壁管上了，应该有数了吧？有多少焊缝的药皮没有敲掉，你们自检后，应该知道了吧？你们真的自检了吗？

B队长默然不作回答。

接下来，A工程师，他指着这儿说说，指着那儿说说，不是说此处焊缝高度不够，就是说那儿咬肉超标，要不就是焊接位置不对，为什么你们的记录里却一点也没有反映出来呢？可以断定，你们并没有真正做自检和专检！自检和专检不是光看看就行了，自检和专检是有质量标准的，请你们切实执行标准。如果你们不按标准施工，我们对将来的安全运行怎能放心呀！

B队长只得答应进行整改。接下来的自检和专检，他们不敢再马马虎虎了，认真检查的结果使他们大受震动：

全台锅炉2300多个拉钩钉，绝大多数的焊缝药皮没打，有500多个拉钩钉与水冷壁管连焊，有200多处，不是严重咬肉超标，就是焊肉不饱满！

在切实进行整改，并经双方共同检查合格后，进行第三次水压试验，总算成功了。

在后来一个多月的正式运行中，还发生过两次因拉钩钉处泄漏，而被迫停炉，进行抢修的事。

该单位扬言，以后不愿与B队长再进行合作了，这给B留下了难忘的记忆。

二、原因分析

（1）B队长的质量意识不强，他认为水冷壁上的对接焊缝重要，而拉钩钉的焊接不那么重要，随便安排了几个焊钢结构的焊工施焊，结果出现了大范围的焊缝咬肉现象，致使不能打住水压。

（2）B队长在平时施工管理上，对过程控制、质量检查重视不够。对规范、标准也未深入学习，甚至不知道应达到的具体质量标准。

对图纸未仔细消化，其中焊接位置存在的问题，在没有征得同意的情况下，擅自改动，随意性太大。

为了应付检查，故意编造施工检查记录，其工程质量管理到了何等程度，可想而知，能不出问题吗！

三、应吸取的教训

对锅炉这样的承压设备，它的安全性是最关键的，因为它关系到人们生命财产安全，来不得半点疏忽大意，更不允许弄虚作假！

社会监督当然重要，但制造、安装单位的自觉性才是最重要的。

5.5　焊接应力大　联箱变形多

一、工程概述及问题发生的经过

某施工单位接到一个供热厂的安装任务，内装4台150t/h的蒸汽锅炉，其额定压力为3.82MPa；该锅炉在炉膛出口处的水平烟道内，有一个蒸发屏，布置在两级过热器的后面。蒸发屏有上、下两个$\phi325\times20$mm的联箱，其上焊四排$\phi38\times2.5$mm的管子，每排共79根管子，管子的节距为100mm，蒸发屏管排宽为8400mm，高为4600mm。用两根合金钢螺杆吊挂在炉顶钢架的横梁上。

因为蒸发屏需要组对的管子较多，对接焊口也多，又是悬吊着的，为减少在高处作业的工作量，他们采用地面组对成型，整体吊装就位的方法。在地面上，他们按照两个联箱轴线中心的间距，将联箱作了牢固的临时固定，然后把联箱两端的两组管子和管排正中的一组管子与联箱的短管组对焊上，目的有两个，一是以其作为组对焊接其他管子的基准管，再是借以限制联箱在施工过程中产生位移。而其他的管子，则从联箱的两端向中间一组一组地按顺序把它们焊上，见图 5.5-1。

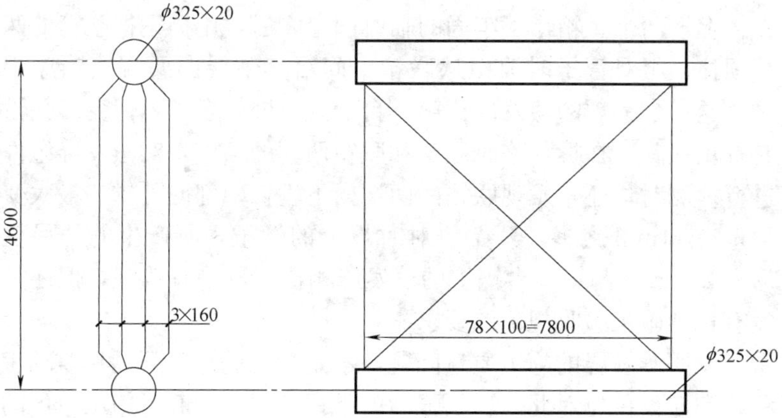

图 5.5-1 联箱焊接示意图

随着管子一根一根地焊上，他们发现蒸发屏的联箱有微小的弯曲变形，而先焊上的管子发生了明显的弯曲。于是他们就用槽钢在联箱的中部把联箱顶住，企图制止它们的继续变形；随着管子焊接得越来越多，后焊的一组管子，总要比前一组管子锯短一点才能组装进去，这样使槽钢也发生了变形，联箱和管子与以前一样，还在发生微小变形，他们在这种无可奈何的情况下，硬着头皮把所有的管子组对完了。在去掉临时固定和后来加固的槽钢，进行检测时，发现蒸发管屏组合件已严重超标：

上、下两个联箱的两头向上挠，中心轴线发生了 13mm 的弯曲变形；最早，焊上的那几组管子，出现了明显的弓形，最大量有 30mm 之多；而最后组焊的那两组管子，需割短近 20mm 才能安装上去。

这是一个比较严重的问题，但又没法进行修复处理，几经周折，建设单位和监理代表总算网开一面，给签字，同意吊装，但明确写上；“蒸发管屏在日后的运行中，如果因安装原因出现问题，则由施工单位负责抢修，所发生的经济损失由施工单位承担。”

在安装第二台锅炉的蒸发屏时，他们吸取了第一台的经验，在将上下两个联箱作了牢固的临时固定之后，用槽钢把联箱的两端顶住，组对管子时改由从联箱中间沿其轴线向两端按顺序焊接，这一台锅炉的蒸发屏比第一台的蒸发屏好多了，但变形并没有真正根除。在拆除临时固定和联箱两端的槽钢，对蒸发屏组件进行检测时，还是发现联箱的两端向下垂，中部向外拱，最大变形量有 11mm 之多，开始组对时焊上的管子，所产生的外弓变形有 20mm。与第一台锅炉的蒸发屏相比，虽略有改观，但还是没有达到施工验收规范的要求。

说明蒸发屏的施工质量问题，不是一个偶然的问题！监理工程师和建设单位对此提出了强烈的批评，这才引起了施工单位的高度重视，坐下来进行认真的分析。

二、造成变形的原因

(1) 该蒸发屏的上、下联箱每个有 8400mm，较长，其上要焊接 4×79＝316 根管子，共 632 个焊口，每焊接一个管口，待其冷却后，都有一定的收缩量，并产生巨大的温度应力。管子越焊越多，先焊的管子变成了支撑杆，后焊的管子因其焊口的冷却，总企图把联箱向中间拉，所以两联箱所承受的弯曲应力在不断地增大，从而产生弯曲变形，因为两联箱轴线间距，越来越变小，导致后焊接的管子，总要锯短一些才能装进去，并对先焊的管子（支撑杆）施加了很大的压力，使其变弓。

第一台锅炉的蒸发屏组对时，从联箱两端向中间推进的，所以联箱出现了两头挠的现象，又因为中间有一组管子是最先焊上的，所以它和两个联箱都发生了严重的弯曲变形。而第二台的蒸发屏组对时，是从中间向两端推进的，联箱的两端又事先加了槽钢支撑，所以联箱中部和先焊的管子向外拱的变形，要比第一台锅炉的蒸发屏的小。

这说明该蒸发屏的温度应力和焊接变形，虽不能根除，但在一定的范围内还是可适当控制的。

（2）该蒸发屏的结构也是存在一定的不足之处：有很多类似的锅炉，它们的水冷壁都较宽，而且很高，加之水冷壁管子之间的间距较小，一片水冷壁上的管子总是有几十根，一方面为了有效组织汽水回路，另一方面也是为了减少水冷壁组对时，出现的温度应力和焊接变形，常把上、下联箱都做得较短，同一片水冷壁的上联箱或下联箱，是由几个短联箱构成的，所以没有发生该蒸发屏组对焊接时，所出现的严重变形。

如果该蒸发屏的上、下联箱，从现在的 8400mm 长一个，改为两个的话，组对焊接时，产生的变形就不会累加成那么多，总的变形也就不会那么明显了。

另一个方面是该蒸发屏的管子，是与联箱上的短管对焊的，如果该短管与联箱的交角再大一些，它们之间有一个稍大一点的弯，焊接的变形就有可能被吸收，而不会有那么大的力作用在联箱上。尤其是中间的两排几乎是笔直的管子，应该加大角度，以改善受力状况。

三、处理措施

（1）建议锅炉制造厂，从结构上加以改善，消除产生明显变形的根源。

（2）施工单位在分析了产生变形的原因之后，对症下药，改进安装工艺，使焊接变形得以基本控制。他们的做法是：将联箱的一端加以固定，另一端则预先留出每排 79 根蒸发管组对焊接的累计收缩量，将它抬高，并把它前、后、左、右限位，而上、下方向，靠螺栓进行调整，以保证所有管子焊接完毕后，联箱达到规范要求。

经过如此处理之后，第 3 台锅炉蒸发屏的组对焊接得到了极大的改善，而第 4 台锅炉的蒸发屏组对焊接就完全达到了要求。

5.6　焊缝检验偷梁换柱　运行露馅坑人害己

一、工程概况及发现问题的经过

某安装单位接到一台蒸发量为 130t/h，额定蒸汽压力为 3.82MPa 的立式旋风炉的安装业务，该炉的两个前置式旋风筒的直径为 2900mm。

钢架就位前，他们根据现场的情况，在锅炉的左侧预留了吊装孔，即左侧适当高度的横梁，暂不安装，等水冷吊装就位后，再焊接安装。

除左侧水冷壁外，每一面的水冷壁，都采用地面组对焊接成一整片，一次吊装就位的方案。吊装顺序是：右侧水冷壁——后侧水冷壁——左侧水冷壁分为三个长条吊入炉膛，而不就位——前侧水冷壁——再将左侧水冷壁就位并焊接成片。与此同时，组对两个前置式旋风筒。

在左、右水冷壁和后水冷壁，组对焊成型后，对所有管子的对接接头按 25%的比例进行了射线探伤抽检，因为焊接左侧水冷壁的焊工 Y，所焊的焊口，没有达到Ⅱ级焊缝的标准，停止了他的作业资格，由另一位一次检验合格率极高的焊工 Z，代替 Y 作了大面积的返工。

那些天，不断下雨，不好施工，所以工期拖了下来。为了把耽误的时间抢回来，不至于因为左侧水冷壁，而影响下阶段的施工，在 Z 作了返工后，未作射线探伤，就把左侧水冷壁分三个长条，吊入了锅炉的炉膛。

另外安排探伤人员对 Z 在其他水冷壁上的对接焊口多做几个射线探伤抽检，以保证抽检比例不变。

队长孔方认为Z的焊接水平高，他所焊的其他水冷壁管，没有一个焊口不合格，所以先吊进炉膛也不会有多大问题。

正因为这样，他们的施工达到了形象进度的要求：需进行烘炉、煮炉了。

一切准备就绪以后，到监理工程师B那里作的报验时，B发现左侧水冷壁管的对接接头，焊口的射线探伤报告不齐全，没有返修焊口的无损检验报告，不予签字！

按规范、规程的要求，某焊工所焊的口，第一次按规定比例进行抽检，如果发现有不合格焊口，需加倍进行抽检。现在一个追加检验焊口的报告也没有，监理工程师不予签字，做得对。

施工队的队长孔方，作了详细的解释，其主要理由是：整台锅炉的水冷壁管，对接接头的焊口，总的抽检比例并没有减少，只是因为工期紧迫，才把左侧水冷壁吊入了炉膛，为后续的工作让路。

此外，焊工Z所焊的焊口，每次都是一次检验合格，左侧水冷壁又是由他进行返修施焊，再说在Z焊工所焊的焊口中，作了追加检验，所以不会有问题。即使有什么问题，也不会牵连别人等。

当时监理工程师B还是不同意的，后因队长孔方再三陈述在左侧水冷壁上补做探伤的难处，加之又采取了一些“灵活的辅助措施”，B终于亮了绿灯，并声言，这完全是看在你孔方兄的面子上，否则是绝对不行的！

孔队长当然只有感谢的份儿。

接下来的工作就是满负荷连续72h试运行，谁料到了第52h之时，检查人员竟发现：左侧水冷壁管，漏水！

建设单位要求停止进行72h试运行，孔队长和监理工程师，企图把左侧水冷壁漏水，当作甩项，待72h运行结束后，再作销缺处理。

遭到建设单位理所当然的拒绝。

事后检查发现，左侧水冷壁漏水的焊口，偏偏是焊工Y所焊的对接焊口！

建设单位知道事情真相后，坚决要求按规范办事！因为焊工Y所焊的对接焊口，第一次抽查检验发现了不合格焊口，所以对他焊的焊口，必须作追加检验，不能偷梁换柱，不能用他人焊的焊口顶替！也不能用焊工Y在其他水冷壁上所焊的焊口作顶替！

建设单位的态度比较坚决，施工单位和监理工程师都没有办法，只能照此办理。

二、处理措施及结果

(1) 把左侧水冷壁对接焊口处的锅炉炉墙，全部拆除，在锅炉炉膛内搭设操作平台，对焊工Y所焊的焊口，按规定重新作追加射线检验！

(2) 对焊工Y所焊焊口作追加射线检验的结果，仍发现有不合格焊口，最后对其所焊的焊口，全部进行射线探伤检验，不合格的全部返修至合格。

(3) 重新进行满负荷连续72h试运行，直至合格。

三、应吸取的教训

(1) 锅炉是承受内压的、有爆炸危险的设备，对其制造、安装质量，国家有一整套相当严格的技术标准和安全监察管理规定，这是技术法规！任何一个从事这方面工作的人员，必须严格执行，来不得半点马虎大意，更不能容忍弄虚作假！

(2) 施工中采用偷梁换柱等不正当的手法，其结果，轻则造成经济损失，重则危及人们生命和国家财产的安全，于人、于己都不利，不可取，更不可为！

(3) 用“灵活的辅助措施”去变通，去掩盖安全隐患、行不可行之事，这是一种罪过！对负有安全监督职责者更是如此。

5.7 规范标准严谨　工程质量提高

一、工程概况及发现问题的经过

凡安装锅炉的单位，都会遇到这样的情况：受热面管子的对接接头，如果一次抽检有不合格的焊口，即未达到规定的焊缝质量级别，除要把该对接接头返修合格外，还要加大对未曾抽检的对接接头，进行比原来更大比例的追加抽检，并应合格。

在第二次追加检验中，如果还有不合格的对接接头焊口，除要把其返修合格外，对未曾检验的对接接头，还要进一步加大检验比例！

如果，这些规定不十分明确或有可能产生歧义的话，在实际操作中，就会带来麻烦，具体办事人员各执一词，甚至酿成矛盾。

中华人民共和国劳动部颁发的“蒸汽锅炉安全技术监察规程”(96) 中有关规定，是锅炉安全技术最基本的、也是最起码的要求。

其第 85 条的内容是：集箱、管子、管道和其他管件的环焊缝（受热面管子接触焊除外），射线或超声波探伤的数量规定如下：

1）当外经大于 159mm，或者壁厚大于或等于 20mm 时，每条焊缝应进行 100％探伤。

2）外径小于或等于 159mm 的集箱环缝，每条焊缝应进行 25％探伤，也可不少于每台锅炉集箱环缝条数的 25％。

3）工作压力大于或等于 9.8MPa 和管子，其外径小于或等于 159mm 时，制造厂内为接头数的 100％，安装工地至少为接头数的 25％。

4）工作压力大于或等于 3.8MPa 但小于 9.8MPa 的管子，其外径小于或等于 159mm 时，制造厂内为接头数的 50％，安装工地至少为接头数的 25％。

5）工作压力大于或等于 0.10MPa 但小于 3.8MPa 的管子，其外径小于或等于 159mm 时，制造厂内及安装工地应各至少抽查接头数的 10％。

这一条的内容，实际上是按比例进行抽检，而且是以对接接头总数为基数“1”的。

其第 87 条，对对接接头的质量等级又作了如下具体的规定：

对接接头的射线探伤应按 GB 3323“钢熔化焊对接接头射线照相和质量分级”的规定执行。射线探伤的质量要求不应低AB 级。

额定蒸汽压力大于 0.1MPa 的锅炉，对接接头的质量不低于Ⅱ级为合格；额定蒸汽压力小于或等于 0.1MPa，的锅炉，对接接头的质量不低于Ⅲ级为合格。

而在第 91 条中，对对接接头的补充探伤检查是这样规定的：

经过部分射线或超声波探伤检查的焊缝，在探伤部位任意一端发现缺陷有延伸可能时，应在缺陷的延长方向做补充射线或超声波探伤检查。在抽查或在缺陷的延长方向补充检查中有不合格缺陷时，该条焊缝应做抽查数量的双倍数目的补充探伤检查。补充检查后，仍有不合格时，该条焊缝应全部进行探伤。

受压管道和管子对接接头做探伤抽查时，如发现有不合格的缺陷，应做检查数量的双倍数目的补充探伤检查。如补充检查仍不合格，应对该焊工焊接的全部对接接头做探伤检查。

这里所说的发现有“不合格的缺陷”，应该是说没有达到上述第 87 条中，“质量等级”的具体规定。

当这种情况出现时，就“应做检查数目的双倍数目的补充探伤检查”，也就是说，应按上述第 85 条中，规定的抽检比例加倍进行抽检。

在这里应当指出的有两点：

应当指出的第一点是，所谓“双倍补充探伤检查”，应该不包括第一次抽检的那些对接接头在内！

例如，第 85 条规定的抽检数目，其比例为对接接头总数的 $a\%$，补充探伤检查的数目，就应为对接接头总数的 $2\times a\%$。在做完补充探伤后，两次抽查，应该是共抽查了对接接头总数的 $3\times a\%$！当 $a\%\geqslant 1/3$ 时，补充检查就已经对所有对接接头都进行了探伤检查。

应当指出的第二点是，补充探伤检查，没有明确规定再抽查谁焊的对接接头。

因为在实际焊接施工时，一台锅炉，甚至一片水冷壁的所有对接接头，可能同时由多个焊工进行施焊。如果要做“补充探伤检查”的话，就会出现两种情况：

第一种情况是：某一个焊工焊的对接接头中，有了“不合格的缺陷”，根据上述第 87 条的规定，要按对接接头总数的 $2\times a\%$进行“补充探伤检查”。而这位焊工焊的所有对接接头的数量，比对接接头总数的 $2\times a\%$少，这时，必然要用别的焊工焊的对接接头来做“补充探伤检查”，这似乎不尽合理。

我们认为规定：“补充探伤检查”的接头数，不应超过这位焊工所焊的对接接头总数，更合理。

第二种情况是：施工单位，也可以主动采用合格比例高的、其他焊工所焊的对接接头，来代替合格比例较低的焊工所焊的对接接头，作“补充探伤检查”，取巧过关。

从字面上看，他也是按规范做的，而实际上却降低了质量要求。

二、得出的结论

综上所述，我们认为 85 条中：对某一“特定属性的对接接头”按比例进行抽检，其基数“1”，应该是“某焊工所焊的这一特定属性的对接接头的总数”，而不是“特定属性对接接头的总数”。

补充探伤检查，也应该是对“某焊工所焊的、某一特定属性的对接接头的总数”！而不是“特定属性对接接头的总数”。

这样才可以避免不尽合理的现象或降低质量要求的现象。

才可以与第 91 条后半部的规定：“如补充检查仍不合格，应对该焊工焊接的全部对接接头做探伤检查。”相对应，并取得一致。

5.8 水冷壁管被击伤

一、概况

某生物制药厂扩建一套 25MW 的自备火力发电厂，其中配套的锅炉为额定压力 3.82MPa，蒸发量 130t/h 的燃煤锅炉。锅炉燃烧介质为煤粉，采用光管水冷壁，轻型耐火砖砌筑炉墙。锅炉有前、后、左、右四片水冷壁，前、后水冷壁各有 90 根光管，左、右水冷壁各有 72 根光管，材质均为 20g，规格$\phi 60\times 5$。左、右水冷壁各有四排现场焊缝，中间两排，上下集箱各有一排，连接焊缝均采用手工氩弧焊打底、焊条电弧焊盖面。水冷壁均在地面水平平台上进行组对，每片组对完后，对焊缝进行无损检测，并在地面进行水压试验，合格后，再整体吊装就位。

二、发现问题

按照施工组织设计，首先在地面组对第一片水冷壁（左侧水冷壁）。当左侧水冷壁所有焊缝都焊接完成后，按规范规定比例进行了无损检测，（当时是 25%）质量完全符合规范要求。施工单位按计划准备对这片水冷壁进行单片水压试验。当水压试验压力接近试验压力时（5.7MPa 左右），整片水冷壁四排焊口处有 8 根管子发生泄漏，泄漏形式都成喷雾状，漏点位置大多在离焊缝 3～5cm 左右位置，个别漏点不在焊缝附近。至此，左侧水冷壁的水压试验只得停止。

三、原因分析

施工单位将左侧水冷壁中的水压漏掉，水放净后检查发现：所有漏点都在水冷壁管的上半部，（水冷壁水平放置）都有被电弧灼烧的痕迹，进一步打磨寻找缺陷根源，显示所有漏点都是被电弧击穿的穿透性小孔。经现场调查分析认为，发生电弧击穿主要是因为焊工在进行焊接操作后，没有放好焊钳，而是较随意地放置在水冷壁上，稍有振动或碰撞就会使氩弧焊枪的钨棒或手工电弧焊的焊钳接触到水冷壁管子，从而产生瞬间放电而击伤管子。但击穿位置又离焊缝较远（2cm 以外），无损检测时又没有及时发现，以至于水压试验之前没有及时返修。当水压试验压力升到一定程度时，被击伤的部位就发生了泄漏。

四、问题处理及影响

问题出现后，施工单位及时组织人员制定了返修方案，将每个泄漏点全部用角向磨光机磨透，再重新进行氩弧焊打底、手工电弧焊盖面，并对修补焊缝进行无损检测，合格后再次进行了水压试验，没有再出现任何泄漏。同时，对整片水冷壁进行全面仔细地检查，以排除还可能存在的隐患。对相关的焊工进行了教育和详细的技术交底。后续的水冷壁焊接中再也没有类似情况发生。

此次事件造成受热面焊接工作面停工返修至少 3 天，水压试验也没有实现一次成功。

五、总结

此事件提醒我们，焊接过程的任何细节都不可轻视，特别是在进行锅炉受热面焊接时，不可将焊钳随意排放，以免发生电弧击伤，最好是采用专用的固定挂钩或绝缘的木板固定好焊钳。

5.9 热处理不当，焊缝硬度超标

一、工程概况

某钢铁厂自备电厂新建 2 台 220t/h 燃气锅炉和 2 台 50MW 凝汽式汽轮发电机组，要求在一年内完成并网发电。其中，锅炉主蒸汽参数为压力 9.8MPa，温度 540℃。汽轮机进汽温度 535℃，进汽压力 8.83MPa。过热器和出口集箱及主蒸汽管道全部采用 12Cr1MoV 耐热钢，主蒸汽管道规格为 $\phi325\times25$，长度 400 多米，有焊缝 120 多道。

二、问题发生

按照《火力发电厂焊接技术规程》DL/T 869 第 5.4 条的要求，这批主蒸汽管道焊缝在焊后都应进行焊后热处理。现场专业人员按要求制定了详细的焊接工艺指导书和热处理工艺指导书。

制定的热处理规范为：加热温度至 720～750℃后，恒温 1h，升、降速度为不大于 300℃/h，300℃以下可不控制，然后冷却。

按照 DL/T 869 的要求，在热处理完成后，要进行硬度检测，合格标准要满足 DL/T 869 第 7.3.1 条要求，即“同种钢焊接接头热处理后焊缝的硬度，一般不超过母材硬度值加100HBW，……。”而实际上，在对已经完成焊后热处理的20道焊缝进行硬度检测时却发现有4道焊口的硬度值超标。经检测，母材和热影响区（HAZ）的硬度值在155HBW左右，16道焊缝的硬度值在240～255HBW之间，有4道焊缝的硬度值超过了260HBW，在260～350HBW之间。显然，这4道焊口不符合规范要求，必须重新进行热处理。

三、原因分析

针对此现象，施工单位组织焊接、热处理、检测等专业技术人员进行了认真细致地分析，查阅了相关资料和规范，结合现场实际，归纳出下列几条影响热处理效果的因素：

（1）热电偶温度测量值不准。按照《火力发电厂焊接热处理技术规程》DL/T 819第7.1.3条要求，“热电偶的安装位置应以保证测温准确可靠为原则。对于管径大于或等于273mm和管道，测温点应在焊缝中心按圆周对称布置，且不少于两点；水平管道，测温点应上下对称布置；……。”“安装时必须保证热电偶的热端与焊件接触良好，……。”第5.2.3条规定，“焊接热处理所使用的计量器具必须经过校验，并在有效期内使用。”而实际上，施工单位为了省事，热处理时每道焊缝上最多只布置了一支热电偶，且大多布置在水平管道的上方。这样，因管道上方的温度一般比下方要高出20～30℃，所以，热电偶所测的温度不具有代表性。而且，事后对所有用过的热电偶重新进行了校验，发现其中有4支热电偶的温度传递值比实际值高70℃左右，即热电偶测得的读数温度比管道下方的实际温度要高出90℃左右。因此，用这4根热电偶测温的焊缝热处理的加热温度实际上没有达到制定的规范要求，所以其结果也难以合格。

（2）加热和冷却速度控制不规范。通过事后对热处理自动记录曲线检查发现，有6道焊缝的热处理升、降速度在280～350℃之间。其中，有两道焊缝的后半部曲线在350℃左右缺失（突然断电）。按照DL/T 819第6.4.4a条规定，“对承压管道和受压元件，焊接热处理升、降温速度为 6250/δ（单位为℃/h，其中 δ 为焊件厚度），且不大于 300℃/h。降温时，300℃以下可不控制。”显然，这 6 道焊缝的热处理温度控制超出了规范要求。控制升、降温速度的目的，一是为了有利于焊缝金属中的溶解氢等有害气体的溢出，二是防止焊缝金属在大的冷却速度下产生淬硬组织，而引起塑性和韧性的降低。这 6 道热处理升降温速度超标的焊缝很可能产生了淬硬组织，如少量马氏体等。不过，限于现场条件和工期要求，施工单位没有对超标的焊缝进行进一步的微观金相检验。

（3）保温效果不好。据负责的热处理工回忆，不合格的这几道焊缝是同一批处理的，当时正是晚上下班时间，负责保温的临工在保温时可能做得不很仔细，保温厚度和宽度不够，这也将引起降温速度太快。

四、解决问题

针对出现的问题，施工单位召开了专门的质量分析会，除查找原因外，技术负责人又重申了热处理的工艺纪律，专业负责人重新进行了详细的技术交底，更换了不合格的热电偶，对热处理设备重新进行了调试，对硬度检测不合格的焊缝重新进行了热处理，并再次进行了检测，其硬度值均符合规范要求。

五、事后总结

焊后热处理是一项很严谨的工艺，国家或行业有明确的规范要求，来不得半点马虎。违反工艺纪律，操作不仔细，麻烦就会接踵而至。

5.10 氩气不纯 焊缝成“蜂窝”

一、概况

某钢厂煤气综合利用项目扩建工程，增设 2 台额定压力 9.81MPa、蒸发量 220t/h 的燃气锅炉和 2 台 50MW 的凝汽式发电机组。其中，锅炉的高温过热器采用 12 Cr1MoVG 耐热合金钢管，管子规格 $\phi42\times5$，现场组对焊缝 444 只，要求探伤比例 50%，焊接全部采用手工全氩弧焊，分两层焊完。高温过热器在地面整体组对，焊接完成经无损检测合格后，再整体吊装就位。

二、质量问题

当高温过热器在地面整体组对完成，进行 X 射线检测后发现，有近 2/3 的焊缝不合格！这在施工单位的历史上是从未有过的。此事件在项目上引起极大震动，也引起了施工单位主管部门的高度重视。为此，施工单位组织项目部有关人员召开专题会议，进行了质量事故现场分析。经焊接技术人员、无损检测人员、焊接质检员确认，不合格焊缝中有 80%属于气孔缺陷超标，有大多数是密集型气孔，即“蜂窝”状气孔。

三、原因分析

经过分析，大家认为产生此次质量事故的可能原因大致如下：

（1）参加高温过热器焊接的焊工技能水平有限，劳动态度差，操作不当引起气孔；

（2）现场防护措施不到位。施工现场地处海边，既潮湿，又有海风。防护不当很有可能产生气孔；

（3）对口时坡口处理不彻底、清理不干净，也可能产生气孔；

（4）氩弧焊丝受水、锈污染，也可能导致气孔产生；

（5）保护用的氩气不纯。这极易引起大量气孔出现。

经现场确认：参加高温过热器焊接的焊工只有 2 名，且都经过专项技能培训，对小管径有丰富的全氩弧焊焊接经验，劳动态度也较好，完全有能力保障高温过热器的焊接质量。现场也搭设了专用的防风、防雨棚，即使有个别位置漏风，也不至于产生大量气孔。管子坡口、焊丝都经过了清理、打磨，焊工确认后才进行焊接的。最后，大家将导致大量密集型气孔的罪魁祸首指向了焊接时的保护用气——氩气。

经调查，在水冷壁等受热面焊接时，采用的是一家价格较高、离现场较远的商家提供的氩气。为节约成本，施工单位后来换了另外一家价格较便宜、离现场也较近的商家提供氩气。而高温过热器焊接时使用的氩气正是这家提供的氩气。后经外委检测，后来的这家商家提供的氩气纯度只有98%，而氩弧焊工艺要求的保护用氩气其纯度必须达到99.99%，即常说的四个“9”，至少不得低于99.95%。正是这相差仅0.19%的氩气纯度，导致保护气体中含有一定量的氧气等杂质，从而在焊接时引起焊缝被氧化，熔池融入大量有害气体，产生密集型气孔。

四、事故处理及影响

事件发生后，施工单位及时更换了氩气，并对新购进的氩气进行适当检测，在正式使用前进行了试焊。经检验，焊接质量完全能达到要求。同时，施工单位组织专班人员对高温过热器存在的焊缝缺陷进行了返修，最终经检验，质量达到了合格标准。

此次质量事故，造成高温过热器现场焊缝大面积返修，前后历时近一个月。该项目本身工期要求很紧，此事件使施工单位工期损失严重，也给施工单位带来极大的负面影响。

五、总结

此次质量事故给施工单位带来深刻教训，大家一致认为，焊接过程来不得半点马虎，即使对焊接用辅材，也要引起足够重视，不能掉以轻心，更不能贪图便宜。保护用的氩气在使用前一定要进行严格检测或试焊，合格后才能用于正式焊接。

5.11 焊接工艺不当，引起管道腐蚀穿孔

一、工程概况及发现问题

某电厂新建4×130t/h煤粉锅炉和4×25MW发电机组，配套有相应的化水车间，车间有酸碱罐各2台，酸罐材质为碳钢容器加内衬塑胶，内装盐酸溶液。酸液系统管道材质最初采用普通耐酸不锈钢0Cr18Ni9Ti，管材规格$\phi76\times5$mm，长度大约有150m左右。

在1号机组运行近二个月后，化水车间值班人员在例行巡视时发现室外酸液管道有一处焊缝滴漏，以为是砂眼，找来施工单位的焊工用焊条电弧焊补上就完事了。隔一天，他又发现几处渗漏，且大多在焊缝处，经请求后，关闭了酸液出口阀门，把管道中的残留酸液排尽，让施工单位的人员把管子割开，检查发现：酸液管道焊缝已经被酸液腐蚀穿透，几乎成了“豆腐渣”，尤其在焊缝热影响区（HAZ）最为严重，管道母材表面也有一定程度的锈蚀。

二、原因分析

金属受介质的化学及电化学作用而破坏才会产生腐蚀。不锈钢的主要腐蚀形式有均匀腐蚀（表面腐蚀）、晶间腐蚀、点腐蚀、缝隙腐蚀和应力腐蚀开裂等等。

经业主、施工单位专业技术人员分析，产生这种现象的原因主要有以下几个方面：

（1）焊接工艺不当。该酸液管道的焊接全部采用手工焊条电弧焊，焊缝背面即使有部分熔渣保护，也不全面，焊缝热影响区（HAZ）完全没有保护，所以焊缝及其附近区域氧化严重，管材的防腐功能基本丧失。

（2）据当时现场操作焊工介绍，为了赶工期，焊接时采用了较大的焊接规范，焊条直径 3.2mm，焊接电流 110A 左右。这样，焊缝金属在 500～800℃左右高温停留的时间可能较长，很容易产生奥氏体不锈钢特有的“贫铬”现象，进而产生晶间腐蚀。

（3）采用的不锈钢管材的耐酸腐蚀等级可能不够，材质的含碳量偏高（0.06%），而含铬量偏低（18%）。一般要求抗高浓度酸的腐蚀的不锈钢其含铬量必须达到25%或以上，含碳量应小于0.03%或更低。而 0Cr18Ni9Ti 这种不锈钢在盐酸中可能要被腐蚀。这从管材内壁有一定程度的腐蚀可以证明。

三、处理

经业主、设计、施工单位研究讨论，一致认为该项酸液管道已完全不能使用，须彻底更换。但更换何种材料，大家意见不统一。一种意见是把管材更换为耐酸级别更高的超低碳不锈钢316L（mod），但价格昂贵，且在焊接过程中还有可能产生局部氧化或“贫铬”现象，从而产生局部腐蚀。另一种意见是把管材换成碳钢加衬胶管，但安装工艺较繁杂，需要预先配好管，再拆卸到专业厂进行衬胶，然后再拉回到现场重新装配。最后，经业主决定，全部换成了衬胶管道。

四、事后总结

此次事故造成化水车间停产近 20 天，业主的生产遭受了损失，施工单位的信誉也受到了很大影响。如果在施工前提出提高管材的防腐级别，在施工中采用全充氩保护、小规范焊接、焊后及时对焊缝进行酸洗钝化等适当的工艺措施，严格工艺纪律，酸液管道的使用寿命是可以大大延长的。

5.12 水冷壁管排焊缝开裂

一、概况

20 世纪 90 年代初，某海滨城市市郊新建一座小型火力发电厂，建设规模为 2 台压力 3.82MPa，蒸发量 130t/h 的燃油锅炉，配套 2 台 25MW 的凝汽式汽轮发电机组。其中，2 台锅炉燃烧介质为重油，采用光管水冷壁，轻型耐火混凝土浇筑炉墙。每台锅炉有前、后、左、右四片水冷壁，前、后水冷壁各有 96 根光管，左、右水冷壁各有 76 根光管，材质均为 20g，规格 $\phi60\times5$mm。左、右水冷壁各有四排现场焊缝，中间两排，上下集箱各有一排，连接焊缝均采用手工氩弧焊打底、焊条电弧焊盖面。水冷壁均在地面水平平台上进行组对，每片组对完后，在地面进行水压试验，合格后，浇筑耐火混凝土，等耐火混凝土达到强度后进行加固，再整体吊装就位。

二、发现问题

在组对第一片水冷壁（左侧水冷壁）时，先安装两边的基准管，再从中间向两边依次组对。先在专用平台上对每根光管进行放样、校正，再将管子中间的两道焊缝连接，最后焊接两端与上下集箱连接的焊缝。

为提高效率，施工单位采用流水作业。一组人员专门负责放样、校正，一组人员专门负责组对管口、打磨坡口，中间两道焊缝位置各有一名焊工负责点焊、正式施焊，上下集箱焊缝位置各有两名焊工施焊。由于管子中间位置焊缝空间较大，操作容易，因而焊接速度较快。两头集箱位置焊缝是固定焊缝，操作空间相对狭窄，焊接速度较慢。为了赶进度，保持流水作业顺畅，施工班组将集箱位置的焊缝只进行氩弧焊打底，盖面焊准备在组对完后再专门进行。按此流程，施工班组第一天组对了 28 根管，第二天一上班，焊工发现，与集箱连接的两排焊缝有三分之一出现了裂纹，施工只得中断。

三、原因分析

出现上述情况后，施工单位立即组织相关人员进行事故原因分析，形成如下意见：

（1）产生裂纹的焊缝都出现在与集箱连接处，该处焊缝是最后组对的，此时集箱都已固定，该处焊缝处于受拘束状态。再加上当地地处海边，当晚刮风降温，昼夜温差较大（相差 15℃左右），水冷壁和焊缝都产生冷缩，而此时管子两端已固定，管子内部产生了较大的收缩应力。

（2）集箱处的连接焊缝大部分未进行填充盖面，焊缝太薄（2mm），受拉截面不够，即焊缝强度不够。

由于上述两点原因，导致集箱处焊缝开裂。

四、事故处理及影响

为保险起见，施工单位决定，除两边的基准管外（已填充盖面），两头集箱的焊缝全部割开，重新进行打磨处理，重新严格按焊接工艺进行施焊，即每道焊缝氩弧焊打底进行完，经检查无缺陷后，立即进行填充盖面焊接，中间停留时间不得超过 30min。后续的水冷壁焊接都按此严格执行，再也没有出现焊缝裂纹。

此次事件造成受热面组对工位停工、返修，耽误工期至少一个星期，同时在业主面前也造成了不好的影响。

五、总结

此事件告诉我们，在进行管道焊接时，一定要严格执行工艺纪律，进行氩弧打底焊后，要及时进行填充盖面焊，使焊缝有足够的强度。同时，要尽量避免强力组对，减小焊缝所受的附加应力。

5.13 磁化的管道焊接困难

一、工程概况

某钢厂新建 2 台 220t/h 锅炉并配套 2 台 50MW 汽轮发电机组，业主要求第一台锅炉水压试验要在 3 个半月完成，在半年之内并网发电。该工程锅炉采用杭州锅炉厂生产的 NG220/9.8-Q 型的单锅筒锅炉，自然循环、集中下降管、倒 U 型布置。每台锅炉高 38m，金属总重 1030t。锅筒正下方有 4 根 $\phi377\times25$ 的集中下降管，管道材质 20g，每根管有 4 道焊口，除与锅筒连接的焊缝外，其余均在地面组焊。采用手工钨极氩弧焊打底（直流正接），焊条电弧焊盖面。

二、发现问题

在组对 1 号锅炉的第一根下降管时出现了严重的磁偏吹现象：当把两根管的管端用磨光机打磨好后，准备组对点焊时，焊枪却很难靠近坡口表面，感觉有明显的排斥力。即使勉强引着电弧，电弧也偏吹得厉害，根本形不成正常熔池。改用直流反接用电焊条点焊时，焊条很容易粘在管子上，也很难引弧。将其中一根管子调转 180°后，情况还是没有改变。此时，专业技术人员觉得管子上存在有很强的剩磁，必须采取消磁处理。

三、分析原因

磁偏吹的形成是金属管子中存在剩磁的结果。通常，将剩磁分为感应磁性和工艺磁性两种。感应磁性常产生在工厂制管的环节中，如：金属熔炼、采用电磁起重机进行装卸、钢管在强磁场中停置、用磁化法完成无损检查、钢管接近强力供电线放置等等。工艺磁性常产生在进行装配焊接作业及采用磁性夹持器、夹具与用直流电焊接管道时，如：长时间接触与直流电源相连的电导线，导线裸露段或者电焊钳与管子的短路等。根据现场情况，大家认为，下降管管子产生磁性的原因大致如下：

（1）下降管子在制造厂加工坡口时因夹具、刀具的原因有可能产生剩磁；

（2）下降管子在出厂检验中可能采用磁性探伤，消磁不彻底，产生剩磁；

（3）在下降管的组对现场侧上方有高压输电线路，可能产生感应磁场。

四、解决问题

为了稳定焊接过程，改善焊接接头质量，被磁化了的钢管在焊接前要进行消磁。应该指出，被焊接的钢管要达到完全消磁是困难的。所以，当剩磁不足于影响焊接质量时，便允许进行焊接。

传统的消磁方法很多，但并不都适合在现场使用。经过多方比较，施工单位最终利用半自动火焰切割机的磁爬行机进行消磁，取得了较好效果。

传统消磁方法实施分析如下：

（1）反向磁力线法

采用粗直径电缆在管道的两端绕成与磁力线相反的感应线圈产生反向磁力线来抵消管子上的剩磁，从理论上讲可行，但在现场，既要购置仪器来测定磁场的大小和方向，还要配备专用的电缆，缠绕的线圈数量还要不断变化，实施起来比较困难。

（2）将焊接地线一分为二

将焊接地线一分为二，分别安装在焊口两侧的管子上，然后进行焊接，但现场使用此方法后改善效果并不很明显。

（3）导磁板消磁法

在待焊的两根下降管的中部合拢处的管子四周均匀的用焊条电弧焊焊上10根3mm厚的扁铁，此时虽然管道整体带磁，但管子两端磁性强，中部合拢处磁性不太明显，对焊接电弧影响不大。但需要在焊接过程中不断拆除扁铁，拆除的部位还要逐一打磨干净，也比较麻烦。

（4）高温消磁法

纯铁的磁性转变温度为768℃，铁素体的磁性转变温度为770℃。将20g钢加热到770℃附近，材料将发生磁性转变，由磁性材料转变为非磁性材料。但在此时材料也将发生组织转变，使力学性能降低，因此不宜在现场采用。

（5）振动消磁法

振动消磁法是一种理论上及实验室中效果很好的消磁办法，但难以在施工现场管道工程上实施。

（6）永久磁铁消磁法

现场有关人员提出能否用永久磁铁进行消磁。由于专门去买几块永久磁铁既要花一定费用，又要派人去市场找，费工费时。有人想到了半自动火焰切割机的磁爬行机，于是，抱着试试看的想法，搬来一台磁爬行机架在管子合拢处的两根管子上，再进行点固焊时，居然发现没有任何磁干扰了。这样，既方便又快捷的解决了问题。